畜牧兽医类专业适用

# 动物防疫与检疫技术

主 编 杜光波 王 兵
副主编 姜正前 李心海
编 者（以姓氏笔画为序）
　　　　王 兵　孙宝权　迟 兰
　　　　杜光波　李心海　张林吉
　　　　姜正前

苏州大学出版社

图书在版编目(CIP)数据

动物防疫与检疫技术/杜光波,王兵主编. —苏州:苏州大学出版社,2012.12(2019.12重印)
(畜禽生产新技术丛书)
ISBN 978-7-5672-0383-9

Ⅰ.①动… Ⅱ.①杜… ②王… Ⅲ.①兽疫-防疫②兽疫-检疫 Ⅳ.①S851.3

中国版本图书馆 CIP 数据核字(2012)第 313096 号

## 内容简介

本书按照"项目引导、任务驱动"的形式安排理论知识和技能训练内容,包括动物疫病防治员、动物检疫检验员以及养殖场兽医技术员等职业岗位所必须具备的防疫与检疫方面的基本知识和必备技能。其主要内容有:动物疫情的调查与监测、消毒技术、免疫接种技术、药物预防技术、动物疫病处理、主要动物疫病的检疫、产地检疫、屠宰检疫、运输检疫监督以及市场检疫监督。

本书可供畜牧兽医和动物防疫与检疫专业的学生使用,也可以作为动物疫病防治员、动物检疫检验员(工)以及养殖场兽医技术员的培训教材,同时也可作为基层畜牧兽医工作人员、广大养殖专业户的参考读物。

**动物防疫与检疫技术**

主编 杜光波 王 兵
责任编辑 廖桂芝

苏州大学出版社出版发行
(地址:苏州市十梓街1号 邮编:215006)
虎彩印艺股份有限公司印装
(地址:东莞市虎门镇陈黄村工业区石鼓岗 邮编:523925)

开本 787×960 1/16 印张 17.5 字数 338 千
2012 年 12 月第 1 版 2019 年 12 月第 3 次印刷
ISBN 978-7-5672-0383-9 定价:45.00 元

苏州大学版图书若有印装错误,本社负责调换
苏州大学出版社营销部 电话:0512-67481020
苏州大学出版社网址 http://www.sudapress.com
苏州大学出版社邮箱 sdcbs@suda.edu.cn

# 《畜禽生产新技术丛书》编委会

主　任　张希成
副主任　孙　杰
总主编　程　凌　何东洋
编　委　陈光明　杜光波　张洪文　陈　剑
　　　　罗永光　徐长军　钱忠兰　王　兵
　　　　孙宝权　李心海　迟　兰　刘明美
　　　　张林吉　沈　超　林志平　姜正前
　　　　穆庆道　蒋蓓蕾　戴乐军　文　风

# 总 序

随着社会主义新农村建设的顺利推进以及现代畜牧业的发展,畜禽养殖不仅逐步走上了规模化、标准化和产业化的道路,而且成为了增加农民收入的重要支柱产业之一。但是,畜禽生产中良种普及率的提高不快、科学养殖方法的普及不广、疫病防治制度的落实不够等问题仍然在一定程度上制约着畜牧业的发展。为此,编者结合多年生产和教学实践经验,从实际、实用、实效出发,本着服务农村、服务农民、服务农业的精神编写了这套畜禽生产新技术丛书。

丛书分为《畜禽营养与饲料利用技术》、《牛高效生产技术》、《禽高效生产技术》、《猪高效生产技术》、《动物防疫与检疫技术》、《宠物疾病防治技术》、《畜禽产品加工与贮藏技术》、《畜禽养殖基础》等分册。丛书编写中吸收和采用了本领域的生产新技术,尤其是根据畜禽养殖的实际生产过程并参照国家相关的职业资格标准,重构了学习内容和编排了学习顺序,以期使学习内容和学习过程更加贴近生产实际,以培养学习者科学组织畜禽生产以及解决生产中实际问题的能力。

丛书的编写遵循项目课程教学的要求,总体上采取了模块化的体例结构,以生产任务引入理论知识,通过案例分析讲解知识,指导实践操作。各分册的体例略有不同,大多附有知识目标、技能目标、单元小结和复习思考题等相关栏目,以便于学习者掌握知识重点、实践操作技能并巩固提高。

丛书的编写充分考虑了学习者的知识背景、学习习惯、认知能力。理论知识的阐述简明扼要,深入浅出,技能培养以养殖生产任务为主线,贴近生产,针对性强,在重要的学习环节穿插了必要的图表,图文并茂,具有很强的实用性、科学性和先进性。

丛书可为各类规模养殖场畜牧兽医技术人员、广大养殖专业户提供生产指导,也可作为职业教育畜牧兽医类专业的教学用书,还可以作为职业农民以及大学生村官的专业培训教材使用。

本书的编写得到了诸多生产企业的生产一线技术专家的热情指导和帮助,在此一并表示感谢。

由于编者的水平与能力有限,不足之处在所难免,敬请指正。

丛书编委会

# 前 言

"动物防疫与检疫"是畜牧兽医类专业的主干专业课程之一。本教材是根据职业院校学生的培养目标,结合职业教育的教学改革和课程改革,本着"工学结合、理实一体,项目引导、任务驱动"的原则编写的。本教材打破学科体系,围绕完成工作任务的需要来选择和组织课程内容,突出工作任务与知识的联系,让学生在职业实践活动的基础上理解知识,增强课程内容与职业岗位能力要求的相关性,提高学生的学习兴趣。

本教材内容包括动物防疫和动物检疫两个单元,分10个项目42个任务;其中,淮安生物工程高等职业学校的杜光波编写了项目一、二、三;徐州生物工程职业技术学院的王兵编写了项目八,李心海编写了项目四、十,张林吉编写了项目七、九,迟兰编写了项目五;金华职业技术学院的姜正前编写了项目六,附录部分由江苏省洪泽县动物疫病预防控制中心的孙宝权编录。

由于编者水平有限,加之时间仓促,书中疏漏和不足之处在所难免,欢迎各位专家、同行和读者批评指正。

编 者

# 目 录

## 第一单元　动物防疫

### 项目一　动物疫情的调查与监测
任务一　认识动物疫病的发生条件和流行环节 …………………………………… 1
任务二　调查和监测动物疫情 …………………………………………………… 11

### 项目二　消毒技术
任务一　选择消毒方法和消毒药物 ……………………………………………… 19
任务二　制订和实施消毒程序 …………………………………………………… 27
任务三　评价消毒效果 …………………………………………………………… 31

### 项目三　免疫接种技术
任务一　制订防疫计划 …………………………………………………………… 36
任务二　建立免疫档案 …………………………………………………………… 39
任务三　动物免疫接种 …………………………………………………………… 41
任务四　分析免疫失败原因 ……………………………………………………… 46

### 项目四　药物预防技术
任务一　选择预防药物 …………………………………………………………… 49
任务二　投药 ……………………………………………………………………… 56

### 项目五　动物疫病处理
任务一　报告动物疫情 …………………………………………………………… 64

任务二　隔离动物 …………………………………………………………… 71
　　任务三　封锁疫区 …………………………………………………………… 72
　　任务四　处理染疫动物 ……………………………………………………… 76

# 第二单元　动物检疫

## 项目六　主要动检对象的检疫

　　任务一　口蹄疫的检疫 ……………………………………………………… 85
　　任务二　禽流感的检疫 ……………………………………………………… 90
　　任务三　新城疫的检疫 ……………………………………………………… 94
　　任务四　猪瘟的检疫 ………………………………………………………… 98
　　任务五　猪蓝耳病的检疫 ………………………………………………… 103
　　任务六　猪链球菌病的检疫 ……………………………………………… 106
　　任务七　小反刍兽疫的检疫 ……………………………………………… 111
　　任务八　牛病毒性腹泻-黏膜病的检疫 ………………………………… 113
　　任务九　牛传染性胸膜肺炎的检疫 ……………………………………… 115
　　任务十　绵羊痘、山羊痘的检疫 ………………………………………… 116
　　任务十一　结核病的检疫 ………………………………………………… 119
　　任务十二　布鲁氏菌病的检疫 …………………………………………… 123
　　任务十三　炭疽的检疫 …………………………………………………… 127
　　任务十四　囊尾蚴病的检疫 ……………………………………………… 132
　　任务十五　旋毛虫病的检疫 ……………………………………………… 134

## 项目七　动物产地检疫

　　任务一　产地检疫准备 …………………………………………………… 138
　　任务二　产地检疫实施 …………………………………………………… 141
　　任务三　产地检疫后处理 ………………………………………………… 144

## 项目八　运输检疫

　　任务一　运输检疫监督 …………………………………………………… 155
　　任务二　运输检疫实施 …………………………………………………… 159
　　任务三　运输检疫处理 …………………………………………………… 163

## 项目九　屠宰检疫

任务一　宰前检疫 …………………………………………………………………… 173
任务二　宰后检疫 …………………………………………………………………… 180
任务三　宰后病变组织器官的识别与处理 ………………………………………… 191

## 项目十　市场检疫

任务一　市场检疫监督 ……………………………………………………………… 212
任务二　市场检疫实施 ……………………………………………………………… 214
任务三　市场检疫处理 ……………………………………………………………… 218

## 附　录

附录一　中华人民共和国动物防疫法 ……………………………………………… 232
附录二　重大动物疫情应急条例 …………………………………………………… 244
附录三　动物检疫管理办法 ………………………………………………………… 251
附录四　乡村兽医管理办法 ………………………………………………………… 259
附录五　动物诊疗机构管理办法 …………………………………………………… 262

**主要参考文献** ……………………………………………………………………… 267

# 第一单元　动物防疫

## 项目一　动物疫情的调查与监测

 **项目概述**

动物疫情的调查与监测工作,是养殖场兽医技术员、动物防疫员和动物检疫检验员(工)等相关职业人员的最基本的工作内容之一。本项目要求大家认识动物疫病的发生和流行规律,掌握动物疫情的调查方法和动物疫情的监测方法,能够制定动物疫情的调查方案。

### 任务一　认识动物疫病的发生条件和流行环节

· 知识目标 ·
1. 了解动物疫病、动物传染病、动物防疫等概念
2. 理解动物疫病的流行特征
3. 理解动物疫病的发生条件和流行环节

· 技能目标 ·
1. 能根据动物疫病的发生条件制订养殖场简单的防疫措施
2. 能根据动物疫病流行环节制订控制动物疫病流行的措施

## 知识储备

### 一、基本概念

（一）动物疫病

动物疫病是指动物传染病和动物寄生虫病。

（二）动物传染病

凡是由病原微生物引起的具有一定的潜伏期和临诊表现，并且具有传染性的动物疫病统称为动物传染病。

（三）动物寄生虫病

由寄生虫引起的动物疫病称为动物寄生虫病。

（四）动物防疫

动物防疫就是采取各种措施防止动物疫病的发生，或者将已经发生的动物疫病加以控制和扑灭，防止其继续流行。动物防疫工作主要包括三部分：第一，动物疫病的预防，包括预防性消毒、免疫接种、药物预防等；第二，动物疫病的控制，包括检疫监督、疫病监测、隔离封锁等；第三，动物疫病的扑灭，包括患病动物扑杀、病死动物处理、环境消毒等。

（五）动物检疫

动物检疫是指由法定机构、法定人员依照法定的方法、程序和国家标准，对动物及动物产品进行检查、定性和处理的一项带有强制性的技术性措施，其目的是为了预防、控制和扑灭动物疫病，防止动物疫病传播、扩散和流行，保护养殖业的发展和人体健康。

### 二、动物疫病的发生条件

动物疫病的发生需要一定的条件，其中病原体是疫病发生的必备条件，属于外在因素；动物体的易感性是决定性条件，属于内在因素；外界环境是疫病发生的诱导因素。

（一）病原体

病原体是指引起动物疫病的病原微生物和寄生虫。病原微生物主要包括病菌和病毒，如致病性大肠杆菌、多杀性巴氏杆菌、炭疽杆菌、禽流感病毒、口蹄疫病毒等；寄生虫主要有原虫、吸虫、线虫、疥螨等。病原微生物和寄生虫是引起动物疫病发生的必需条件，没有病原微生物和寄生虫就不会发生动物疫病；然而，外界环境和动物体内有病原微生物和寄生虫存在，动物不一定会发病。经科学研究发现，正常的动物体内存在不同数量、不同种类的病原体，但是，当某种病原体具备一定毒力、一定数量的时候，就可能引起动物发病。

病原体致病力的强弱称为毒力,同一种病菌或者病毒的不同株,其毒力强弱不同。人们常把病原体分为强毒株、中毒株、弱毒株、无毒株等。病原体必须具有较强的毒力才能突破机体的防御屏障,从而引起感染,导致疫病的发生。实践证明,动物必须感染一定数量的病原体才能发病,少量的病原体,即使能够进入动物体内,也不会引起动物发病。但是,病原体即使具备足够的数量和毒力,找不到合适的入侵门户,也不能引起动物发病。例如,伤寒沙门杆菌须经口进入动物体内才会引起动物感染,破伤风梭菌必须进入深部创口才有可能引起动物发生破伤风,肺结核杆菌一般以飞沫形式进入肺部感染动物,乙型脑炎病毒必须由蚊子叮咬后经血流传染而发病。也有些病原体的侵入途径有多种,如炭疽杆菌、布鲁氏菌可以通过皮肤、消化道、生殖道和黏膜等多种途径侵入动物体。

总之,病原体是动物疫病发生的首要条件。病原体必须具备一定毒力、一定数量和特定的入侵门户,才能够引起动物疫病的发生。

（二）易感动物

在自然界中,一群动物同时遭到某种病原体的侵袭时,有些动物发生感染并且发病,有些动物感染而不发病,有些动物则不会感染当然也不会发病,这是为什么呢？这就是动物对病原体的易感性问题。对某些病原体具有感受性的动物,称为该病原体的易感动物。动物对某些病原体是否易感,和许多因素有关。首先,动物的种属特性决定动物对某些病原体的天然感受性。例如,偶蹄兽对口蹄疫病毒易感,而奇蹄兽不易感；禽类对炭疽杆菌有天然的抵抗力而不易感染发病,而牛、羊、兔等草食动物极易感染。其次,动物的易感性还受年龄、性别、营养状况、环境等因素的影响。例如,雏鹅易感染小鹅瘟病毒而发病,成鹅感染但不发病；雏鸡易感染鸡法氏囊病毒而发病,成年鸡感染后不发病。再次,人类可以改变动物对某些病原体的易感性。例如,给动物接种某些疫苗后,动物对某些病原由易感变为不易感,或者感染后不发病。

（三）环境因素

环境因素包括气候、温度、湿度、地理环境、生物因素（如传播媒介、贮藏宿主）、饲养管理及使役情况等,它们对于传染的发生是不可忽视的条件,是传染发生的重要诱因。环境因素改变时,一方面可以影响病原体的生长、繁殖和传播；另一方面可使动物机体的抵抗力、易感性发生变化。如夏季气温高,病原体易于生长繁殖,因此易发生消化道传染病；而寒冷的冬季能降低易感动物呼吸道黏膜的抵抗力,易发生呼吸道传染病。另外,在某些特定的环境条件下,存在着一些疫病的传播媒介,影响疫病的发生和传播。如有些疫病以昆虫为媒介,故在昆虫繁殖的夏季和秋季容易发生和传播。

综上所述,动物疫病的发生,首先必须具备一定数量、一定毒力的病原体,其次要有易感动物,再次需要环境诱导。

## 三、动物疫病的流行环节

（一）传染源

传染源亦称传染来源,是指某种病原体在其体内寄居、生长、繁殖,并能将其排出体外的活的动物体。具体来说,传染源就是受感染的动物,包括患病动物和病原携带者。

1. 患病动物

患病动物是指受到病原体感染,处于发病期的动物。动物体的发病期可以分为四个阶段,即潜伏期、前驱期、明显期(发病期)和转归期(恢复期)。从病原体侵入机体并进行繁殖时起,到疫病的最初症状开始出现为止,这段时间称为潜伏期。从出现疫病的最初症状开始,到传染病的特征症状刚一出现为止,这段时间叫做前驱期。前驱期之后一直到传染病的特征性症状明显表现出来,这段时间叫做明显期。转归期是动物疫病的最后阶段,分为死亡和恢复两种结果。动物处于疫病的四个阶段都可向外界排出病原体,尤其是明显期和前驱期排出的病原体最多。

2. 病原携带者

病原携带者是指外表无症状但携带并排出病原体的动物体,具体又可以分为三类,即潜伏期病原携带者、恢复期病原携带者和健康病原携带者。健康病原携带者也称隐性感染者,是指某种病原体一直在动物体内寄居、繁殖并不断排出体外,但是动物一直不表现患病症状,如弓形虫病、巴氏杆菌病、大肠杆菌病等疫病的隐性感染者。

（二）传播途径

病原体由传染源排出后,再次侵入其他易感动物体内所经历的路径称为传播途径。传播途径比较复杂,每种病原体都有其特定的传播途径。有的可能只有一种途径,如流行性乙脑病毒通过蚊子传播;有的有多种途径,如口蹄疫病毒可以经过饲料、饮水、空气、土壤等途径传播。传播途径总体可以分为水平传播和垂直传播两大类。

1. 水平传播

通过传染源直接接触或间接接触易感动物,在动物体之间进行的传播。

（1）直接接触传播:病原体通过传染源与易感动物直接接触而发生传染的传播方式。例如,通过交配、舔、咬、抓及摩擦等行为,病原体可以通过传染源直接传染易感动物。

（2）间接接触传播:病原体从传染源转移到外界环境介质,易感动物接触到含有病原体的介质而发生传染的传播方式。这些介质统称为传播媒介,包括生物媒介和非生物媒介。

① 生物媒介传播:主要包括蚊、蝇、蟬、虱子、疥螨和老鼠等。另外,人类也是生物媒

介传播载体,其活动也可以造成传染,如参观养殖场、饲养员串门互访等。

② 非生物媒介传播:主要包括污染的饲料、水源、空气、土壤、诊疗器械(如温度计、注射器、手术刀)和养殖场用具(如扫帚、铁锹)等。特别应注意的是,货币也可能成为危险的传播媒介。

2. 垂直传播

垂直传播指病原体从母体传给胎儿,包括经胎盘传播、经产道传播,或经卵传播,如禽白血病、禽腺病毒感染、鸡传染性贫血、禽脑脊髓炎、鸡白痢等。

(三) 易感动物群

易感动物群是指对某种病原体具有易感性的动物群体。动物对病原体的易感性既有先天因素,也有后天因素,是可以改变的。例如,猪对猪瘟病毒是易感的,但是,如果给猪群事先注射猪瘟疫苗,该猪群就对猪瘟病毒有抵抗力,变为不易感猪群了。影响动物易感性的主要因素有:

1. 外因

外因主要包括外界环境中病原体的数量、毒力,以及动物生活的环境因素,如温度、湿度、光线、有害气体浓度、日粮成分、喂养方式、运动量等。减少环境中的病原体数量、改善动物生活环境,都能使动物群体的抗病能力增强,对病原体的易感性减低。

2. 内因

内因是动物易感性的决定因素,主要与动物的种属、年龄和动物机体的免疫能力高低有关。种属的不易感性是先天性的。例如,马对猪瘟病毒先天性不易感,鸡对炭疽杆菌先天性不易感等。动物的免疫能力是后天可以获得和提高的。例如,胎儿可以从母体中获得母源抗体来抵抗多种病原体感染,有些刚出生的动物可以从初乳中获得母源抗体来抵抗多种病原体感染。动物从幼年到成年的过程中,可以从环境中接触少量病原体,从而获得对不同病原体的免疫力。另外,可通过免疫接种的方法让动物获得坚强的免疫力。

可见,动物疫病流行的三个环节是环环相扣的,一旦其中某个环节被切断,动物疫病的流行就会停止。因此,所有的防疫措施都应该针对以上三个基本环节而制订,即消除传染来源,切断传播途径,保护易感动物。

 扩展阅读

## 一、动物疫病特征

动物疫病虽然多种多样,临床表现和病理变化也各种各样,但是它们也具有一些共性,这些共性主要有以下几点。

### (一) 由特定的病原体引起

动物疫病都是由特定病原体引起的,如禽流感是由禽流感病毒引起的,没有禽流感病毒,就不会发生禽流感;猪弓虫病是由弓形虫引起的,没有弓形虫,就没有猪弓形虫病。

### (二) 有传染性和流行性

从患病动物体内排出的病原体,可侵入其他动物体内,引起其他动物的感染,这就是传染性。个别动物的发病造成了群体性的发病,这就是流行性。

### (三) 被感染的动物会发生特异性免疫反应

当动物受到病原微生物或寄生虫的不断刺激时,机体就会发生免疫反应,产生特异性免疫效应物质(如抗体、细胞因子等),这种免疫效应物质能在动物体内存留一定的时间,在这段时间内,这些效应物质可以清除体内病原体,并且保护动物机体不再受同种病原体侵害。所以,当动物体遭受某种病原体感染而耐过后,就会产生对该病原体的免疫能力,同样,当动物体被接种某种疫苗后,也会对相应病原体产生免疫能力。

### (四) 具有特征性的临床症状和病理变化

同一种病原体引起的动物疫病,一般具有相同特征的临床症状和病理变化,这些特点可以用来辅助诊断动物疫病。

## 二、动物疫病发展阶段

动物疫病从发生、发展到结束的过程,称为病程。这个过程具有一定的阶段性,根据不同的发展阶段的不同的表现,一般把病程分为以下四个阶段。

### (一) 潜伏期

从病原体侵入机体并进行繁殖时起,到疫病的最初症状开始出现止,这段时间称为潜伏期。潜伏期一般与病原体的毒力、数量、侵入途径和动物机体的易感性有关,不同疫病的潜伏期不同,就是同一种疫病其潜伏期也不一定相同。例如,炭疽的潜伏期为1~14天,多数为1~5天。潜伏期短时,病情经过往往比较严重;潜伏期长时,则病程的表现较为缓和。动物处于潜伏期时就已经向外界排出病原体了,由于没有临床表现,一般难以被发现,所以这对健康动物威胁大。

### (二) 前驱期

从出现疫病的最初症状开始,到传染病的特征性症状刚一出现止,这段时间叫做前驱期。该阶段仅表现疫病的一般症状,如精神委顿、食欲下降、发热等,虽然没有诊断意义,但是可以作为预警。

### (三) 明显期

前驱期之后一直到传染病的特征性症状明显表现出来,这段时间叫做明显期。这一阶段患病动物排出体外的病原体最多、传染性最强、危害最大。这段时期是动物疫病特征性症状的明显时期,是动物疫病诊断最容易的时期。

(四)转归期

转归期是动物疫病的最后阶段,可发展为死亡和恢复两种结果。如果动物机体的抵抗力得到加强,病原体得到有效控制或杀灭,动物体进入恢复期;如果动物机体不能控制或杀灭病原体,导致机体组织严重损伤,则以动物死亡为转归。在病愈后的一段时间内,动物体内的病原体还会保留一定时期,会出现带毒(菌、虫)现象,其持续时间也不尽相同,但是,最终病原体可能被机体消灭或者彻底排出体外。

## 三、动物疫病的流行形式

根据一定时间内发病率的高低和流行范围的大小,疫病流行表现形式大致分为散发、地方流行性、流行性和大流行四种形式。

(一)散发

散发指疫病无规律性随机发生,局部地区病例散在出现,各病例在发病时间与地点上无明显的关系。导致散发的主要原因有:

(1)动物群对某病的免疫水平不一致,有极少数动物没有免疫力或免疫水平不高。例如,鸡新城疫,在免疫效应物质密度不高或者免疫强度不够时,会出现零星发病和非典型症状。

(2)某病的隐性感染比例较大,如弓形虫病、猪囊虫病等,通常为隐性感染,个别抵抗力差的个体偶尔会发病。

(3)有些疫病的传播条件非常苛刻,如破伤风梭菌需要厌氧环境和深部创伤感染才有可能发病。

(二)地方流行性

地方流行性指在一定地区的动物群体中发病率较高,但常局限于一个较小的范围。地方流行性一般有两方面的含义:一是在一定地区一段较长的时间里动物发病的数量稍微超过散发性;二是除了表示相对的数量以外,有时还包含着地区性的意义。例如,炭疽芽孢污染了某个地区,该地区每年都有可能出现一定数量的病例。

(三)流行性

流行性是指在一定时间内动物发病率超过了正常水平,波及的范围也较广。流行性没有绝对的数量界限,而仅仅是一个疫病发生频率相对较高的名词。流行性疫病的传播范围广、发病率高,若不加防制常可传播到几个乡、县甚至全省。

"暴发"常作为流行性的同义词。一般认为,某种传染病在一个动物群体或一定地区范围内,在短期间内(该病的最长潜伏期内)突然出现很多病例,可称为暴发。

（四）大流行

大流行是指传播范围广,常波及整个国家或几个国家,发病率极高的流行过程。如禽流感和口蹄疫都曾经出现过世界范围的大流行。

## 四、动物疫病流行的季节性与周期性

（一）季节性

某些动物疫病只发生于一定的季节,或者在一定的季节发病率较高,这种现象称为动物疫病的季节性。季节性发病的主要原因有以下几个方面：

1. 对病原体的影响

不同季节的温度、湿度、光照等情况不同,对病原体的生存影响不同。夏季日照时间长,对于那些抵抗紫外线能力较弱的病原体存活不利。例如,日光曝晒可使外界环境中的口蹄疫病毒很快失去活力,因此,口蹄疫的传播一般在夏季减缓或平息。又如,在梅雨季节,高温、高湿,是大肠杆菌病、球虫病的多发季节。

2. 对媒介生物和中间宿主的影响

夏秋季节,蝇、蚊等吸血昆虫活动猖獗,凡是由它们传播的疾病都较易发生;有些病原体必须通过中间宿主才能传播,而这些中间宿主大多数是吸血昆虫(如蚊子、蜱、水蚤等)和低等软体动物(如钉螺)。因此,只有在这些中间宿主动物出没的季节,相应的疫病才会发生,如日本乙型脑炎主要通过蚊子传播,所以该病主要发生在蚊虫活跃的夏季。

3. 对动物抵抗力和动物活动范围的影响

季节的变化,对动物活动范围影响较大。例如,冬季天气寒冷,动物活动范围小,拥挤在空气不流通的环境,容易发生呼吸道疾病。另外,冬季青饲料不足,造成动物营养缺乏,胃肠功能下降,容易发生胃肠道疾病。夏季由于饲料的霉变、高温应激等,动物抵抗力下降,疫病较多。

可见,了解疫病流行的季节性规律,可以帮助人们提前做好此类动物疫病的防控工作。

（二）周期性

某些动物疫病在一次流行以后,常常间隔一段时间(常以年计)后再次发生流行,这种现象称为动物疫病的周期性。在传染病流行期间,由于易感动物发病死亡或者被淘汰,耐过的动物因为获得免疫力而变为不易感动物群,因而使疫病流行逐渐停息。但是经过一定时间后,新的一代出生,或引进外来的易感动物,由于免疫力逐渐消失,动物群体易感性再度增高,结果可能导致疫病的重新暴发流行。

**实践体验**

## 技能训练一　制订养殖场简单的疫病防制方案

【训练目标】　通过实训,深刻理解动物疫病的发生条件和流行环节。

【重点提示】　认真阅读教材和相关资料,仔细分析疫病发生的条件和疫病流行的环节,写出大概方案,再进行小组内讨论交流,互相补充,形成成熟方案。

### 一、疫病的发生条件

提示:只有破坏疫病的发生条件,才能使疫病不发生。

(一)必须有一定毒力、一定数量的病原体存在

1. 如何减少强毒病原体

(1) 查阅疫苗毒力返强和病原体变异的相关资料。

(2) 思考:如何防止外来强毒病原体的入侵?养殖场门口为什么要设立消毒池?为什么要张贴"闲人免进、谢绝参观"的标识?为什么要建围墙?了解养殖场有关"隔离"方面的措施。

2. 如何减少养殖场环境病原体

(1) 减少病原体的排放(处理好病原携带者)。

(2) 注意环境卫生(打扫、冲洗)。

(3) 环境消毒、驱虫、灭鼠。

(二)病原体必须有适宜的入侵门户

1. 阻止病原体到达入侵门户

具体措施有:饮水卫生消毒、注射器消毒、空气消毒、产房消毒等。

2. 保护入侵门户

具体措施有:黏膜保护剂、局部免疫等。

(三)必须有易感动物

(1) 保护易感动物,使其免受感染(隔离)。

(2) 改善饲养管理、加强营养,增强易感动物抗感染能力。

(3) 免疫接种。

(4) 药物预防。

(四)必须有诱导疫病发生的外界环境

(1) 良好的畜舍和设施。

(2) 良好的生活环境——适宜的温度、湿度,良好的通风、光照等。

## 二、疫病流行的环节

提示:切断各个环节之间的联系,疫病就不会暴发和流行。

(一) 传染源

1. 传染源有哪些

(1) 正在发病的动物。

(2) 发病前期(潜伏期)的动物。

(3) 处于病愈期的动物。

(4) 隐性感染者(健康带毒者)。

2. 如何处理传染源

(1) 隔离治疗。

(2) 扑杀销毁。

(二) 传播途径

1. 传播途径有哪些

饲料、饮水、土壤、空气、人员、诊疗器械、工具、昆虫、老鼠,甚至钱币都能成为传播途径。

2. 如何切断各个传播途径

(三) 易感动物群

(1) 如何保护易感动物群,使其免受感染?

(2) 如何使得易感动物群变成不易感动物群?

【考核评价】 小组展示方案,小组互评,教师总结。各小组可以根据表1-1进行评分。

表1-1 项目考核评价表

项目名称_____ 小组_____ 成员姓名_____

| 考核点 | 考核内容与评分标准 | 得 分 | | |
|---|---|---|---|---|
| | | 小组评价 | 教师评价 | 综合得分 |
| 理论知识 | 动物疫病发生条件(10分) | | | |
| | 动物疫病流行环节(10分) | | | |
| 方案 | 方案的完整性(30分) | | | |
| | 方案的科学性(30分) | | | |
| | 文字表达和书面整洁(10分) | | | |
| 综合素质 | 小组协作表现(5分) | | | |
| | 沟通与表达能力(5分) | | | |
| 合 计 | (100分) | | | |

# 任务二　调查和监测动物疫情

· 知识目标 ·

1. 了解动物疫情调查与动物疫病监测的概念及类型
2. 理解动物疫情调查与动物疫病监测的目的
3. 理解动物疫情调查与动物疫病监测的方法

· 技能目标 ·

1. 会计算感染率、发病率、患病率、死亡率和致死率等数率比
2. 能进行养殖场动物疫情调查
3. 会分析调查数据

 知识储备

## 一、疫情调查

动物疫情就是指疫病的发生和发展情况。动物疫情调查,也即流行病学调查,是指利用各种方法,对一定时期、一定区域的动物疫病的发生和发展情况进行调查,其目的在于揭示疫病的流行特征,探测疫病的发生原因和流行规律,为诊断和控制疫病提供依据。动物疫情调查是掌握动物疫病流行规律和疫情动态,分析评估疫病风险,及时发现疫情隐患,进行疫情预警预报的重要方法,对于发现防控工作中存在的问题,提高重大动物疫情防控能力具有非常重要的意义。

（一）疫情调查类型

1. 个案调查

个案调查是指对个别发生病例及周围环境所进行的流行病学调查。个案调查适用于散发病例,以及疾病暴发事件首个病例和初期病例的调查。个案调查的目的在于查明病例发生的原因,分析传染源和传播途径,确定疫源地的范围,查明从疫源地向外传播的条件,提供疫病防控措施和建议。个案调查的内容包括发病动物群的基本情况、饲养管理条件,发病动物的种类、性别、年龄、发病日期、临床症状、剖检特征、诊断结果、预防接种史、病前接触史、可能感染日期等。个案调查的方法主要包括通讯调查（电话、信函、网络等）、现场查看、取样检验。

2. 暴发调查

暴发调查是指针对某一地区在较短时间内集中发生较多同类病例所做的调查。暴发调查的主要目的在于确定动物疫病的暴发原因，追溯传染源，确定暴发流行的性质、范围、强度，为防控疫病提供依据。暴发调查的主要内容包括暴发疫病地区的动物养殖基本情况调查、发病情况调查、疫病来源与传播情况调查以及动物处置情况调查等。

3. 专题调查

专题调查是指为了阐明某一个流行病学专题而进行的深入的调查。例如，针对某一种疾病的病原调查、某病带菌率的调查、血清学调查等，均属于专题调查。专题调查的方法有回顾性调查与前瞻性调查两种。

回顾性调查，也叫病史调查或病例对照调查，是在病例发生之后所进行的调查，个案调查及暴发调查均属于回顾性调查。前瞻性调查是"从因到果"，在疾病未发生之前，为了研究某因素是否与某病有联系，在一定时期内跟踪观察某病的发生、发展，分析该因素与疾病的关系。

（二）疫情调查方法和步骤

1. 询问调查

询问调查是疫情调查的主要方法之一，也是疫情调查的开头工作，应该十分重视。询问的对象主要是畜主、饲养员和当地兽医技术人员。询问时要事先说明来意和调查目的，防止被询问人员紧张或者有思想负担，力求使调查的结果客观真实。询问的结果应该仔细记录在调查表上。

2. 现场调查

经过询问调查后，应该立即进行现场调查。现场调查就是到疫病发生地区进行实地调查，主要包括对发病动物所处的环境、饲养管理情况、发病情况等进行实地调查，可根据不同种类的疾病进行重点项目的调查。例如，在发生呼吸道传染病时，应特别注意畜舍空气的卫生条件、饲养密度等情况；在发生肠道传染病时，应着重查看水源、饲料等场所的卫生状况；在发生虫媒传染病时，应注意调查当地吸血昆虫动物的种类、分布情况等。

3. 实验检测

经过现场调查，对于有疑问的病情，需要确诊的，可以采集饲料、水样和进行病理剖检并且采集病料，送到相关实验室检验。

4. 数据分析

对调查得到的信息，需要认真处理，去伪存真，对数据进行统计分析，寻找疫情发生和流行规律，同时还要认真计算发病率、死亡率和致死率等。

## 二、疫情监测

疫情监测也称疫病监测、疫病监察,是通过长期、系统、连续地观察某种疫病在某地区的分布动态和影响因素,以便制订防控措施。疫情监测的主要目的在于及时掌握疫病的分布情况、发病频率和各方面的影响因素,评估免疫效果,发布预警预报,为科学开展疫病防控工作提供可靠依据。

(一)监测的类型

从监测的组织方式、目的、侧重点等方面考虑,监测主要分为以下几种类型:

1. 常规监测与哨点监测

常规监测是指国家和地方的常规报告系统开展的疾病监测(如我国的法定疫病报告)。哨点监测是指基于某病或某些疾病的流行特点,有代表性地选择在全国不同地区设置监测点,根据事先制订的特定方案和程序而开展的监测。例如,我国设置的动物疫情测报站、边境动物疫情测报站等都属于此类监测。

2. 主动监测与被动监测

上级单位亲自组织或要求下级单位严格按照规定要求开展监测并收集相关资料,称为主动监测。下级单位常规上报监测数据和资料,上级单位被动接收,称为被动监测。我国农业部组织的动物疾病专项监测、定点监测,各级动物疫控部门开展的重点监测,均属主动监测,常规法定传染病报告即属于被动监测范畴。

3. 专项监测

专项监测是指针对某一种因素进行的监测,如口蹄疫免疫效果监测、"瘦肉精"监测等。

(二)监测的方法程序

动物疫情监测方法包括临床症状检查、流行病学调查、血清学检测、病原学检测等。疫情监测程序大体可以分为以下几个步骤。

1. 资料收集

资料收集是指通过流行病学调查、临床症状检查、血清学检测、病原学检测等方法,收集完整、连续和系统的资料。流行病学调查、临床症状检查等资料可通过基层监测点按常规疫情上报。血清学检测、病原学检测等资料可以由上级机构主动采集。

2. 资料的整理和分析

资料的整理和分析是指通过统计分析,将收集来的资料加工成有价值的信息的过程。

3. 监测报告

在资料分析整理的基础上,对疫病的分布、危害、流行病学特点、控制效果及发生趋势作出判断分析,提出防控措施建议,形成完整的疫情监测报告。

 **扩展阅读**

## 官方兽医与执业兽医

官方兽医是指具备规定的资格条件并经兽医主管部门任命的,负责出具检疫等证明的国家兽医工作人员。执业兽医是指通过国家职业兽医资格考试,取得执业兽医资格,并经注册,从事动物疾病诊断、治疗和动物保健等经营活动的兽医人员。

按照国家有关规定,从事兽医工作的人员,通过业务培训、经资格认可、政府任命等程序,可进入官方兽医队伍。从事动物疫病诊断、治疗和动物保健等经营活动的兽医人员,必须按照国家有关规定,经培训、考试,取得执业兽医资格。从事兽医化验员、动物检疫检验员、动物疫病防治员等职业的人员,应经培训、考核,取得相应的职业资格。

 **实践体验**

## 技能训练二　养殖场疫情调查

【训练目标】　掌握疫情调查内容,学会疫情调查方法,能初步分析调查资料。
【训练场地】　当地某养殖场或者养殖专业户。
【方法步骤】
(一)选择调查类型,明确调查目的
分小组讨论,确定本次疫情调查的类型和主要目的。
1. 调查类型
可以针对养殖场单个疫病的流行情况进行个案调查;也可以针对某一种疾病的病原、防疫效果等进行专题调查;还可以对养殖场一定时间段内动物的健康状况、感染疫病种类及流行情况进行总体普查。
2. 调查目的
调查的主要目的有:查明病例发生的原因;分析传染源和传播途径;确定疫源地的范围;查明从疫源地向外传播的条件,最终为防控疫病提供科学的建议。各小组可以参考表1-2进行疫情调查。

表1-2 疫情调查目的与对应的调查类型

| 疫情调查目的 | 对应的疫情调查类型 |
| --- | --- |
| 疫病分布特征、疫源地调查 | 个案调查、暴发调查、抽样调查、普查 |
| 探索新疫病、阐明发病机制 | 个案调查 |
| 描述疫病分布 | 抽样调查、普查 |
| 病因研究 | 个案调查、抽样调查、普查 |
| 预报疫情 | 个案调查、抽样调查、普查 |
| 评价疫病防控效果 | 抽样调查、普查、免疫效果监测 |

（二）确定调查内容

各组根据调查类型和调查目的，确定调查内容和所需要的数据。下面以某猪场高热病发生原因的个案调查为例，调查内容主要包括：

1. 搜集猪高热病的相关资料

从图书馆、互联网等处搜集和阅读有关猪高热病资料，以便指导调查。

2. 养猪场的基本情况调查

养猪场的基本情况调查包括养猪场的名称、地址、地形特点、主要气候特点，猪的品种、数量、用途，饲养场的卫生状况，饲料来源、品质及保藏情况，水源卫生状况，周围及栏舍内昆虫、啮齿动物活动情况，粪便、污水处理方法，病死猪的处理方法等。

3. 饲养管理情况调查

饲养管理情况调查包括饲养方式、饲喂方法、生产周期、防疫制度、防疫计划、饲养场技术力量、预防消毒及免疫接种执行情况等。

4. 猪高热病发生与流行情况调查

内容包括发病圈舍号，猪的品种、数量、性别、年龄，发病及死亡数量，发病时间，病程，流行病学特点，主要症状，主要病理变化，采用的诊断方法及结果，采取的治疗措施，使用的药品，疫苗种类及效果等。

5. 疫区既往病史调查

曾发生过类似高热病的时间、地点、数量、症状、病变，所采取的措施和效果，病程及流行特点等。

6. 临床检查、病理剖检和病料采集

寻找病猪进行临床检查，记录数据，实地解剖，记录病理结果，采集病料。

7. 实验检测

将病料带回，到相关实验室进行病原检验，记录数据。

### （三）设计调查表格和调查问卷

各小组依据调查类型、调查内容，自行设计调查表格和调查问卷。

### （四）实施调查

**1. 通讯调查**

通过电话、书刊报纸、互联网等搜集相关资料。

**2. 现场调查**

首先到现场向周边居民、养殖场场长、饲养员、驻场技术员询问相关信息，包括养殖场的基本情况、饲养管理情况、疫病发生与流行情况、疫区既往病史等；再到现场（圈舍）实地察看养殖场的基本情况、饲养管理记录、疫病发生与流行情况记录；最后抽取发病动物进行临床检查和病理剖检，并采集病料。将询问内容、现场观察结果、临床检查结果和病理剖检结果详细记录在事先设计好的表格和问卷上。

**3. 实验检测**

经过现场调查，对于有疑问的病例，采集病料，带回实验室检验。

### （五）分析资料

对调查得到的信息，需要认真处理，去伪存真。对于数据，首先计算出感染率、发病率、患病率、死亡率、病死率等数据，再进行统计分析，寻找疫情发生和流行规律。

**1. 感染率**

感染率是指检查出来的所有感染动物数（包括隐性感染者）占被检查的动物总数的百分比。其公式为：

$$感染率 = 感染动物数 \div 被调查动物总数 \times 100\%$$

**2. 发病率**

发病率是指在一定时间内新发生的某种动物疫病病例数与同期该种动物总数之比。其公式为：

$$发病率 = 新发生病例数 \div 同期平均动物总数 \times 100\%$$

**3. 患病率**

患病率又称现患率，表示一定时间内某地区动物群体中存在某种疾病新老病例的比率。其公式为：

$$患病率 = 一定时期动物新老患病数 \div 同期受检动物总数 \times 100\%$$

**4. 死亡率**

死亡率是指因某病死亡动物数占该种动物总数的百分比。其公式为：

$$死亡率 = 因某病死亡动物数 \div 同期该种动物总数 \times 100\%$$

**5. 病死率（致死率）**

病死率是指在一定时间内因某种疾病死亡的动物头数与同期确诊为该病的动物总数

之比。它表示某病在临床上的严重程度,因此,可比死亡率更为精确地反映疫病的流行过程。其公式为:

病死率 = 病死动物总数 ÷ 同期确诊为该病的动物总数 × 100%

(六)书写调查报告

各小组根据调查结果和数据分析结果,书写调查报告,提出合理的疫病防控建议。

疫情调查报告的格式一般为:

1. 前言或引言

这是疫情调查报告的开头语,应主要阐明本次疫情调查的目的、意义、时间、地点、对象等基本情况。

2. 调查方法和调查内容

主要写清楚本次调查所用的方法、调查内容。

3. 结果

结果部分是调查工作的客观反映,可以用文字叙述调查得到的结果,也可以将调查得来的数字性资料整理成图表,并对数据进行必要的统计学处理。一般还要对调查结果进行一定的分析。

4. 结论

结论是根据调查结果以及对调查结果的分析所得出的结论性意见,一般要求用简洁的语言叙述。

5. 建议

根据以上调查结果和所得出的结论,提出控制与消灭疫情的合理化建议和必要的防控措施。

6. 落款

落款主要包括三部分内容:一是调查单位,写清与单位公章名称一致的单位的全称,并加盖单位公章,以示调查结果的权威性;二是调查人,应由调查人亲笔签名,以示对调查结果的负责;三是报告时间,具体到年、月、日。

7. 备注

如对调查报告有需要说明的内容时,可在备注部分进行说明。一般于落款页(最后一页)下边划一横线,在横线下写上备注内容。有些疫情属于国家机密,要注明该报告的保密级别。有些疫情报告需要向上级主管部门或有关部门汇报,也可以注明抄送抄报级别。

【考核评价】 小组展示调查报告,小组互评,教师考核,项目考核表可参考表1-3。

表1-3 项目考核评价表

项目名称_____　　　　　　　　　小组_____成员姓名_____

| 考核点 | 考核内容与评分标准 | 得　分 | | |
|---|---|---|---|---|
| | | 小组评价 | 教师评价 | 综合得分 |
| 调查目的 | 调查目的明确(10分) | | | |
| 调查类型 | 类型选择正确(10分) | | | |
| 调查内容 | 调查内容全面(20分) | | | |
| 调查方法 | 调查方法科学(10分) | | | |
| 调查数据 | 数据合理,分析得当(30分) | | | |
| 调查报告 | 格式合理、文字清晰(10分) | | | |
| 综合素质 | 小组协作表现(5分) | | | |
| | 沟通与表达能力(5分) | | | |
| 合　计 | (100分) | | | |

【作业】 写一份调查报告。

 复习思考题

1. 举例说明动物疫病发生的条件有哪些。
2. 动物疫病流行的环节有哪些?举例说明它们之间的关系。
3. 动物疫情调查的一般方法步骤有哪些?
4. 什么是动物疫病监测?有哪些类型?
5. 某肉鸡场饲养了150 000羽21日龄的肉鸡,其中5号鸡舍共有10 000羽肉鸡。2012年9月10日,5号鸡舍发生了传染性法氏囊病,经过检测,3天内本栋鸡舍共有8 000羽感染,其中5 500羽发病,4 500羽死亡。经过迅速隔离、彻底消毒等措施,其他鸡舍没有受到感染。请你计算出该鸡场传染性法氏囊病的感染率、发病率、患病率、死亡率和致死率。

# 项目二 消毒技术

 **项目概述**

消毒工作是养殖场饲养员、动物产品经营者、兽医技术员、动物防疫员和动物检疫检验员等相关职业人员的最基本的工作内容之一。养殖场、屠宰厂、动物产品交易市场、动物产品仓库等场所,都离不开消毒。消毒工作同时是"动物检疫检验员"、"动物疫病防治员"职业以及国家职业资格标准考核的重要内容之一,也是国家执业兽医的重要工作内容之一。

本项目安排了3个学习任务,包含了3个与职业实践相关的技能训练,希望大家在职业实践活动的基础上训练技能、理解知识。

## 任务一 选择消毒方法和消毒药物

·知识目标·
1. 了解消毒的概念、消毒种类
2. 了解常见的消毒方法和消毒药物
3. 理解消毒方法的选择依据和消毒药物的选择原则

·技能目标·
1. 能根据不同的消毒对象和消毒场所选择消毒方法和消毒药物
2. 会计算、配制消毒药物

**知识储备**

## 一、消毒的概念和消毒种类

（一）消毒的概念

利用物理、化学或生物的方法清除或杀灭传播媒介中所有病原体的措施叫消毒。用物理或化学的方法清除或杀灭传播媒介中的所有微生物，达到无菌的程度，叫做灭菌。消毒对象是指受到病原体污染的圈舍、场地、土壤、水、饲养用具、运输工具、仓库、人体防护装备、病畜产品、粪便等。彻底消毒可以清除和杀灭环境中的病原体，切断传播途径，阻止疫病的继续蔓延扩散，是预防疫病发生和控制疫病流行的有效手段。

（二）消毒的种类

根据消毒的时机和目的不同，消毒可分为预防性消毒、临时消毒和终末消毒。

1. 预防性消毒

在没有疫病发生时，为预防疫病的发生，对可能受到病原体污染的场所和物体进行的消毒称为预防性消毒。预防性消毒是预防动物疫病的重要工作，可以制订消毒计划和定期实施。

2. 临时消毒

在发生疫病时或者有可疑的传染源入侵期间，为及时清除、杀灭传染源排出的病原体而采取的消毒措施称为临时消毒。例如，在养殖场发生个别疫病时，应该立即隔离发病动物和同群动物，并且对发病动物所在的圈舍进行彻底消毒，同时进行全场消毒。

3. 终末消毒

在疫病控制、平息之后，或者传染源离开时，为了消灭可能残留的病原体而采取全面、彻底的大消毒，这称为终末消毒。例如，在解除疫区封锁前的大消毒、在动物全部出场（出圈）时的彻底消毒等，都属于终末消毒。

## 二、常见的消毒方法

常见的消毒方法有物理消毒法、化学消毒法和生物消毒法。

（一）物理消毒法

物理消毒是指用物理方法清除和杀灭病原体，包括机械清除，如清扫、洗刷、通风、过滤等；高温消毒，如烘烤、火烧、蒸煮、高压蒸汽等；辐射消毒，如阳光、紫外线照射等。

1. 机械清除

使用机械的方法清除病原体，如经常采用清扫、洗刷、通风和过滤等手段，清除存在于环境中的病原体,这种方法虽然不能直接杀灭病原体,但是,经济实惠,简单易行,可以有效减少环境中和物体表面的病原体数量,因此,在工作实践中最常使用。

2. 高温消毒

高温消毒又可以分为干热消毒和湿热消毒。

(1) 干热消毒:

① 直接焚烧法:直接点燃或在焚烧炉内焚烧,多用于病畜禽尸体、病畜垫草以及可燃的废弃物等物品的消毒。

② 火焰烧灼法:用火焰发生器(火焰消毒器)烧灼污染的地面、墙壁、用具等耐高温场所,可以迅速彻底地杀灭一切病原体,多用于冬季畜舍内的消毒,尤其是产仔舍、保育箱的消毒,可以减少湿度、增加温度。

③ 热空气消毒法:利用干热空气进行消毒。例如,用电热干燥箱对耐热玻璃器皿进行消毒。

(2) 湿热消毒:

① 煮沸消毒法:因为操作简便、经济实惠、效果确切,煮沸消毒是医疗器械最常用的消毒方法之一。大多数非芽孢病原微生物在100℃沸水中迅速死亡,大多数芽孢在煮沸后30min内致死。一般沸腾(100℃)后再煮5~15min,即能达到常规消毒目的。某些特殊芽孢的抗煮沸能力较强,有的需要煮沸1~2h才能杀灭。煮沸消毒时,若在水中加入2%碳酸钠,可以增强杀菌力,同时还具有一定的防锈作用。若在水中加入2%~5%石炭酸,煮沸5min即可杀死炭疽杆菌的芽孢。

② 常压蒸汽消毒法:在常规大气压下,用100℃左右的蒸汽进行消毒。这种消毒方法常用于不耐高温高压物品的消毒。流通蒸汽消毒时,消毒时间应从蒸汽大量产生时开始计算,消毒时间同煮沸法相似。

③ 高压蒸汽灭菌法:高压蒸汽灭菌法是指用高压灭菌器产生的高压蒸汽进行灭菌。该方法常用于耐热器械和细菌培养基的灭菌。通常压力表达到$1\times10^5$Pa,温度为121.3℃,经30min即可杀灭所有的病毒、细菌繁殖体、霉菌孢子和细菌芽孢。

(3) 辐射消毒:

辐射消毒是指利用具有杀菌能力的射线进行消毒。常用的有日光曝晒消毒、人工紫外线照射消毒、电离辐射消毒和核辐射消毒等。其中,最经济实用的是日光曝晒消毒和人工紫外线照射消毒。杀菌作用最强的紫外线波长是254nm左右,因此,人工紫外线灯发出的紫外线,90%以上的波长是254nm。用紫外线对空气消毒效果较好,一般情况下,当室温在20℃~40℃、相对湿度不超过60%时,照射30min即可达到消毒目的。应该注意的是,紫外线对动物的皮肤和眼睛有伤害,不应直接长时间照射。

## （二）化学消毒法

化学消毒法是指利用化学药物杀灭病原体的消毒方法。对微生物具有杀灭或抑制作用的化学药物称为化学消毒药物，也称消毒剂。由于消毒药物和被消毒对象种类繁多，故化学消毒方法也很多，如喷雾法、熏蒸法、喷洒法、冲洗法、浸泡法、洗刷法、涂擦法、撒布法等。

## （三）生物消毒法

生物消毒法是指用生物发酵产酸、产热的方法来杀灭、清除病原体。本法多用于大批量消毒养殖场的粪便、污水及垃圾。现代化的养殖场，都建有沼气发酵池，其主要目的是处理动物的粪、尿和污水的。本法可以杀死病原微生物繁殖体、寄生虫幼虫和虫卵，但对细菌芽孢效果不是太好。

## 三、消毒方法的选择

消毒方法多种多样，要达到理想的消毒效果，必须选择适宜的消毒方法。在实际工作中，由于消毒对象比较复杂，消毒场所多种多样，所以选择消毒方法的依据也各不相同，主要有以下几种选择依据：

1. 根据要消灭的病原体的种类、数量和特性选择消毒方法

（1）染有一般病原体的器械、衣物等，可选择煮沸消毒法；染有一般病原体的场舍，可以选择先机械清除，再用一般化学消毒药物进行喷洒消毒。

（2）染有细菌芽孢、分枝杆菌、霉菌孢子、口蹄疫病毒或高致病禽流感病毒等高抵抗力病原体的物品，如果是耐高温的，可选择火焰消毒、高压蒸汽灭菌消毒；如果是废弃物，选择焚烧消毒；如果是场舍污染了上述病原体，可用熏蒸消毒的，首选熏蒸消毒，能用火焰消毒的，尽量用火焰消毒，否则，可以选用高效化学消毒药物进行喷洒消毒。

（3）当消毒物品上，一般病原体污染特别严重或者有较多的有机物存在时，应该加大清扫和冲洗力度，增加消毒药物的使用剂量和延长消毒的作用时间。

2. 根据消毒对象选择消毒方法

（1）耐高温、耐湿度的物品和器材，应首选高压蒸汽灭菌消毒法。

（2）不耐热、不耐湿的物品如塑料制品、各种衣物、皮毛制品等，可选择甲醛气体、环氧乙烷气体熏蒸消毒。

（3）不耐热、耐湿、耐腐蚀的物品，可选用戊二醛、过氧乙酸、漂白粉、百毒杀等化学消毒药物浸泡消毒。

（4）物品表面消毒时，应考虑表面性质。光滑表面可选择紫外线照射或液体消毒药物擦拭，多孔材料表面可采用喷雾消毒法或气体熏蒸法。例如，对垂直墙面的消毒，如果

是光滑表面,药物不易停留,使用冲洗或药物擦拭的方法效果较好;如果是粗糙表面,较易吸湿,以喷雾方法处理为好。

(5) 患烈性传染病的动物尸体,首选焚烧法。

(6) 污染的动物粪便、饲料、垫草等,量小的选择焚烧、深埋处理,量大的常选择生物热消毒法;但是,当其中含有烈性致病菌芽孢时,需选用焚烧法。

(7) 圈舍、饲养用具、车辆、运动场地等的预防性消毒,可先采取机械清除后,再进行日晒或选用一般化学消毒药物进行消毒。

3. 根据生产周期和卫生防疫要求选择消毒方法

(1) 动物全出后,下批动物入舍前选择打扫、冲洗、喷洒、熏蒸等消毒方法。

(2) 动物饲养过程中,可以采取打扫、冲洗、通风、高效低毒消毒药物的喷洒和熏蒸消毒。

(3) 当养殖场受到外界病原体侵袭时,采取全场临时性消毒和驱虫灭鼠;场区道路选用有效消毒药物喷洒,门口消毒池用5%氢氧化钠浸泡,畜舍内空气可以用过滤通风法消毒,入舍人员手臂用0.1%新洁尔灭浸泡,衣物采取熏蒸消毒等。

(4) 当动物处于饮水免疫、气雾免疫接种时,不应该用消毒药物进行饮水消毒和空气消毒,饮水消毒首选煮沸、过滤,空气消毒首选通风、过滤和紫外线照射等。

4. 根据对人、动物和环境的危害程度选择消毒方法

选择消毒方法时,应充分考虑对人和动物的安全程度、对物品的损坏程度以及对环境造成的污染程度,尽可能选择危害小、毒性低、污染少,且消毒灭菌效果好的消毒方法。比如,日光曝晒、生物发酵是天然的生态消毒方法,无残留、无污染,在时间允许和日光充足的条件下,应该作为首选。空气消毒,应该首选过滤除菌和紫外线照射。

5. 根据经济效益选择消毒方法

选择消毒方法时,除了考虑消毒效果外,还需要对其效益进行评价。效益包括两方面:首先是使用这种消毒方法带来的直接经济效益、间接经济效益和社会效益,如由于这种消毒方法的采用而带来的疫病发病率和动物死亡率的减少、药物与诊疗费用的降低等;其次是使用这种消毒方法的经济损失(如购买消毒药物和消毒设备开支、人员工资、物品腐蚀等)和环境破坏。所以,在选消毒方法时,要充分衡量得失。

## 四、常用消毒药物的种类、用途及使用浓度

消毒药物种类较多,按杀菌能力可分为高效消毒药物、中效消毒药物、低效消毒药物;按照其化学性质可以分为碱类、酸类、醇类、酚类、氧化剂类、卤素类、季铵盐类、重金属类、烷化剂类和染料类。动物防疫工作中常用的消毒药物的种类、用途、常用浓度及注意事项

见表2-1。

表2-1 常用消毒药物的种类、用途及浓度

| 所属类别 | 消毒药物名称 | 主要用途 | 常用浓度 | 备注 |
|---|---|---|---|---|
| 碱类 | 氢氧化钠 | 病毒、芽孢等严重污染场所的消毒 | 2%～5% | 广谱高效,有强烈腐蚀性 |
| | 石灰乳 | 粉刷地面、墙壁,消灭细菌繁殖体 | 10%～20% | 现用现配 |
| 酸类 | 乳酸 | 空气熏蒸,杀灭流感病毒,抑制多种细菌 | 20% | 可以带畜消毒 |
| 醇类 | 乙醇 | 皮肤和器械消毒 | 75% | 不能杀死芽孢 |
| 酚类 | 来苏儿(煤酚) | 手臂、器械和动物圈舍消毒 | 2%～5% | 不能杀死芽孢,有特殊气味 |
| 卤素类 | 漂白粉 | 水槽、食槽、圈舍、笼架及车辆等的消毒 | 5%～10% | 广谱高效 |
| | 碘酊 | 手术部位、注射部位的消毒 | 2%～5% | 广谱高效 |
| 氧化剂类 | 过氧乙酸 | 圈舍、仓库、地面、墙壁、食槽的喷雾消毒及室内空气消毒 | 0.5%喷洒,5%熏蒸 | 广谱高效,20%以上容易爆炸 |
| | 高锰酸钾 | 皮肤、黏膜、创面冲洗消毒 | 0.1% | 有颜色残留 |
| 季铵盐类 | 新洁尔灭 | 皮肤、黏膜、手臂、器械、种蛋消毒 | 0.1% | 消毒能力较弱 |
| | 百毒杀 | 饮水、器具、场舍消毒,水管水塔除霉除臭 | 0.05%喷洒,0.005%饮水 | 可以带畜消毒 |
| 烷化剂类 | 福尔马林 | 场舍喷洒消毒、密闭圈舍熏蒸消毒 | 2%～4%喷洒,14～28mL/m³熏蒸 | 广谱高效,有强力刺激性,有毒 |
| | 环氧乙烷 | 用于医疗器械、生物制品、皮毛、橡胶、塑料、图书、谷物、饲料等的熏蒸消毒 | 50～100mg/L | 广谱高效,易燃易爆,有毒 |
| 重金属类 | 升汞 | 非金属器具消毒 | 0.1%～0.5% | 遇肥皂及蛋白质失效 |
| 染料类 | 利凡诺 | 用于各种创伤、渗出、糜烂的感染性皮肤病及伤口冲洗 | 0.1%～0.2% | 对球菌的杀菌作用较强 |

## 五、消毒药物的选择

正确选择消毒药物是消毒成功的关键。消毒药物的选择,主要有以下几点原则:

1. 要和消毒方法相适应

在实际工作中,根据消毒现场的实际情况,首先选择最佳的消毒方法,再根据消毒方法选择相匹配的消毒药物。例如,要彻底消毒密闭的空畜舍,最佳的一组消毒方法为:先

机械清除,再喷洒消毒,最后熏蒸消毒。喷洒消毒可以选择氢氧化钠,熏蒸消毒可以选择福尔马林。

2. 根据消毒对象的污染程度选择消毒药物

对于一般的非芽孢病原体污染,用中低效消毒药物(如来苏儿、石灰乳等)即可;对于受到芽孢、口蹄疫病毒、高致病性禽流感病毒以及霉菌孢子等抵抗力极强的病原体污染的场所,一定要选择高效消毒药物,如氢氧化钠、福尔马林、过氧乙酸、漂白粉等。

3. 尽量选择安全无毒、性质稳定、容易使用的消毒药物

4. 尽量选择价格低廉、容易买到的消毒药物

### 实践体验

## 技能训练三 选择消毒方法和配制消毒药物

【训练目标】

1. 会根据不同消毒对象、消毒场所选择消毒方法。
2. 会计算消毒药物的用量,会配制消毒药物。

【所需材料】

1. 药品:生石灰、氢氧化钠、来苏儿、福尔马林、过氧乙酸、高锰酸钾、百毒杀、新洁尔灭、95%乙醇等。
2. 器材:量筒、天平、大烧杯、玻璃棒、橡皮手套等。

【操作步骤】

(一)消毒方法的选择

各小组在下列5个案例中选2个,组内讨论,列出消毒方法,说明理由:

(1)某肉鸡场有10栋鸡舍,每栋长100m,宽30m,高3m。肉鸡全部售完,为了迎接下批肉鸡苗进场,请你对空鸡舍进行彻底消毒。

(2)某猪场有5 100头育肥猪,分布在10栋全封闭猪舍内,每栋长100m,宽30m,高3m。其中3、4、5号猪舍的猪群发生了呼吸道疾病,请你对猪舍空气消毒1次(带畜消毒)。

(3)某屠宰场走廊长50m,宽3m,地面被口蹄疫病毒污染,请你将走廊地面消毒1次。

(4)某孵化场从外地调入了10万只种蛋回场孵化,请你对种蛋消毒1次。

(5)请你帮助某宠物医院消毒金属注射器、体温计、手术器械和手术衣。

（二）消毒药物的选择

各小组根据上述案例,选择消毒药物。

提示:

(1) 先选择最佳的消毒方法,再根据消毒方法选择相匹配的消毒药物。

(2) 根据消毒对象的污染程度选择消毒药物。

(3) 尽量选择安全无毒、性质稳定、容易使用的消毒药物。

(4) 尽量选择价格低廉、容易买到的消毒药物。

（三）消毒药物的配制

下列 5 个任务,各小组任选 1 种完成:

(1) 配制 5% 来苏儿溶液 100mL。

(2) 配制含氯量为 2% 的漂白粉乳液 100mL（漂白粉的有效氯含量为 25%）。

(3) 用福尔马林溶液配制 4% 的甲醛溶液 100mL（福尔马林是 40% 的甲醛溶液）。

(4) 配制 10% 的氢氧化钠溶液 100mL。

(5) 用 95% 的乙醇配制 75% 的乙醇溶液 100mL。

提示:

(1) 计算:液体消毒药物的配制,一般用体积百分比浓度计算;固体消毒药的配制,一般用质量百分比浓度计算。计算公式一般为:

$$N_1 x = N_2 V$$

式中:$N_1$ 为原药液浓度或者原药物有效成分含量,$N_2$ 为配制后的药液浓度,$x$ 为需要的原药液体积或者质量,$V$ 为配制后的药液体积或者质量。

**例 1**　用福尔马林溶液配制 2% 的甲醛溶液 100mL。

设需要福尔马林原液（含甲醛 40%）$x$ mL,代入公式 $N_1 x = N_2 V$,得

$$40\% x = 2\% \times 100$$

计算得出需要福尔马林原液 5mL,需要水量:$100 - 5 = 95$ mL。

**例 2**　配制含氯量为 1% 的漂白粉乳液 100mL。

设需要漂白粉（含氯量 25%）$x$ g,因为配制后体积为 100mL,所以需要水 100mL（100mL 水的质量为 100g）,代入公式 $N_1 x = N_2 V$,则

$$25\% x = 1\% \times (100 + x)$$

计算得出需要漂白粉 4.2g,需要水 100mL。

**例 3**　配制 20% 氢氧化钠溶液 100mL。

设需要氢氧化钠 $x$ g,因为配制后体积为 100mL,所以需要水 100mL（100mL 水的质量为 100g）,代入公式 $N_1 x = N_2 V$,则

$x = 20\% \times (100 + x)$

计算得出，需要氢氧化钠25g，需要水100mL。

(2) 配制前准备：干净的烧杯、量筒、药匙、玻璃棒，天平托盘放上称量杯，调好天平。

(3) 称量：根据计算结果，准确称量所需的消毒药物和水。

(4) 溶解：先将称量好的消毒药物放入烧杯中，再缓慢倒入稀释药物所需要的水，搅拌，混合均匀或完全溶解即成待用消毒液。如果消毒药物是较浓稠的液体，可以把稀释药物所需要的水留一部分洗刷量筒后再倒入烧杯中。

必须注意的是，用95%的乙醇配制75%的乙醇溶液100mL时，需先量好95%的乙醇后，倒入100mL量筒中，再向量筒中加水至100mL。

【注意事项】

1. 特别要注意人身安全。对于有腐蚀性的消毒药物（如氢氧化钠），在配制时，应戴橡皮手套操作，严禁用手直接接触，溶解时，操作要轻，防止溶液溅入眼睛。

2. 对配制好的有腐蚀性的消毒液，不宜储存于金属容器中，避免损坏容器。

3. 大多数消毒液不易久存，应现配现用。

【考核评价】

1. 消毒方法选择：各组讨论和小组间评价后，上交书面材料。

2. 消毒药物选择：各组讨论和小组间评价后，上交书面材料。

3. 消毒药物配制：抽考实际操作，包括计算演示。

【作业】 写一份实训报告。

## 任务二　制订和实施消毒程序

· **知识目标** ·

1. 了解消毒程序的概念
2. 理解消毒程序制订的一般步骤

· **技能目标** ·

1. 会制订场舍消毒程序
2. 会进行场舍消毒

**知识储备**

## 消毒程序的制订

为了有条不紊地开展消毒工作,达到预定的消毒效果,针对消毒对象的实际情况而设计的一组消毒工作程序,称为消毒程序。在实际消毒工作中,设计消毒程序的方法步骤一般为:

(一)明确消毒目的

在开展消毒处理工作前必须明确消毒目的,因为目的不同,消毒要求则不同。如果是预防性消毒,是针对一般病原体的,可以采取常规消毒方法,即用常规消毒药物对重点出入口和可能的污染区进行消毒。如果是疫病暴发的临时消毒,就要采取组合消毒方法,即用针对性消毒药物,进行全面而彻底的消毒。

(二)选择消毒方法

明确消毒目的后,到消毒现场仔细观察各个消毒对象的特点,根据消毒对象的性质、可能污染的病原体种类和消毒现场的实际情况确定相应的消毒方法。

(三)选择消毒药物

消毒方法确定后,立即根据病原体的抵抗力、消毒对象的特点、消毒场所的特殊要求等,选择消毒药物。

(四)准备消毒器材

根据现场观察和消毒方法,计算消毒面积、体积,确定消毒药物用量、消毒设备用量、需要的人员数量,统计数据,准备消毒器材和人员防护用品。

(五)设计操作程序

虽然不同的消毒对象、不同的消毒方法,其操作程序可能不同,但是基本都包括以下7个步骤:

测量消毒面积(体积)→计算消毒药物用量→准备消毒工具→打扫、冲洗消毒场所→配制消毒药物→实施消毒→评价消毒效果

 **实践体验**

### 技能训练四　空场舍的消毒

【训练目标】　通过训练,能制订场舍消毒程序,会进行喷洒消毒和熏蒸消毒操作。

【训练场地】 动物养殖场。

【所需材料】

1. 喷雾器、高压水枪、量筒、台秤等。

2. 新鲜生石灰、氢氧化钠、来苏儿、新洁尔灭、福尔马林、高锰酸钾等。

3. 笤帚、拖把、高筒靴、工作服、口罩、橡皮手套、毛巾、肥皂等。

【操作步骤】

（一）制订消毒工作程序

各小组集中讨论，根据任务制订消毒工作程序，以便按程序有条不紊地实施消毒工作。

（二）选择消毒方法和消毒药物

各个小组到消毒场地实地观察，选择消毒方法和消毒药物。对于空畜舍，要彻底消毒，最好选择熏蒸法，因为熏蒸消毒法是畜舍消毒常用而且行之有效的一种方法。但是，在熏蒸消毒之前，最好配合使用喷洒消毒。

（三）测量消毒面积（体积）

准确测量场舍的长、宽、高，精确到厘米，然后计算消毒面积（体积）：矩形场地面积＝长×宽，箱型畜舍体积＝长×宽×高。

（四）计算消毒药物用量

1. 计算消毒液用量

喷洒消毒法的用量如下：水泥地面、顶棚、砖混墙壁，用药量控制在 $800 \sim 1\,000$ mL/m$^2$；土地面、土墙或砖木结构建筑，用药量 $1\,000 \sim 1\,200$ mL/m$^2$，舍内设备用药量 $200 \sim 400$ mL/m$^2$。熏蒸消毒法的用量为：福尔马林 25 g/m$^3$，水 12.5 g/m$^3$，生石灰（或高锰酸钾）25 g/m$^3$。

2. 消毒液的配制

计算方法参考项目二、任务一中的实训内容。

各小组必须把计算结果报告实训老师，审核通过后才可以进行下一步。

（五）工具和药物领取

各小组根据本组选择的消毒方法、消毒药品和计算结果，列出工具药品清单（注明需要的种类和数量），到仓库领取。

（六）消毒器械的调试

喷雾器有三种，即手动喷雾器（图2-1）、电动喷雾器（图2-2）和机动喷雾器（图2-3）。手动喷雾器常用于小面积消毒，电动和机动喷雾器常用于大面积消毒。

图 2-1　手动喷雾器　　图 2-2　电动喷雾器　　图 2-3　机动喷雾器

在使用喷雾器之前，要认真阅读说明书，按说明书进行检查、调试和维护。喷雾器用完后，一定要倒出剩余的药液，用清水将喷管、喷头和筒体冲洗干净，晾干或擦干后放在通风、阴凉、干燥处保存。

（七）打扫、冲洗消毒场舍

先打扫后冲洗，打扫出来的污染物要集中处理，打扫人员要注意个人防护。

（八）配制消毒药物

配制方法参考项目二、任务一的实训部分。

（九）实施消毒

1. 喷洒消毒

按"先里后外、先上后下"的顺序喷洒，边喷边退，当退到畜舍门口时，正好将消毒液喷完，一般不宜再进入补喷，所以用药量视畜舍结构和性质要均匀控制。

2. 熏蒸消毒

将高锰酸钾或者生石灰分别加入耐腐蚀的容器内，置于场舍不同角落，场舍长度在50m以上者，每20m放一个容器，一字摆开。配置与消毒容器数量相等的人员，依次站在消毒容器旁，由距离门最远的人员开始，依次向容器内放入福尔马林溶液，放入后迅速向大门口撤离，由最后一位人员将舍门关严并封好，一般密封 2~3 天即可。

（十）消毒效果评价

参考项目二、任务三中的实训部分。

【考核评价】

1. 抽考实际操作。

2. 各小组根据考核评价表（表 2-2）互评，指导老师抽查。

【作业】　写一份实训报告。

表2-2　项目考核评分表

项目名称_____　　　　　　　　　小组_____成员姓名_____

| 考核点 | 考核内容与评分标准 | 得分 | | |
|---|---|---|---|---|
| | | 自评 | 小组评价 | 教师评价 |
| 操作考核 | 选择消毒方法(5分) | | | |
| | 选择消毒药物(5分) | | | |
| | 测量面积、体积(5分) | | | |
| | 计算用量(10分) | | | |
| | 工具使用(10分) | | | |
| | 制订消毒程序(10分) | | | |
| | 打扫、冲洗(10分) | | | |
| | 称量、配制药物(10分) | | | |
| | 实施消毒(15分) | | | |
| | 消毒效果检查与评价(10分) | | | |
| 综合素质 | 团结协作(5分) | | | |
| | 安全防范(5分) | | | |
| 合计 | (100分) | | | |

# 任务三　评价消毒效果

· **知识目标** ·

1. 了解影响消毒效果的因素
2. 理解消毒效果的评价方法

· **技能目标** ·

能从多方面评价消毒效果

## 知识储备

### 影响消毒效果的因素

消毒是预防动物疫病最重要的措施之一,也是兽医技术人员和养殖户的日常工作。由于影响消毒效果的因素很多,为了达到预期的消毒效果,我们必须全面了解这些因素。为了便于学习,可以把这些因素归纳为三大类:

（一）人为因素(操作不当)

1. 消毒方法选择不当

消毒方法选择不当,对消毒效果影响较大。例如,紫外线穿透力很差,用紫外线消毒污染的畜舍,显然达不到消毒效果;选择喷洒方法对空气消毒,同样也达不到效果。

2. 消毒药物选择不当

消毒药物选择不当,同样会对消毒效果有重要影响。例如,季铵盐类消毒剂对革兰阳性菌的杀灭效果好,对口蹄疫病毒无杀灭作用,也不能杀灭分枝杆菌或细菌芽孢,所以针对口蹄疫病毒、分枝杆菌和细菌芽孢,应该选择氢氧化钠、过氧乙酸等消毒药。

3. 消毒剂量不足

消毒剂量为消毒强度和消毒时间的乘积。消毒强度在热力消毒时,是指温度高低;在化学消毒时,是指药物浓度;在紫外线消毒时,是指紫外线照射强度。一般来说,增加消毒强度能相应提高消毒效果。如果消毒强度降低至一定程度,就达不到消毒目的。为了保证消毒效果,满足所需要的作用强度是非常重要的。

4. 消毒药物配伍不当

如果消毒剂的组合或配伍不正确,会起相反作用,降低双方消毒能力。例如,以季铵盐类为载体的碘伏的杀菌效力增强,戊二醛与阳离子表面活性剂合用消毒效果增强;而酸性消毒剂与碱性消毒剂合用、新洁尔灭与肥皂或阴离子洗涤剂合用,则降低消毒作用。

5. 消毒药物保存不当

消毒剂配制成消毒液后,随着存放时间的延长,一般会使消毒能力减弱,所以消毒剂最好现配现用。有些消毒剂具有挥发性,如果密封不好,存放时间长了,有效成分就会减少,消毒力自然降低。例如,漂白粉的有效氯含量应该在25%以上,当有效氯下降到16%以下,消毒效果就很差了。

（二）环境因素

1. 温度

消毒环境的温度会对消毒效果产生显著影响,温度的变化对不同消毒剂的影响不同。

大部分消毒剂在较高的温度下消毒效果较好,可增强消毒剂的效力,并能缩短消毒时间,但有的消毒剂随着温度的升高,其杀菌效力反而降低。比如,20℃时,用5%甲醛溶液杀死炭疽杆菌的芽孢需要32h,37℃时只需要90min,用甲醛蒸气消毒时,要求环境温度在18℃以上,最好能够在50℃~60℃条件下进行。

2. 湿度

消毒环境相对湿度对气体消毒和熏蒸消毒的影响十分明显,湿度过高或过低都会影响消毒效果,甚至导致消毒失败。如甲醛在熏蒸消毒时,合适的相对湿度为80%~90%;紫外线消毒时,要求相对湿度最好在60%以下;而热力消毒时,相对湿度越高,灭菌效果越好。

3. 酸碱度

不同化学消毒剂由于性质差异,对酸碱度(pH)的要求不同。例如,新洁尔灭、杜米芬、洗必泰等阳离子消毒剂,在碱性环境中消毒力强;来苏儿等阴离子消毒剂在酸性环境中消毒作用强。

4. 有机物干扰

当环境中存在有机物质(如排泄物、分泌物)时,由于消毒剂氧化作用降低或者有机物质能吸附消毒剂,会降低消毒剂的杀菌能力。环氧乙烷、戊二醛等消毒剂受有机物的影响比较小,而新洁尔灭、乙醇及次氯酸盐等消毒剂受有机物的影响较大。

5. 金属离子干扰

环境中或者溶剂中存在金属离子,对消毒效果有一定影响,可以增加或降低消毒效果。例如,$Mg^{2+}$、$Ca^{2+}$能够降低煤酚皂与苯扎溴铵的杀菌力,所以不能用硬水配制煤酚皂与苯扎溴铵。

(三)病原因素

1. 病原体抵抗力

不同种类的病原微生物对消毒剂抵抗能力不同,所以,针对病原微生物对消毒剂的敏感性选择消毒方法和消毒剂类型是有效消毒的保证。

2. 病原体数量

一般来说,污染的微生物数量越多,消毒效果越差。因此,在消毒前应该对消毒对象上污染的微生物数量有大致了解,以便确定消毒处理剂量。

3. 病原体的耐药性

微生物长期接触某种消毒剂后,会对该种消毒剂产生耐药性。所以,养殖场的消毒药品应该多样化,经常更换,防止细菌产生耐药性。

## 实践体验

### 技能训练五 消毒效果的评价

【训练目标】

1. 会根据不同的消毒对象、消毒场所选择消毒方法。
2. 会计算消毒药物的用量,会配制消毒药物。

【训练场地】 动物养殖场。

【所需材料】

1. 药品:灭菌生理盐水、无菌蒸馏水等。
2. 器材:细菌平板培养基、灭菌棉棒、无菌试剂瓶、高筒靴、工作服、口罩、橡皮手套、毛巾、肥皂等。

【操作步骤】

(一) 检查消毒程序和消毒操作过程

不正确的程序或错误的消毒操作,都可能影响消毒效果,各小组可以从以下几个方面自查和互查:

(1) 消毒方法选择是否正确。

(2) 消毒药物选择是否正确。

(3) 计算和配制是否正确:消毒药物的浓度是否合理,消毒液用量是否不足。

(4) 消毒药物配伍:检查有无消毒药物配伍禁忌。

(5) 消毒药物保存:检查消毒药物是否过期、失效,消毒液配制后存放时间是否过长。

(6) 环境温度、湿度、pH 控制是否恰当。

(7) 消毒场所是否打扫、冲洗干净,有无卫生死角,有无有机物干扰。

(8) 有无考虑病原体抵抗力、耐药性。

(9) 环境有无重金属离子干扰(配制消毒液的水质硬度如何)。

(10) 消毒作用时间是否符合要求。例如,熏蒸消毒的时间一般要 12~24h。

(11) 消毒操作步骤是否正确。例如,喷洒消毒是否先上后下、先里后外、倒退行走、喷洒均匀、不留死角,熏蒸消毒的畜舍是否密闭等。

(二) 实验检测(细菌检查)

(1) 表面消毒效果检测:消毒前,在消毒场所的地面或墙上,取 5 点各 $1cm^2$ 的面积,用一根无菌棉棒反复擦拭,然后将棒头端剪下,放入装有灭菌生理盐水的密封小试剂瓶中,反复振摇后,吸取 0.5mL 接种于 2 块琼脂平皿上,37℃培养 24h,计算平皿上生长的菌落数。经过消毒之后,同样用棉棒在相同面积的部位上取样、接种和培养,然后计算平皿上的菌落数。消毒效果的计算公式为:

消毒效果(细菌清除率)=(消毒前的菌落数-消毒后的菌落数)÷消毒前的菌落数×100%

(2)空气消毒效果检测(平皿暴露法):消毒前,关好消毒畜舍的门窗和通风口,在四角与中央,各放 1 个打开盖的营养琼脂平皿培养基,30min 后加盖,37℃培养 24h,计算菌落数;消毒后,在相同地点按同样的方法取样培养,计算菌落数,按照上述公式计算消毒效果。

【考核评价】 各小组根据消毒程序和消毒操作过程自评和互评,指导老师点评,等到细菌培养结果出来,各小组和老师共同评价各组成绩。

【作业】 写一份实训报告。

## 复习思考题

1. 举例说明消毒方法的选择依据。
2. 举例说明如何选择消毒药物。
3. 举例说明影响消毒效果的因素。
4. 写出熏蒸消毒的一般程序。
5. 经过本项目的 3 个技能训练,你对消毒工作有何感想?

# 项目三 免疫接种技术

 **项目概述**

免疫接种是预防和控制动物疫病极为重要的措施。动物的免疫接种工作，是养殖场的中心工作，也是兽医技术员、动物疫病防治员等相关职业人员的重要工作之一。免疫接种技术，是兽医技术员、动物疫病防治员等相关职业人员必须掌握的基本技术。根据免疫接种工作的实际需要，本项目安排了4个学习任务，包含了4个与职业实践相关的技能训练。

## 任务一 制订防疫计划

·知识目标·
1. 了解防疫计划的概念和内容
2. 理解防疫计划制订的原则

·技能目标·
1. 学会养殖场防疫计划的编制方法
2. 能编制养殖场免疫接种计划

**知识储备**

## 一、动物防疫计划的概念

根据动物的种类、规模、饲养方式、生产周期以及疫病发生情况等,在一定时间段内制订的预防动物疫病的一系列计划称为防疫计划。动物免疫接种计划属于防疫计划范畴,是按照一定目的(如时间、生产周期)制订的、有计划的疫苗接种程序。

防疫工作能否顺利开展,在很大程度上取决于防疫计划的科学性。重大动物疫病防疫计划由国家制订,并强制执行。各养殖场应根据国家动物防疫计划,结合各养殖场实际的情况,制订本场的防疫计划。

## 二、养殖场防疫计划的制订

(一) 养殖场的基本情况

基本情况调查,是整个防疫计划的依据。养殖场的基本情况应该包括养殖场的地形特点,主要气象,动物品种、数量、用途、生产周期,饲养场的卫生状况,饲料来源、品质,水源卫生状况,周围及栏舍内昆虫、啮齿动物的活动情况,粪便、污水的处理方法,饲养方式,饲喂方法等。

(二) 养殖场的技术力量

在制订防疫计划时,应充分考虑到现有兽医技术人员的力量和技术水平,不要把经过努力仍不能办到的事情勉强列入计划中。

(三) 养殖场的经济能力

在制订防疫计划时,还应考虑到养殖场的经济承受能力,范围不能太大,期限不能太长。尽量使用经济实用的疫苗、兽药、设备等。

(四) 动物疫病流行的季节性、动物生产的周期性

在制订防疫计划时,还应考虑动物周期性的生产活动和动物疫病的季节性特点。例如,商品肉鸡生产周期为40天左右,免疫接种计划和消毒计划的制订应该以40天左右为一个阶段;流行性乙型脑炎的发病期为蚊子出现之后,所以,预防接种应该安排在蚊子出现之前。

(五) 养殖场既往发病史和周边疫病流行情况

当养殖场内部有较多的病原体污染或者受到周边地区疫病的威胁时,制订防疫计划的重点必须放在疫病净化、药物预防、密集消毒和紧急接种等方面。

## 实践体验

### 技能训练六　制订养殖场防疫计划

**【训练目的】** 学会养殖场防疫计划的编制方法,能编制养殖场免疫接种计划。

**【训练场地】** 图书馆电子阅览室和某养殖场。

**【操作步骤】** 各小组先从互联网、图书馆等处查阅其他养殖场的防疫计划,并进行讨论和参考,再到指定的养殖场进行调查,获得数据后,小组集中讨论制订防疫计划,并把制订的计划和养殖场现行的计划以及互联网上下载的计划进行比较。

(一) 养殖场基本情况调查

(1) 调查养殖场的地形特点、主要气象,以及动物的品种、数量、用途和生产周期。

(2) 调查养殖场的卫生状况、饲料来源、品质,水源卫生状况,周围及栏舍内昆虫、啮齿类动物的活动情况,粪便、污水的处理方法,饲养方式,饲喂方法等。

(3) 调查养殖场兽医技术力量、经济状况。

(二) 养殖场既往病史和周边地区动物疫病流行情况调查

通过书面问卷调查、现场走访、电话访问、网上咨询或查阅诊疗记录、疫病报告登记、实验室诊断记录、检疫记录或其他现成的记录和统计资料,了解当地和周边地区常见多发的动物疫病以及即将威胁到本地的疫病种类及其危害程度。

(三) 根据上述调查结果制订防疫计划

1. 动物1个生产周期的免疫接种计划

经过实地调查,列出养殖场的主要疫病目录,查阅这些疫病的防控措施,有疫苗的查阅疫苗特性、生产厂家、大体价格、使用方法等;没有疫苗的用药物预防,查阅预防这类疫病的最佳药物名称、特性、生产厂家、大体价格、使用方法等;无药物和疫苗可用的,制订严格的隔离淘汰和消毒制度来净化这些疫病。把所有疫病的疫苗免疫程序按照养殖场生产周期排列成可操作的计划表,即成为初步免疫计划表,在实践中不断调整,即可成为成熟的防疫计划表。

2. 养殖场常规消毒计划(预防性消毒计划)

消毒计划的内容应该包括消毒的场所或对象名称,消毒的方法,消毒的时间、次数,消毒药物的选择、配制和交替更换,消毒剂、消毒设备购置,消毒人员数量要求等。

3. 动物1个生产周期的药物预防计划

包括使用的药物名称、数量、剂量、用法、作用、使用方法、药物采购、经费预算等。

【考核评价】 小组展示自定的免疫接种计划或者消毒计划,小组互评,教师点评。
【作业】 上交 1 份养殖场免疫接种计划或者消毒计划。

# 任务二  建立免疫档案

· 知识目标 ·

1. 了解建立免疫档案的意义、类型
2. 了解免疫档案的内容

· 技能目标 ·

1. 能建立养殖场的免疫档案
2. 能填写免疫档案

 知识储备

## 一、建立免疫档案的意义和类型

建立免疫档案是养殖场实施程序化免疫的基本内容和保证,只有建立完整的免疫档案,才能避免漏免、迟免的现象发生,保证免疫质量。当发生疫病时,它还是疫病诊断的重要参考依据之一。免疫档案还是兽医管理部门强制性免疫和计划免疫工作不可少的内容,它起着工作记录、技术储备、信息传递、规划制定、决策分析、效果评价、疫病追溯、改进工作的重要作用。免疫档案分为纸质档案和电子档案两种类型。

## 二、免疫档案的内容

1. 基本信息

包括编号、地址、建档日期、畜主姓名、畜禽类别、数量。

2. 耳标号
3. 免疫信息

包括疫苗名称、生产厂家、批号、接种剂量、免疫日期。

4. 治疗、驱虫、消毒情况
5. 畜主和防疫人员的签字

**实践体验**

## 技能训练七 建立养殖场免疫档案

【训练目标】 会建立养殖场的免疫档案,能填写免疫档案。

【操作步骤】

(一)建立纸质档案

1. 设计免疫档案表格

各小组设计好某养殖场(如种鸡场)免疫档案表格,装订成册,装入档案盒,标明编号。免疫档案表格举例见表3-1,表3-2。

表3-1 养殖场免疫登记表

养殖场名称: 地址: 养殖场法人:

| 序号 | 日期 | 日龄 | 疫苗名称 | 疫苗厂家 | 生产批号 | 免疫剂量(头) | 免疫方法 | 免疫数量(头) | 免疫人签名 |
| --- | --- | --- | --- | --- | --- | --- | --- | --- | --- |
| | | | | | | | | | |

表3-2 兽医管理部门动物免疫登记表

县: 乡镇 村: 免疫人员:

| 序号 | 畜禽种类 | 日龄 | 耳标号 | 免疫时间 | 疫苗名称 | 疫苗厂家 | 生产批号 | 免疫剂量(头) | 免疫方法 | 免疫数量(头) | 畜主签名 |
| --- | --- | --- | --- | --- | --- | --- | --- | --- | --- | --- | --- |
| | | | | | | | | | | | |

2. 填写免疫档案

各小组模拟填写免疫档案。

(二)建立电子免疫档案

在电脑上建立免疫档案文件夹,在其中设计免疫档案表格,模拟填写,保存到U盘中。

【考核评价】 小组展示纸质免疫档案,小组互评,教师点评。

【作业】 设计种猪个体免疫档案,模拟填写并上交。

## 任务三　动物免疫接种

·知识目标·
1. 了解免疫接种概念、类型
2. 了解疫苗的分类及其优缺点
3. 理解疫苗运送、保存和使用注意事项

·技能目标·
1. 会使用疫苗
2. 能用多种方法对动物实施免疫接种

　知识储备

### 一、免疫接种的概念和类型

（一）免疫接种的概念

免疫接种是指给动物接种疫苗、类毒素或者免疫血清等生物制品，使动物对某些病原体有抵抗力的一种预防和控制疫病的措施。

（二）免疫接种的类型

1. 预防性免疫接种

在动物没发生疫病时，使用疫苗、类毒素等生物制剂有计划地给健康动物进行的免疫接种，称为预防性免疫接种。预防性免疫接种是防止动物疫病发生的重要措施，可以制订免疫接种计划，按计划进行。

2. 紧急免疫接种

在动物发生疫病时，为迅速控制其流行，对疫区和受威胁区内尚未发病动物进行的免疫接种，称为紧急免疫接种。

3. 临时免疫接种

在动物调运、手术之前，为避免某些动物疫病发生而临时进行的免疫接种，称为临时免疫接种。

## 二、疫苗基本知识

（一）疫苗种类

疫苗是指由病原体或其组分、代谢产物经过特殊处理所制成的、用于动物免疫接种的生物制品。按其生产工艺，可将其分为传统疫苗和现代疫苗。

1. 传统疫苗（常规疫苗）

传统疫苗指用传统的生物技术生产的疫苗，包括活疫苗（弱毒疫苗）和死苗（灭活疫苗）两类。

（1）活疫苗（弱毒疫苗）：将特定细菌、病毒等微生物毒力减弱制成的疫苗称活疫苗。

① 优点：接种途径多样化，可采取注射、饮水、滴鼻、点眼等免疫途径；产生免疫反应快，可以用于紧急免疫接种；可引起局部和全身性免疫应答，免疫力持久，有利于清除野毒；使用成本低。

② 缺点：有散毒危险，有返祖危险；有残余毒力，副作用较明显；保存比较困难。

（2）死苗（灭活疫苗）：用物理或者化学方法将细菌、病毒等微生物灭活后制成的疫苗称为死苗。

① 优点：比较安全，毒副作用低，无返祖现象；容易制成联苗、多价苗；制品稳定，受外界影响小，便于储存和运输；受母源抗体影响小。

② 缺点：使用剂量大且只能注射免疫，工作量大，不能在体内增殖，免疫期短，常需多次免疫；不产生局部免疫，引起细胞介导免疫的能力较弱；免疫力产生较迟，通常2～3周后才能获得良好的免疫力，不适于作紧急免疫使用；需要佐剂增强免疫效应。

2. 现代疫苗（新型疫苗）

现代疫苗指利用现代生物工程技术研制生产的疫苗，主要包括亚单位疫苗、基因工程疫苗等。

（二）疫苗的运输、保存和使用注意事项

1. 疫苗的运输

远距离大量运输要用专门的冷藏车，少量运输要用放冰袋的疫苗专用箱，同时要密封、防剧烈震动和防止日光照射。

2. 疫苗的保存

（1）各种疫苗均应保存在低温、避光、密封和干燥的环境中。

（2）冻干苗在 -15℃及以下保存，鸡马立克病细胞结合苗必须保存在 -196℃的液氮中。

（3）灭活疫苗及类毒素等应保存在2℃～8℃的环境中，严防冻结。

（4）每种疫苗都有保存期限，保存时间应不超过其说明书规定的有效期限。

3. 疫苗使用注意事项

（1）使用前检查疫苗：应对疫苗进行认真检查，发现异常时不得使用。主要检查标签（厂家、批号、有效期）、瓶盖瓶体、内容物以及疫苗保存环境。

（2）疫苗使用前，湿苗要充分摇匀；冻干苗按瓶签规定进行稀释，充分溶解后使用。

（3）吸取疫苗时要注意无菌操作。

（4）接种时检查动物健康状况和是否妊娠，不健康的和妊娠后期的动物应谨慎使用。

（5）同时接种两种以上的不同疫苗时，应分别选择各自的途径、不同部位进行免疫。

（6）使用活疫苗时，严防污染环境，造成散毒。

（7）免疫接种后要有详细登记。

## 三、免疫接种方法

免疫接种方法种类很多，常用的有以下几种：

### （一）注射免疫法

注射免疫法适用于灭活苗和弱毒苗的免疫接种，可分为皮下接种、皮内接种、肌内接种和静脉接种。

1. 皮下接种

马、牛等大家畜皮下接种部位宜在颈侧中1/3部位，猪在耳根后侧，家禽在胸部。接种部位消毒后，注射者右手持注射器，左手食指与拇指将皮肤提起呈三角形，沿三角形基部刺入皮下约注射针头的2/3处，将左手放开，再推动注射器活塞将疫苗缓慢注入，然后用酒精棉球按住注射部位，将针头拔出。

2. 皮内接种

皮内接种应选择皮肤致密、被毛少的部位。牛、羊在颈侧，也可在尾根或肩胛部位；马在颈侧、眼睑部位；猪大多在耳根后；鸡在肉髯部位。

3. 肌内接种

猪、马、牛、羊一律采用臀部和颈部两个部位进行肌内接种；鸡则选择胸肌部接种。多用于一些弱毒疫苗的免疫接种，如猪瘟兔化弱毒疫苗即采用肌内接种。

4. 静脉接种

静脉接种主要用于抗血清进行紧急免疫预防或治疗。马、牛、羊在颈静脉；猪在耳静脉；鸡在翼下静脉。疫苗、菌苗、诊断液一般不作静脉注射。

### （二）口服免疫法

口服免疫法分饮水免疫和拌料免疫两种。必须用活苗，灭活苗不适于口服。加入的水量要适中,保证在最短的时间内饮用完毕,并在饮水中加入适当浓度的疫苗保护剂。选用的水质要清洁,禁用含漂白粉的自来水,且水温不宜过高,以免杀死疫苗。免疫前应根据季节和天气情况限制饮水,以保证免疫时动物摄入足够剂量的疫苗,饮完 1~2h 后再正常供水。饮水免疫前后 1 天,不用抗病毒药、消毒药和有免疫抑制性的兽药。

### (三) 气雾免疫法

气雾免疫法是利用气泵产生的压缩空气通过气雾发生器,将稀释的疫苗喷出去,使疫苗形成直径 0.01~10μm 的雾化粒子,均匀地浮游在空气之中,动物通过呼吸道吸入肺内,达到免疫目的。气雾免疫时,畜舍一般要密闭 30min,待动物充分吸入疫苗后再开窗通风换气。

### (四) 滴鼻、点眼免疫法

滴鼻、点眼免疫法操作时用乳头滴管吸取疫苗滴入动物鼻孔内或眼内。

### (五) 刺种免疫法

刺种免疫法常用于禽痘、禽脑脊髓炎等疫病的弱毒疫苗接种。将疫苗稀释后,用接种针或蘸水笔尖蘸取疫苗液并刺入禽类翅膀内侧翼膜下的无血管处即可。

### (六) 其他免疫法

其他免疫法如鸡传染性喉气管炎的擦肛免疫接种、皮肤涂擦免疫接种等,目前很少使用。

**实践体验**

## 技能训练八 疫苗的保存、运送和动物接种

【训练目标】 学会疫苗的保存、运送和用前检查方法,学会动物免疫接种方法。

【训练场地】 某鸡场或者鸡养殖专业户。

【所需材料】

1. 器材:一次性注射器(1mL、2mL、5mL、20mL 规格)、金属连续注射器(2mL 规格)、针头(6~9号)、蘸水笔、煮沸消毒锅、镊子、体温计、脱脂棉、搪瓷盘、工作服、登记卡片等。

2. 药品:5%碘酊、75%酒精、来苏儿或新洁尔灭等消毒剂、疫苗、疫苗稀释液、生理盐水等。

【操作步骤】

(一) 预防接种前的准备

(1) 审查免疫接种计划,确定接种日期,统计接种对象数量,准备足够的生物制剂、器

材和药品,编订免疫登记表册或卡片,安排和组织必要的接种和动物保定人员。

(2) 仔细检查所用的生物制剂,发现不符合要求者,一律不能使用。

(3) 为保证免疫接种的安全与效果,接种前应对拟接种的动物进行了解及临诊健康检查。凡体质过于瘦弱或疑似患病动物均不宜接种疫苗,留待以后补种。

(二) 免疫接种用生物制剂的保存、运送和用前检查

(1) 疫苗的保存:灭活苗保存在2℃~8℃的环境中,防止冻结;大多数弱毒苗应放在-15℃以下冻结保存。超过有效期的和保存条件不够的疫苗不能使用。

(2) 疫苗的运送:弱毒苗应在低温条件下运送,大量运送应选用冷藏车,少量运送可装在有冰块的疫苗箱中。要求包装完善,防止碰坏瓶子;运送途中避免日光直射和高温,并尽快送到保存地点或预防接种场所。

(3) 疫苗的用前检查:各种疫苗用前均需仔细检查,有下列情况之一者均必须停止使用:无瓶签或瓶签模糊不清;过期失效;性状与说明书不符,如变色、沉淀、有异物、发霉和有臭味;瓶盖不紧或瓶体破裂;未按规定方法保存等。

(三) 疫苗的用量计算

1. 疫苗的用量 =(动物头份×每头免疫剂量)÷每瓶剂量

2. 稀释液用量 = 动物头份×每头用稀释后疫苗的体积

**例1**　10 000羽14日龄肉鸡进行新城疫Ⅳ弱毒疫苗2倍量饮水免疫,计算疫苗用量和饮水量。鸡新城疫Ⅳ弱毒疫苗每瓶500羽份。

疫苗的用量 =(动物头份×每头免疫剂量)÷每瓶剂量
　　　　　=(10 000×2)÷500 = 40瓶

假设每羽饮水量为10mL,则用水量 = 10 000×10 = 100 L

**例2**　10 000羽60日龄蛋鸡进行新城疫灭活疫苗皮下注射免疫,计算疫苗用量(每羽注射0.5mL,每瓶250mL)。

疫苗的用量 =(动物头份×每头免疫剂量)÷每瓶剂量
　　　　　=(10 000×0.5)÷250 = 20瓶

**例3**　10 000羽14日龄草鸡进行新城疫Ⅳ弱毒疫苗2倍量滴鼻免疫,计算疫苗用量和稀释液用量。

疫苗的用量 =(动物头份×每头免疫剂量)÷每瓶剂量
　　　　　=(10 000×2)÷500 = 40瓶

假设每羽用1个标准滴(0.05mL),则稀释液用量 = 10 000×0.05 = 500mL

即:用500mL稀释液稀释40瓶新城疫Ⅳ弱毒疫苗,每标准滴含2羽份,每羽草鸡滴鼻1滴即可。

（四）免疫接种的方法

1. 注射免疫法

（1）皮下注射接种：家禽一般在颈部、大腿内侧，接种剂量0.2mL左右，每接种1只鸡，要用酒精棉球擦拭一次针头。

（2）肌内注射接种：在鸡胸肌或者腿部肌肉接种，一般用7号针头。

2. 饮水免疫

接种疫苗时必须用活苗，灭活苗不适于口服。免疫前应根据季节和天气情况限制饮水2~4h。加入的水量要事先计算好，保证在2h内饮用完毕，并且保证每只鸡都可以饮到足够剂量疫苗。

3. 滴鼻、点眼免疫法

用细滴管吸取疫苗滴于鼻孔内或眼内一滴。

4. 刺种免疫法

将疫苗稀释后，用接种针或蘸水笔尖蘸取疫苗液并刺入禽类翅膀内侧翼膜下的无血管处即可。

【考核评价】 现场操作考核。

【作业】 写一份实训报告。

# 任务四　分析免疫失败原因

· 知识目标 ·

1. 理解影响免疫效果的因素
2. 理解免疫效果的评价方法

· 技能目标 ·

能分析免疫失败原因

 知识储备

## 一、影响免疫效果的因素

影响免疫效果的因素主要有以下几方面：

（一）动物方面因素

动物的体质、营养状况、是否处于发病状态等对免疫效果影响较大，尤以动物体感染了免疫抑制性疾病影响最大。

（二）疫苗方面因素

疫苗质量差，剂量不足，或者保存不当而失效等，都可以影响免疫效果。而疫苗株和某些病原体的血清型不相符，则严重影响免疫效果，如某些病原体发生变异，或毒力增强、或出现新毒株，常造成免疫接种失败，如禽流感、传染性法氏囊病、马立克病等。

（三）外界环境因素

恶劣的环境条件造成动物应激过大，会降低机体的免疫应答反应。

（四）免疫程序不合理

免疫程序不合理包括疫苗的种类、生产厂家、接种时机、接种途径和剂量、接种次数及间隔时间等不恰当，容易出现免疫效果差或免疫失败的现象。

（五）母源抗体的干扰

动物在出生后一定时间内（一般是1~14天），体内带有母体输入的抗体或者通过吃初乳吸收的母源抗体，会中和弱毒疫苗，干扰免疫接种。

## 二、免疫效果的评价

免疫效果的评价方法主要有流行病学评价、血清学评价和人工攻毒试验。

（一）流行病学评价

通过调查免疫前后动物群或者免疫动物群和非免疫动物群的发病率、死亡率等流行病学指标，来评价免疫效果。

（二）血清学评价

大部分疫苗接种动物后，可使动物产生特异性的抗体，通过抗体来发挥免疫保护作用。因此，通过测定动物接种疫苗后是否产生了抗体以及抗体水平的高低，就可评价免疫接种的效果。

（三）人工攻毒试验

一般是从免疫接种动物中随机抽取一定数量的动物，用对应于疫苗的强毒病原进行人工感染，若接种过疫苗的动物能很好地抵抗强毒攻击，则说明免疫效果良好。如果攻毒后，部分动物或大部分动物仍然发病，则说明免疫效果不好或免疫失败。

 **实践体验**

### 技能训练九　分析免疫失败原因

【训练目标】　通过案例分析，学会免疫失败原因的分析方法。

【案例】 针对下面的典型案例,多方面分析,小组讨论。

案例1  2012年7月,某肉鸡养殖大户王老板带着一批病死鸡来动物医院就诊,诉说其饲养的2万羽18日龄肉鸡,已经经过2次新城疫Ⅳ弱毒疫苗免疫接种(第一次饮水免疫在7日龄),自从最后一次(14日龄)饮水免疫后,部分肉鸡发生张口气喘、腹泻、歪头等症状,每天死亡80多羽。经过兽医院病原检测,诊断为非典型新城疫和大肠杆菌病混合感染。王老板补充说,大肠杆菌病在鸡苗10日龄就已经发生了,不过症状不明显,死亡率不高(每天死亡7~8羽),没引起重视。请分析王老板鸡新城疫免疫失败原因和鸡群死亡率升高的原因。

案例2  2012年5月中旬,某养鸡专业户张老板饲养了约12 000羽20日龄草鸡,请技术员小王进行了鸡新城疫免疫接种,接种后3天,鸡群大量发病且死亡1 000余羽,采用抗生素治疗无效,经临床和实验室诊断为鸡新城疫。事后经调查,张老板的草鸡是第一次进行新城疫免疫,当时鸡群有零星腹泻、咳嗽症状,但是没有死亡现象,小王用的是某知名疫苗厂家生产的鸡新城疫Ⅰ系中毒疫苗。请你分析本次鸡新城疫免疫失败原因。

【考核评价】 小组讨论,小组展示,小组评价,老师总结。

【作业】 交1份对某个案例免疫失败原因分析报告。

## 复习思考题

1. 举例说明免疫接种的类型。
2. 疫苗有哪几种?举例说明死苗和活苗的优缺点。
3. 如何运输、保存疫苗?
4. 疫苗使用前要注意哪些事项?
5. 常见的免疫接种方法有哪些?
6. 影响免疫效果的因素有哪些?
7. 从哪些方面评价免疫效果?

# 项目四

## 药物预防技术

### 项目概述

动物疫病种类繁多,防制措施多种多样,其中有些疫病目前已研制出有效的疫苗,也有一些疫病尚无疫苗可用,有些虽有疫苗但实际应用效果还有待提高,而药物预防是目前细菌性疾病的一项重要防制措施。

## 任务一　选择预防药物

·知识目标·

1. 掌握选择预防药物的一般原则
2. 了解临床上常用的预防药物种类

·技能目标·

1. 能熟练运用药敏试验选择药物
2. 能综合病情、病原菌种类及抗菌药物特点选择抗菌药物

### 知识储备

#### 一、药物预防的概念

在正常的饲养管理状态下,养殖人员适当将抗生素、中药制剂、微生态制剂等加入饲料或饮水中,以调节动物机体代谢、增强动物机体抵抗力和预防多种疾病的发生,称为药

物预防。药物预防时应注意使用安全而廉价的化学药物(即所谓的保健添加剂);也可以使用非化学药物(如中药制剂、微生态制剂等)。使用药物预防应以不影响动物产品的品质和消费者的健康为前提,具体使用时应符合中华人民共和国农业部公布的《药物性饲料添加剂使用规范》的要求。

## 二、预防药物的种类

（一）抗生素

抗生素是用于治疗各种细菌感染或抑制致病微生物感染的药物。抗生素不仅能杀灭细菌,而且对霉菌、支原体、衣原体等其他致病微生物也有良好的抑制和杀灭作用。抗生素可以是某些微生物生长繁殖过程中产生的一种物质,也可完全由人工合成或部分人工合成。

（二）中药制剂

中药制剂包括中药成方制剂、单味药制剂等。药物制成何种剂型、制剂的依据,首先是根据医师预防的需要。由于病情有缓急,证有表里,因此,对于剂型、制剂的要求亦有不同。急症用药,药效宜速,故采用注射剂、气雾剂等;皮肤疾患,一般采用膏药、软膏等;某些腔道疾患如痔疮、瘘管,可用栓剂、条剂、线剂等。其次,根据药物的性质制成不同剂型、制剂,以更好地发挥药物疗效。某些药物制成液体制剂不稳定,可制成粉针剂、油溶液等。药物制成某种剂型、制剂时,还要考虑便于运输、贮藏及生产等。

（三）微生态制剂

微生态制剂又叫活菌制剂、益生菌制剂,是利用正常微生物或促进微生物生长的物质制成的活的微生物制剂。也就是说,一切能促进正常微生物群生长繁殖及抑制致病菌生长繁殖的制剂都称为微生态制剂。微生态制剂具有补充、调整或维持动物肠道内微生态平衡,达到防病、治病、促进健康和提高生产性能的目的。我国微生态制剂的研究起源于20世纪70年代末至80年代初,90年代以后进入产业化研制、开发及大规模生产时期。在近20年的时间内,动物微生态制剂得到了空前发展,在畜牧生产中得到了日益广泛的应用。

## 三、选择药物的原则

（一）诊断为细菌性感染,才能应用抗菌药物

根据畜禽症状、血尿常规等检查结果,初步诊断为细菌性感染者以及经病原检查确诊为细菌性感染才能应用抗菌药物;由真菌、结核分枝杆菌、非结核分枝杆菌、支原体、衣原体、螺旋体、立克次体及部分原虫等病原微生物所致的感染才能应用抗菌药物。缺乏细菌

及上述病原微生物感染的依据,诊断不能成立,以及病毒性感染的,一般不应用抗菌药物治疗,但也可应用抗菌药物防止继发感染。

(二)查明感染病原,根据药敏试验选用药物

抗菌药物品种的选用,原则上应根据病原菌种类及病原菌对抗菌药物的敏感性或耐药性,即细菌药物敏感试验的结果而定。长期使用化学药物预防,容易产生耐药性菌株,影响防制效果。因此,使用前或使用药物过程中,最好进行药敏试验,选择高度敏感性的药物用于预防,以期收到良好的预防效果。要适时更换药物,以防止耐药性的产生。

(三)动物敏感性

不同种属的动物对药物的敏感性不同,应区别对待。例如,用 3mg/kg 速丹拌料对鸡来说是较好的抗球虫药,但对鸭、鹅均有毒性,甚至引起死亡。某些药物剂量过大或长期使用会引起动物中毒。待出售的畜禽应有一定的休药期,以免药物残留。例如,伊维菌素的休药期,牛为 28 天、羊为 8 天、猪为 5 天。在宰前休药的同时,有些药物在动物的某一生长阶段禁止使用。如洛克沙肿,休药期为 5 天,蛋鸡产蛋期禁用;莫能菌素钠,休药期为 5 天,蛋鸡产蛋期及奶牛泌乳期禁用;马杜毒素,休药期为 5 天,蛋鸡产蛋期禁用等。

(四)有效剂量

药物必须达到最低有效剂量,才能收到应有的预防效果。因此,要按规定的剂量,均匀地拌入饲料或完全溶解于饮水中。有些药物的有效剂量与中毒剂量距离太近,如喹乙醇,用量掌握不好就会引起中毒。有些药物在低浓度时具有预防和治疗作用,而在高浓度时会变成毒药,使用时要加倍小心。

(五)注意配伍禁忌

两种或两种以上药物配合使用时,有的会产生理化性质改变,使药物产生沉淀、分解、失效,甚至产生毒性。例如,硫酸新霉素、庆大霉素与替米考星、罗红霉素、盐酸多西环素、氟苯尼考配伍时疗效会降低;维生素 C 与磺胺类配伍时会沉淀、分解失效。在进行药物预防时,一定要注意配伍禁忌。

(六)药物成本

在集约化养殖场中,畜禽数量多,预防药物用量大,若药物价格较高,则增加了药物成本。因此,应尽可能地使用价廉易得且确有预防作用的药物。

(七)安全性要合理

使用药物添加剂,以保证动物本身的安全,并确保动物产品品质,最终保障消费者的健康和生命安全。

**扩展阅读**

## 一、微生态制剂的分类

（一）益生菌

益生菌又称益生素、促生素、生菌素、益菌素等，是指有益于宿主健康和生理功能的含有足够数量非致病性活菌的细菌制剂，可通过改善宿主黏膜表面的微生物群落保持微生态平衡。常用的益生菌有双歧杆菌、乳酸菌、肠球菌和芽孢杆菌等。我国常用的益生菌有6种，即双歧杆菌、乳酸杆菌、酵母菌、乳酸链球菌、粪链球菌和芽孢杆菌。在制剂中，有的为单一菌种，有的为几种菌联合使用，后者的效果更好一些。中华人民共和国农业部第658号公告中公布的益生菌共有16个品种。

（二）益生元

益生元是一种对宿主有益的非消化性食物成分，可选择性地刺激肠道有益菌的生长繁殖，而不被病原微生物利用，包括低聚糖类生物促进剂，其中以水苏糖的作用效果最为显著。水苏糖可以有效促进益生菌繁殖，益生菌在繁殖过程中产生有机酸，使肠道pH下降，调节肠道正常蠕动并可使肠道渗透压增高，水分的分泌增加，从而提高粪便中的水分，有缓解便秘的功效。水苏糖本身也是一种可溶性纤维素，能有效调理肠胃。

（三）合生素

合生素是指益生素和益生元并存的制剂。被动物摄入体内后，益生素在益生元的作用下繁殖增多，抗病保健作用加强。合生素结构合理，效果更加优越，成为微生态制剂开发的主要方向。例如，在双歧杆菌活菌制剂中加入双歧因子，效果会提高10~100倍。

## 二、微生态制剂的作用

微生态制剂的作用机制尚未完全阐明，目前主要有以下几种学说，多以乳酸杆菌和双歧杆菌的作用机制为基础。微生态制剂属于营养保健类饲料添加剂，其营养保健作用的发挥主要体现在以下几方面：

（一）调节和维持动物肠道菌群平衡

微生态制剂常用于恢复肠道优势菌群，调节微生态平衡。胃肠道内厌氧菌占大多数，微生态制剂中有益的需氧微生物在体内定植，可降低局部氧分子的浓度，以扶植厌氧微生物的生长，提高其定植能力，从而调节微生态平衡，达到预防和治疗疾病的目的。以上即为微生物夺氧学说。

## （二）抑制病原菌的繁殖

在微生态系统内少数优势微生物种群对整个种群起控制作用，一旦失去优势种群就可导致微生态失调。微生态制剂中的活菌大多为体内正常菌群中的一员，具有定植性、排他性和繁殖性，进入机体后能植入自然的生态系统中，对非正常菌群中的微生物产生拮抗作用；另一些微生物还可产生药理活性，直接调节微生物区系，抑制病原菌，控制病害发生；还有一些微生物在发酵或代谢过程中通过提高或降低某些酶的活性，改变有害微生物的代谢，而不利于其生长。以上即为生物拮抗学说。

## （三）提高饲料转化率，促进动物生长

正常微生物群与营养之间有着密切的关系，一些微生物在发酵或代谢过程中会产生生长素等生物活性物质，有助于食物消化、营养吸收、促进代谢。而且许多微生物本身就富含营养物质，添加到饲料中可以作为营养物质被动物摄取、吸收，从而促进动物的生长。微生态制剂在肠内定位繁殖，还能产生多种有利于动物机体的物质，如 B 族维生素、氨基酸、多种淀粉酶、脂肪酶、蛋白酶类和生长刺激因子等，提高饲料转化率，促进动物生长。以上即为营养物质合成理论。

## （四）增强机体免疫功能，提高群体抗病力

微生态制剂可以成为非特异性免疫调节因子，增强吞噬细胞的吞噬功能和促进机体产生抗体，激发免疫系统的防御能力，减少肠内有毒物质的产生，促进肠蠕动，维持黏膜结构完整，从而保证微生态系统中能量流、物质流和基因流的正常运转。以上即为三流运转学说。

## （五）减少排泄总量，改善畜舍空气质量，净化养殖环境

动物圈舍内由氨、硫化氢、吲哚、尸胺、腐胺、组胺等有害物质产生的臭味，多是大肠杆菌等肠道菌使蛋白质分解、发酵所致。有益菌可提高蛋白质的消化吸收率，并将肠道内非蛋白氮合成氨基酸、蛋白质供动物利用。同时，有益菌还可抑制大肠杆菌等有害菌的发酵，使臭味等有害物质减少。芽孢杆菌等有益菌可产生分解硫化氢的酶类，降低粪便中的氨、硫化氢等有害气体的浓度，产生除臭作用，使氨浓度降低 70% 以上，从而起到保护养殖环境、减少呼吸道和眼病发生的作用，同时，对饲料内某些毒素和抗营养因子还有一定的降解和去毒作用。

## 三、微生态制剂的应用及注意事项

### （一）选用适宜的菌种

应根据使用目的、饲养对象、控制目标的不同选择适宜的菌种。动物消化道内的微生物具有多样性和特异性，不同动物种类对菌种的要求也各不相同。同一菌株用于不同的

动物，产生的效果往往差异很大。使用时一定要了解菌种的性能和作用，充分考虑不同种类动物消化系统的解剖结构和生理特点。不同产品有不同的功效，如选择使用不当，不但达不到应有的效果，可能还会破坏原有的菌群甚至会引发疾病。例如，同样是反刍兽，幼龄动物常用乳酸菌制剂，而成年动物则应使用米曲霉、黑曲霉和啤酒酵母制剂。预防动物疾病时主要选用乳酸菌、双歧杆菌等产乳酸类细菌制剂；促进动物生长、提高饲料利用率，可选用芽孢杆菌、乳酸杆菌、酵母菌和霉菌等制剂；改善养殖环境，应选用光合细菌、硝化细菌以及芽孢杆菌等制剂。

### （二）掌握使用剂量及浓度

微生态制剂必须含有规定数量的活菌才能取得应有的使用效果。目前我国正式批准生产的制剂中，对含菌数量及畜禽用量均有明确规定，使用时必须按产品中的说明要求进行操作。

### （三）注意使用时间

微生态制剂在动物的整个生长过程都可以使用，能产生与使用抗生素效果相似的防治效果。微生态制剂对于生产无药物残留的产品是一条可供选择的途径，但是长期使用会增加养殖成本。因此，就我国目前千家万户小规模饲养的情况而言，将这种制剂作为一种生态调节剂，在饲养过程中的适当时间内使用——如病后康复期、各种应激因素作用前后、纠正菌群失调、治疗消化不良等——效果会更好、更实际。

### （四）避免与抗生素合用

微生态制剂是活菌制剂，而抗生素具有杀菌作用，一般情况下不可同时使用。但是当肠道内病原体较多，而微生态制剂又不能取代肠道微生物时，可先用抗生素清理肠道，为益生菌的定植和繁殖清除障碍，然后再使用微生态制剂，可取得事半功倍的效果。

### （五）注意制剂的保存期

由于微生态制剂属于活菌制剂，在使用中应注意其保存期限。随着保存时间的延长，活菌数量也会逐渐下降，其下降速度因菌种和保存条件不同而异，因而应注意保存方法及期限，过期容易失效。

## 四、影响微生态制剂作用效果的因素

影响微生态制剂作用效果的因素很多，包括制剂的制备方法、贮藏条件、污染、产品菌种的组合方式、肠内菌群的状态、使用剂量和使用次数、动物的年龄、菌群在肠道中的存活率、饲料成分的变化等，可归纳为四大类因素：

### （一）动物因素

1. 动物年龄和生理状态

在幼龄动物及处于调运、转群、饲料改变或患病等应激条件下使用微生态制剂，比在成年动物及清洁、正常饲养条件下使用效果明显。

2. 动物种类

动物种类不同,益生素的作用不尽相同。

### (二) 菌种因素

1. 制剂类型

微生态制剂有很多类型,对于某种特定动物而言,某一种类型的微生态制剂可能比其他类型更适宜。研究表明:适用于单胃动物的菌株多为乳酸杆菌、芽孢杆菌、酵母菌等;适用于反刍动物的则多为真菌类,以曲霉菌效果为好,它可使瘤胃内的总细菌数和纤维分解酶成倍增加,加速纤维分解。

2. 菌株含量和定植能力

复合制剂所含菌株有主次之分,不同菌株协同作用的效果不同,同时,菌株在消化道能否定植形成优势菌群也影响使用效果。

3. 制剂质量

微生态制剂只有保证有益菌的活性才能发挥稳定的作用,因此,产品在出厂时应保证有足够菌数,以使其在规定储存期内能够正常发挥作用。此外,由于菌株存在变异现象,微生态制剂生产用菌种必须在一定的传代范围内。

### (三) 饲料因素

1. 饲料成分

某些抗生素、磺胺类药物、不饱和脂肪酸、矿物质预混剂、浓缩料等都属于抑菌物质,可使微生态制剂中的活菌活性降低。

2. 饲用方式与剂量

饮水方式投喂,可使菌株少受饲料中不良因素的破坏,在使用同一剂量的前提下效果较好。应根据活菌数确定添加量,以确保其相对于其他微生物群落处于适宜的比例。

### (四) 环境因素

1. 温度

微生态制剂随着存放时间的延长,活菌数减少,活力下降,使用效果逐渐变差,因此,产品一般要求冷藏,贮藏温度以不高于25℃为宜。芽孢杆菌能耐受较高温度,在52℃~102℃范围内损失很小,加入配合饲料中,在102℃条件下制粒,贮藏8周后细菌活性仍然比较稳定。乳酸菌类在66℃或更高温度时几乎完全失去活性;链球菌在71℃条件下,活菌会损失96%以上;酵母菌在82℃~86℃条件下会完全失去活性。

2. 酸碱度

大多数微生物的pH在4~4.5时会自动死亡。因此,微生态制剂最好保存在pH为

6~7的条件下,且不宜与酸化剂混合使用。

3. 水分

为了保证微生态制剂中的菌群活力,配合饲料中含水量越低越好,含水量低于10%比较理想。

# 任务二 投 药

・知识目标・

1. 掌握给药方法
2. 理解用药疗程

・技能目标・

1. 能计算给药剂量
2. 能综合病情、病原菌种类及抗菌药特点制订抗菌药物预防方案

 知识储备

不同的给药方法可以影响药物的吸收速度、利用程度、药效出现时间及维持时间。药物预防一般采用群体给药法,将药物添加在饲料中或溶解到水中,让畜禽服用;有时也采用气雾法给药。

## 一、给药方法

(一) 拌料给药

拌料给药即将药物均匀地拌入饲料中,让畜禽自由采食。该法简便易行,节省人力,减少应激,主要适用于预防性用药,尤其是长期给药。对于患病的畜禽,当其食欲下降时,不宜应用。拌料给药时应注意以下几点:

1. 准确掌握药量

应严格按照畜禽群体重,结合动物的采食量,计算并准确称量药物,以免造成药量过小起不到作用或药量过大导致畜禽中毒。

2. 确保搅拌均匀

通常采用分级混合法,即把全部用量的药物加到少量饲料中,充分混合后,再加到一定量饲料中,再充分混匀,然后再拌入到计算所需的全部饲料中。大批量饲料拌药更需多

次分级扩充,以达到充分混匀的目的。切忌把全部药量一次加到所需饲料中,简单混合,否则会造成部分畜禽药物中毒,而大部分畜禽吃不到药物,达不到防治疫病的目的。

3. 注意不良反应

有些药物混入饲料后,可与饲料中的某些成分发生拮抗作用。如饲料中长期混合磺胺类药物,就容易引起鸡维生素 B 或维生素 K 缺乏。应密切注意并及时纠正不良反应。

（二）饮水给药

饮水给药即把药物溶于饮水中饲喂,是畜禽用药物最适宜、最方便的途径,这一方法适用于短期投药和紧急治疗投药,特别有利于发病后采食量下降的禽群。但在日常操作中,很多养殖场（户）不太注意给药方法。为了确保药效快速、安全、有效,应该注意以下三点:

1. 注意药物特性和饮水要求

饮水给药要注意药物必须是水溶性的,要能溶于水。同时,饮用水要清洁,若是用氯消毒的自来水,应先用容器装好露天放置 1~2 天,让其挥发掉,以免药物效果受到影响。

2. 注意调药均匀,按量给水

调配药液时,药物要充分溶解并搅拌均匀。保证绝大部分畜禽只在一定时间内喝到一定量的药物水,一般药水以在 1h 内饮完为好,防止剩水过多,造成饮入畜禽体内的药物剂量不够。同时应避免加水不够、饮水不够或饮水不均。调药时要认真计算不同日龄及畜禽群大小的供水量,并掌握饮水中的药物浓度,浓度通常以百分比表示。

3. 注意饮水前停水,确保药效

为保证畜禽能饮入适量的药物,用药前要让整个畜禽群停止饮水一段时间（具体时间视气温而定）,一般寒冷季节停水 4h 左右,气温较高季节停水 2~3h。经过一定时间的停水,然后添加对症的带药饮水,这样不仅能让畜禽能在一定时间内充分喝到药水,而且治疗效果比较理想。

（三）气雾给药

气雾给药指用药物气雾器械将药物弥散到空气中,让畜禽通过呼吸作用吸入体内或作用于畜禽皮肤及黏膜的一种给药方法。气雾给药是家禽有效的给药途径之一,它充分利用了家禽独特的气囊功能特性,促进药物增大扩散面积,从而增大药物的吸收量。气雾给药时,药物吸收快,作用迅速,节省人力,尤其适用于现代化大型养殖场,但这需要一定的气雾设备,且畜禽舍门窗应能够密闭,否则容易诱发呼吸道疾病。拌料给药时应注意以下几点:

1. 药物的特性

并不是所有的药物都可通过气雾途径给药。可应用于气雾途径给药的药物应无刺激性,易溶于水。有刺激性的药物不应通过气雾给药。若使药物作用于肺部,应选用吸湿性较差的药物;若使药物作用于上呼吸道,则应选择吸湿性较强的药物。

2. 药物的浓度

在应用气雾给药时,不要随意套用拌料或饮水给药浓度。气雾给药的剂量与其他给药的途径不同,一般以每立方米用多少药物来表示,要掌握气雾的药量,应先计算出畜禽舍的体积,然后再计算出药物的用量。

3. 气雾颗粒的大小

气雾给药时,雾粒直径大小与用药效果有直接关系。气雾微粒越细,越容易进入肺泡内,但与肺泡表面黏着力小,容易随呼气排出,影响药效。若微粒过大,则不易进入肺内。要使药物主要作用于上呼吸道,就应选用雾粒较大的雾化器。大量试验证实,进入肺部的微粒直径以 $0.5 \sim 5 \mu m$ 最适宜。

4. 其他因素

气雾给药还应考虑用药时间、动物的呼吸道健康状况等。

(四)体外用药

体外用药主要指为杀死畜禽的体表寄生虫、微生物所进行的体表用药,包括喷洒、喷雾、熏蒸、涂擦和药浴等不同方法。

涂擦法适用于畜禽体表寄生虫的驱虫,以及部分体内寄生虫的驱治。

药浴主要适用于羊体外寄生虫的驱治,特别是在牧区,每年给羊剪毛后,选择晴朗无风的天气,配制好药液,进行药浴或喷淋。药浴在药浴池中进行。浴池一般长10m,宽2m,深1.5m。浴池一端竖直,另一端有一定坡度,保证羊从竖直端游到另一端时能自动上岸。药液应按有关使用说明配制。水温不宜过低,防止冷应激。药液用量应根据浴池的大小、羊的品种及个体大小来定。水深以羊进入浴池能没及躯干为宜。

(五)注射给药

通过皮下或肌肉注射给药是驱除牛、羊、猪等大动物体内寄生虫的重要途径。皮下注射一般选在皮肤较薄而皮下疏松、易移动、活动性较小的部位,大家畜宜在颈侧中1/3部位,猪在耳根后,犬、羊在股内侧。肌内注射应选择肌肉丰满、远离神经干的部位,大家畜宜在臀部或颈部,猪在耳根后、颈部,羊宜在颈部。

## 二、制订抗菌药物预防方案

(一)按照药物的抗菌作用特点及其体内过程特点选择用药

各种抗菌药物的药效学(抗菌谱和抗菌活性)和药代动力学(吸收、分布、代谢和排出过程)特点不同,因此各有不同的临诊适应证。临诊兽医应根据各种抗菌药物的上述特点,按临诊适应证正确选用抗菌药物。

(二)抗菌药物治疗方案应综合病情、病原体的种类及抗菌药的特点制订

根据病原体种类、感染部位、感染严重程度和患者的病理生理情况制订抗菌药物治疗方案,包括抗菌药物的选用品种、剂量、给药次数、给药途径、疗程及联合用药等。

1. 给药剂量

按各种抗菌药物的治疗剂量范围给药。严重感染(如败血症、感染性心内膜炎等)和抗菌药物不易达到的部位感染,抗菌药物剂量宜较大(治疗剂量范围高限);而单纯性下尿路感染时,由于多数药物尿药浓度远高于血药浓度,则可应用较小剂量(治疗剂量范围低限)。

2. 给药次数

为保证药物在体内能最大地发挥药效,杀灭感染灶病原菌,应根据药代动力学和药效学相结合的原则给药。青霉素类、头孢菌素类和其他β内酰胺类、红霉素、克林霉素等,应一日多次给药。氟喹诺酮类、氨基糖苷类等可一日给药一次(严重感染者除外)。

3. 给药疗程

适当的给药时间及给药间隔可保证防治效果、维持血药浓度稳定。用药量要足,疗程要够,一般3天为一疗程,为避免药物毒害,用药时间最长不超过7天。疗程的长短应视病情而定,并根据规定疗程给药。另外,疗程长短还应根据药物毒性大小而定。

## 三、动物驱虫技术

各种寄生虫病不仅危害动物及人类的健康,而且严重影响着畜牧业的发展及动物产品的质量。寄生虫病的防治要贯彻"预防为主、防治结合、防重于治"的方针。采用药物杀灭或驱除宿主体内外的寄生虫是寄生虫病综合防治措施中的重要环节。通常驱虫具有双重意义:一方面,杀灭或驱除宿主体内或体表的寄生虫,对发病动物可起到治疗作用,对感染而未发病的动物可起到阻止病程发展的作用;另一方面,可减少病原体向外界的传播,保护外界环境免受污染。

(一)驱虫的分类

根据目的不同,驱虫可分为预防性驱虫和治疗性驱虫两类。

1. 预防性驱虫

预防性驱虫也称为计划性驱虫,即根据各种寄生虫病的流行规律及寄生虫的生长发育规律,选择适宜的驱虫时间,有计划地进行定期驱虫,而不管动物是否发病。例如,在肉仔鸡的饲养过程中,常把抗球虫药加入饲料中喂饲,以抵抗球虫的感染;在蚊虫活跃季节,定期给犬使用伊维菌素,可防止犬感染犬恶丝虫等。

对于放牧的牛、羊、马等草食动物而言,秋冬季驱虫是十分重要的。秋冬季用药驱除消化道内的线虫,可以使动物安全越冬,在生产中常作为一种固定实施的防治制度。因为冬季是家畜体质由强转弱(由肥转瘦)的季节,此时驱虫,有利于保护家畜健康。另外,秋冬季不适于虫卵和幼虫在外界发育,故秋冬季驱虫可大大减少牧场的污染。至于在放牧季节如何安排驱虫,则需根据本地区寄生虫的类型、不同寄生虫的生长发育史和流行病学特点而定。

针对某些蠕虫,常采用成熟前驱虫,即在寄生虫进入机体后但尚未发育到性成熟阶段前,用药将其驱除。这样既能减轻寄生虫对动物的损害,又能防止虫体性成熟后排出的虫卵或幼虫污染外界环境。

2. 治疗性驱虫

治疗性驱虫也称为紧急性驱虫,即一旦发现动物出现临床症状,及时用药驱除或杀灭寄生于动物体内外的寄生虫。对发病动物使用药物驱虫,有助于恢复机体健康,另外还可以防止病原散播,减少环境污染。对于危害严重的寄生虫病,要做到早发现、早诊断、早治疗,以尽量降低经济损失。

(二)驱虫注意事项

为了提高驱虫效果,降低驱虫成本,避免动物因驱虫发生药物中毒,给动物进行驱虫时应注意以下事项。

1. 隔离驱虫

应在有隔离条件的场所进行。动物驱虫后也应隔离一定的时间,直到被驱除的虫体排完为止。

2. 正确选择药物

所选择的驱虫药物,要具备安全、高效、低毒、广谱、廉价、使用方便等优点。

3. 安全性试验

进行大规模驱虫前,应先选择小群动物进行药效及药物安全性试验,同时应考虑中毒时的抢救措施,在取得经验之后,再进行大规模驱虫。

4. 防止病原散播

驱虫后排出的粪便和一切含有病原体的物质,应集中无害化处理。粪便通常采用堆积发酵的方法,利用生物热杀死其中的虫卵、虫体、幼虫等,防止病原体散播。

## 实践体验

### 技能训练十　动物预防性驱虫

【训练目标】

1. 熟悉大群动物驱虫的准备和组织工作。
2. 掌握驱虫技术、驱虫过程中的注意事项和驱虫效果的评定方法。

【所需材料】

1. 药物：常用的各种驱虫药物有丙硫咪唑、左旋咪唑、肝蛭净、伊维菌素、敌球灵、百球清、球痢灵、喹诺酮、解毒药品等。
2. 器材：各种给药用具、称重用具、粪便检查用具等。
3. 动物：现场的病畜或病禽。
4. 其他：各种驱虫用记录表格。

【操作步骤】

1. 驱虫前感染状态的检查

在教师指导下，检查并记录实验动物的感染情况（包括临床症状），检测体内寄生虫（卵）数。根据动物种类和寄生虫种类不同，选择并确定驱虫药的种类及用量。

2. 驱虫常用给药方法

（1）混饲法：禁饲一段时间后，将一定量的驱虫药拌入饲料中投服。本法适合群体驱虫时使用，节约劳动力，但不能保证每一个体的准确用量。

（2）饮水法：禁饲一段时间后，将面粉加入少量水中溶解，再加药粉搅拌溶解，最后加足水，将驱虫药制成混悬液让畜禽自由饮用。

（3）注射法：有些驱虫药（如伊维菌素）经皮下注射可以达到驱除线虫、外寄生虫的作用。注射部位剪毛消毒后，按剂量注入皮下。

（4）涂擦法：主要适用于畜禽体表寄生虫的驱虫，以及部分内寄生虫的驱治，如用双甲脒乳油（特敌克）涂擦畜禽体表驱除螨、虱、蜱、蝇等。

（5）药浴法：主要适用于牧区羊体表寄生虫的驱治。每年在剪毛后，选择晴朗无风的天气，羊群充足饮水后，配制好药液，利用药浴池或喷淋法进行药浴。

3. 驱虫效果评定

驱虫效果主要通过驱虫前后下述两个方面进行评定：

（1）通过对比驱虫前后畜禽的发病率、死亡率、营养状况、临诊表现、生产能力等进行效果评定。

(2) 通过计算虫卵减少率、虫卵转阴率、驱虫率等评定驱虫效果。

① 虫卵减少率。为动物服药后粪便内某种虫卵数与服药前的虫卵数相比所下降的百分率。其公式为：

$$\text{虫卵减少率} = \frac{\text{投药前 1g 粪便中某种蠕虫虫卵数} - \text{投药后该蠕虫卵数}}{\text{投药前 1g 粪便中某种蠕虫虫卵数}} \times 100\%$$

② 虫卵转阴率。为投药后动物的某种蠕虫感染率比投药前感染率下降的百分率。公式如下：

$$\text{虫卵转阴率} = \frac{\text{投药前某种蠕虫感染率} - \text{投药后该蠕虫感染率}}{\text{投药前某种蠕虫感染率}} \times 100\%$$

驱虫前后粪便检查各进行 3 次，取其均数；粪便检查时所有器具、粪样数量以及操作方法要完全一致；根据药物作用时效，在驱虫 10~15 天后进行粪便检查。上述措施均应避免出现人为误差，以获得准确的驱虫效果。

③ 粗计驱虫率（驱净率）。指投药后驱净某种蠕虫的头数与驱虫前感染头数相比的百分率。

$$\text{粗计驱虫率} = \frac{\text{投药前动物感染数} - \text{投药后动物感染数}}{\text{投药前动物感染数}} \times 100\%$$

④ 精计驱虫率（驱虫率）。指试验动物投药后驱除某种蠕虫平均数与对照动物体内平均虫数相比的百分率。

$$\text{精计驱虫率} = \frac{\text{对照动物体内平均虫数} - \text{实验动物体内平均虫数}}{\text{对照动物体内平均虫数}} \times 100\%$$

4. 驱虫注意事项

(1) 驱虫时将动物的来源、品种、年龄、性别及健康状况等逐一编号登记。为保证药物用量准确，需先称重或估测以计算体重。选择适当的驱虫药，确定剂量、剂型、给药方法和疗程，记载药品的制造单位及生产批号等。

(2) 在进行大群驱虫之前，应先对部分动物做试验，以确保安全性及有效性。

(3) 注意给药后的变化（特别是驱虫后 3~5h），发现中毒立即急救。

(4) 投药后 3~5 天内，要使动物圈留，将粪便集中用生物热发酵处理。

(5) 混饲、混饮前一定要禁食、禁饮一段时间，以确保同群动物都能充分摄入足量药物。药浴前一定要充足饮水，以防止羊群误饮药液，发生中毒。

【实训报告】 写出畜（禽）驱虫总结报告。各小组根据项目考核评价表互评（表4-1）。

表 4-1  项目考核评价表

项目名称_____　　　　　　　小组_____成员姓名_____

| 考核点 | 考核内容与评分标准 | 得分 | | |
|---|---|---|---|---|
| | | 小组评价 | 教师评价 | 综合得分 |
| 理论知识 | 常用的驱虫方法(10 分) | | | |
| 操作步骤 | 驱虫前感染状态的检查(20 分) | | | |
| | 驱虫常用给药(30 分) | | | |
| | 驱虫效果评定(30 分) | | | |
| 综合素质 | 小组协作表现(5 分) | | | |
| | 沟通与表达能力(5 分) | | | |
| 合　计 | (100 分) | | | |

## 复习思考题

1. 选择预防药物的原则是什么？
2. 药物预防的给药方法有哪些？
3. 什么是预防性驱虫，其注意事项是什么？
4. 简述微生态制剂的作用。
5. 如何巧妙联合使用抗菌类药物与微生态制剂？
6. 实地调查周围的养殖场平时都使用哪些药物来进行预防，看看是否合理。

# 项目五

## 动物疫病处理

 **项目概述**

发现重大疫情后及时地报告和妥善地处理,这对于控制、消灭疫情,维护畜牧生产以及保护大众的健康等起着十分重要的作用。本项目要求大家了解重大动物疫情应急管理的环节,掌握疫情报告的步骤和方法,能对患病动物、病死动物、假定健康动物等采取正确的处理方法。

## 任务一 报告动物疫情

· 知识目标 ·

1. 了解动物疫情、动物疫情报告、重大动物疫情等概念
2. 理解动物疫情报告的制度和时限
3. 掌握动物疫病报告的形式和要求

· 技能目标 ·

能根据《中华人民共和国动物防疫法》的要求及时、准确地汇报疫情

**知识储备**

## 一、基本概念

（一）动物疫情

动物疫情是指动物疫病发生、发展的情况。

（二）动物疫情报告

动物疫情报告是指按照政府规定，兽医和有关人员及时向上级领导机关所作的关于疫病发生、流行情况等的报告。

（三）重大动物疫情

重大动物疫情是指高致病性禽流感等发病率或死亡率高的动物疫病突然发生，迅速传播，给养殖业生产安全造成严重威胁和危害，以及可能对公众身体健康与生命安全造成危害的情形，包括特别重大的动物疫情。

## 二、动物疫情报告的形式和要求

（一）基层动物疫情责任报告人的报告形式与内容

动物疫情报告的形式包括电话报告，到当地兽医主管部门、动物卫生监督机构或者动物疫病预防控制机构的办公地点报告，找有关人员报告，书面报告等。

动物疫情报告的内容为疫情发生的时间、地点，染疫、疑似染疫动物种类和数量，同群动物数量，免疫情况，死亡数量，临床症状，病理变化，诊断情况，流行病学和疫源地追踪情况，已采取的控制措施，疫情报告的单位、负责人、报告人及联系方式。

（二）动物防疫监督机构进行快报、月报、年报

以报表形式上报，动物疫情快报、月报、年报报表由国家兽医局统一制定，利用动物防疫网络系统进行上传。

疫情报告工作中，要严格执行国家有关疫情报告的规定及本省动物防疫网络化管理办法，认真统计核实有关数据，防止误报、漏报，严禁瞒报、谎报，保证做到及时上报、准确无误。

**扩展阅读**

## 疫情报告制度

根据《中华人民共和国动物防疫法》第二十六条规定："从事动物疫情监测、检验检疫、疫病研究与诊疗以及动物饲养、屠宰、经营、隔离、运输等活动的单位和个人,发现动物染疫或者疑似染疫的,应当立即向当地兽医主管部门、动物卫生监督机构或者动物疫病预防控制机构报告,并采取隔离等控制措施,防止动物疫情扩散。其他单位和个人发现动物染疫或者疑似染疫的,应当及时报告。接到动物疫情报告的单位,应当及时采取必要的控制处理措施,并按照国家规定的程序上报。"

（一）疫情报告责任人

动物疫情报告责任人,主要指以下的单位和个人：

1. 从事动物疫情监测的单位和个人

从事动物疫情监测的单位和个人指从事动物疫情监测的各级动物疫病预防控制机构及其工作人员,接受兽医主管部门及动物疫病预防控制机构委托从事动物疫情监测的单位及其工作人员,对特定出口动物单位进行动物疫情监测的进出境动物检疫部门及其工作人员。

2. 从事检验检疫的单位和个人

从事检验检疫的单位和个人指动物卫生监督机构及其检疫人员,也包括从事进出境动物检疫的单位及其工作人员。

3. 从事动物疫病研究的单位和个人

从事动物疫病研究的单位和个人指从事动物疫病研究的科研单位和大专院校等及其工作人员。

4. 从事动物诊疗的单位和个人

从事动物诊疗的单位和个人主要是指动物诊所、动物医院以及执业兽医师等。

5. 从事动物饲养的单位和个人

从事动物饲养的单位和个人是指饲养各种动物的单位和个人,包括养殖场、养殖小区、农村散养户以及饲养实验动物等。

6. 从事动物屠宰的单位和个人

从事动物屠宰的单位和个人指屠宰各种动物的场所及其工作人员。

7. 从事动物经营的单位和个人

从事动物经营的单位和个人是指在集市等场所从事动物经营的单位和个人。

8. 从事动物隔离的单位和个人

从事动物隔离的单位和个人是指开办出入境动物隔离场的经营人员。有的地方建有专门的外引动物隔离场,提供场地、设施、饲养及食宿等服务,如奶牛隔离场。隔离期内没有异常、检疫合格,畜主才能将畜禽运至自家饲养场。

9. 从事动物运输的单位和个人

从事动物运输的单位和个人包括公路、水路、铁路、航空等从事动物运输的单位和个人。

10. 责任报告人以外的其他单位和个人

责任报告人以外的其他单位和个人如果发现动物染疫或者疑似染疫的,也有报告动物疫情的义务,但该义务与责任报告人的义务不同,性质上属于举报,他们不承担不报告动物疫情的法律责任。

(二) 疫情报告管理

动物疫情由县级以上人民政府兽医主管部门认定,其中重大动物疫情由省、自治区、直辖市人民政府兽医主管部门认定,必要时报国务院兽医主管部门认定。国务院兽医主管部门负责向社会及时公布全国动物疫情,也可以根据需要授权省、自治区、直辖市人民政府兽医主管部门公布本行政区域内的动物疫情。未经授权,任何个人、组织或单位不得在任何地点、以任何方式公布动物疫情。

国务院兽医主管部门应当及时向国务院有关部门和军队有关部门以及省、自治区、直辖市人民政府兽医主管部门通报重大动物疫情的发生和处理情况;发生人畜共患传染病的,县级以上人民政府兽医主管部门与同级卫生主管部门应当及时相互通报。

国务院兽医主管部门应当依照我国缔结或者参加的条约、协定,及时向有关国际组织或者贸易方通报重大动物疫情的发生和处理情况。

最后,任何单位和个人不得瞒报、谎报、迟报、漏报动物疫情,不得授意他人瞒报、谎报、迟报动物疫情,不得阻碍他人报告动物疫情。由此引起的疫情扩散和造成损失的,按照有关法规追究当事人的责任,触犯刑法的交由司法部门处理。

(三) 疫情报告时限

动物疫情实行逐级上报制度。根据农业部制定的《动物疫情报告管理办法》,疫情报告时限的类型分为快报、月报和年报三种。县级、地级、省级动物防疫监督机构以及全国畜牧兽医总站建立四级疫情报告系统。国务院兽医行政管理部门在全国布设的动物疫情测报点(简称"国家测报点")直接向全国畜牧兽医总站报告。

1. 快报

快报是指以最快的速度将出现的重大动物疫情或疑似重大动物疫情上报至有关部

门,以便及时、有效地采取控制或消灭疫病的措施,从而最大限度地减少疫病造成的经济损失,保障人畜健康。

突然暴发下列动物疫病之一的,属重大动物疫情,必须快报:一类动物疫病或疑似一类动物疫病;新发现的动物疫病;已经消灭又发生的动物疫病;二类、三类或者其他动物疫病呈暴发性流行;国务院兽医行政管理部门确定的其他动物疫病。

当个人、单位发现含一类疫病在内的重大动物疫情或疑似重大动物疫情时,应当立即向当地动物卫生监督机构报告。县级动物卫生监督机构和国家测报点确认发现上述动物疫情后,应在24h之内快报至全国畜牧兽医总站,全国畜牧兽医总站应在12h内报国务院畜牧兽医行政管理部门。

重大动物疫情报告的内容包括:

(1)动物疫情发生的时间、地点;

(2)发病动物种类和数量、同群动物数量、免疫情况、死亡数、临床症状、病理变化、实验室诊断结果;

(3)流行病学和疫源追踪情况;

(4)已采取的控制措施;

(5)疫情报告的单位、负责人、报告人及联系方式。

2. 月报

月报采取逐级上报的形式,由县级动物卫生监督机构对辖区内当月发生的动物疫情,于下一个月5日前将疫情报告地(市)级动物卫生监督机构;地(市)级动物卫生监督机构于每月10日前报告省级动物卫生监督机构;省级动物卫生监督机构于每月15日前报全国畜牧兽医总站;全国畜牧兽医总站将汇总分析结果于每月20日前报国务院畜牧兽医行政管理部门。

3. 年报

年报即由县级动物卫生监督机构每年将辖区内上一年的动物疫情在1月10日前报告地(市)级动物卫生监督机构;地(市)级动物卫生监督机构在1月20日前报省级动物卫生监督机构;省级动物卫生监督机构在1月30日前报全国畜牧兽医总站;全国畜牧兽医总站将汇总分析结果于2月10日前报国务院畜牧兽医行政管理部门。

快报、月报和年报均要求做到迅速、全面、准确地进行疫情报告,这样才能使防疫部门及时掌握疫情,作出判断,迅速制订控制、消灭疫情的对策和措施。

**实践体验**

## 技能训练十一 疫情报告方法

【训练目标】 掌握动物疫情报告的程序和方法。

【训练形式】 案例讨论。分小组收集资料,讨论方案,小组代表讲解方案,上交书面材料。

【重点提示】 先认真阅读教材和相关资料,理解动物疫情报告的责任人、疫情报告的制度、流程和具体要求;再针对发生的疫病,写出大概方案;最后进行小组内讨论交流,互相补充。

一、疫情报告种类

(一)快报

1. 快报的适用条件

(1)一类或者疑似一类动物疫病。

(2)二类、三类或者其他动物疫病呈暴发性流行。

(3)新发现的动物疫情。

(4)已经消灭又发生的动物疫病。

2. 重大动物疫情的报告流程和时限

(1)逐级上报。

(2)报告时间。

(二)月报

(1)逐级上报。

(2)报告时间。

(三)年报

(1)逐级上报。

(2)报告时间。

二、疫情报告的形式和要求

1. 疫情报告形式

(1)报表、文字材料。

(2)互联网。

2. 报告内容

(1)疫情发生的时间、地点。

(2)染疫或疑似染疫动物的种类和数量、同群动物数量、免疫情况、死亡数量、临床症状、病理变化、诊断情况。

(3)流行病学和疫源地追踪情况。

(4)已采取的控制措施。

(5)疫情报告的单位、负责人、报告人及联系方式。

三、案例分析

某养殖户养鸡15 000羽,某日发生疫病,经养殖场主管兽医初步诊断为新城疫病毒感染。

(1)如果你是养殖场的场长,你认为此次疫情报告流程应该是怎样的?

(2)若你为该县的动物卫生防疫监督机构的工作人员,请模拟出具以上疫情的快报表。

【实习报告】

1. 根据实习内容画出疫情报告(快报、月报、年报)的流程图。
2. 根据案例写出疫情报告的内容。

【考核评价】 小组考核(表5-1),教师评价。

表5-1 项目考核评价表

项目名称_____    小组_____ 成员姓名_____

| 考核点 | 考核内容与评分标准 | 得分 | | |
|---|---|---|---|---|
| | | 小组评价 | 教师评价 | 综合得分 |
| 理论知识 | 疫情报告的种类和适用时间(5分) | | | |
| | 疫情报告的内容和方法(15分) | | | |
| 方案 | 方案的完整性(30分) | | | |
| | 方案的科学性(30分) | | | |
| | 文字表达和书面整洁(10分) | | | |
| 综合素质 | 小组协作表现(5分) | | | |
| | 沟通与表达能力(5分) | | | |
| 合 计 | (100分) | | | |

## 任务二 隔离动物

·知识目标·
1. 了解隔离、患病动物、可疑感染动物和假定健康动物的概念
2. 理解动物隔离的目的和意义
3. 掌握动物隔离的对象和方法

·技能目标·
1. 能根据受检动物种类给出正确隔离措施
2. 会隔离动物操作

 知识储备

### 一、隔离的概念和意义

隔离是指在动物检疫中将检出的疫病感染动物、疑似感染动物和病原携带动物,与健康动物在空间上隔开,并采取必要措施切断传播途径,以杜绝疫病的扩散。

该方法便于管理、消毒,中断流行过程,防止健康畜群继续受到传染,以便将疫情控制在最小范围内就地消灭,是控制扑灭疫情的重要措施之一。因此,在发生动物疫病流行时,首先要求能够迅速摸清疫病流行情况,包括感染的动物种类、数量及造成的经济损失等,其次运用临床诊断方法或进行必要的实验室诊断对发病动物进行检疫。

### 二、隔离的对象和方法

根据检疫结果,将全部受检动物分为患病动物、可疑感染动物和假定健康动物三类,以便区别对待。

（一）患病动物

患病动物包括在检疫中有典型症状、有类似症状或其他特殊检查呈阳性的动物。它们是危险性最大的传染源,随时可将病原体排出体外,污染外界环境(包括地面、空气、饲料甚至水源等)。把这些发病动物隔离于不易散布病原体且便于消毒的地方,如果患病动物的数量过多,可以在原房舍进行隔离。通过专人饲养和管理,加强护理,严格对污染的环境和污染物消毒,搞好畜舍卫生,同时在隔离场所内禁止闲杂人员出入。隔离场所内的

用具、饲料、粪便等未经消毒不能运出。隔离时间依据该病的传染期而定。对隔离区内的动物,可根据其疫病情况对发病动物进行治疗或扑杀。

### (二)可疑感染动物

可疑感染动物是指在检疫中未发现任何临床症状,但与病畜或其污染的环境有过密切接触的动物,如与病畜同群、同圈、同槽、同牧、同用具的动物等。这些可疑感染动物有可能处于疫病的潜伏期,具有向体外排出病原体的可能性。因此,对可疑感染动物,应经消毒后另选地方隔离,限制活动,详细观察,及时再分类。若出现症状者立即按发病动物处理;若经过该病一个最长潜伏期仍无症状者,可及时取消限制,并转为假定健康动物群。隔离期间,检疫人员在密切观察被检动物的同时,要做好防疫工作,如对人员出入隔离场要严格控制,防止因检疫而扩散疫情。

### (三)假定健康动物

假定健康动物指虽然处于疫区,但无任何症状又与发病动物无明显接触的易感动物。疫区内除患病动物和可疑感染动物这两类外,其他易感动物都属于此类。对这类动物应限制其活动范围并采取保护措施,严格与上述两类动物分开饲养管理,并进行紧急免疫接种或药物预防,同时注意加强防疫卫生消毒措施,如定期对养殖场、畜舍及养殖场周边环境进行消毒,在出入养殖场门口处设置消毒池(槽)等。

# 任务三 封锁疫区

· 知识目标 ·

1. 了解封锁、疫点、疫区、受威胁区和非疫区的概念
2. 理解封锁区划分的依据和方法
3. 掌握疫区封锁的具体措施
4. 掌握解除封锁的条件

· 技能目标 ·

1. 能正确执行封锁
2. 能根据要求准确划分封锁区
3. 能合理进行封锁区内疫病控制

**知识储备**

## 一、封锁的概念

封锁是指当发生某些重要动物疫病时,在隔离的基础上,针对疫源地采取的封闭措施,防止疫病由疫区向安全区扩散。因此,做好封锁工作,也是控制疫情的重要措施之一。

## 二、封锁的对象

《中华人民共和国动物防疫法》第四章规定,封锁只适用于以下情况:①发生一类动物疫病时;②当地新发现的动物疫病呈暴发性流行时;③二类、三类动物疫病呈暴发性流行时。除上述情况外,不得随意采取封锁措施。因此,发生一类疫病,或当地新发现的疫病以及二类、三类疫病暴发性流行时,必须进行封锁。

## 三、封锁的程序

封锁的程序原则上由县级以上地方人民政府发布和解除封锁令。疫情发生在县(市、区)级范围内的,由县(市、区)级兽医主管部门立即派人到现场,划定疫点、疫区、受威胁区,调查疫源,封锁范围,报请同级人民政府对疫区实施封锁,并将疫情等情况逐级上报国务院畜牧兽医行政管理部门,通报毗邻地区有关部门。疫区涉及两个以上行政区时,由有关行政区域共同的上一级人民政府决定对疫区实行封锁,或者由各有关行政区域的上一级人民政府共同决定对疫区实行封锁。

## 四、封锁区的划分

为扑灭疫病采取封锁措施而划出的一定区域,称为封锁区。封锁区的划分,应根据该病的流行规律、当时的流行特点、动物分布、地理环境、居民点以及交通条件等具体情况,来确定疫点、疫区和受威胁区。疫点、疫区、受威胁区的范围,由畜牧兽医行政管理部门根据规定和扑灭疫情的实际需要划定,其他任何单位和个人均无此权力。

### (一) 疫点

疫点指经国家指定的检测部门检测并确诊发病的畜禽所在地点,如发生了一类传染病疫情的养殖场(户)、养殖小区或其他有关的屠宰加工、经营单位。如果为农村散养,则应将病畜禽所在的自然村划为疫点;放牧的动物以患病动物所在的牧场及其活动场所为疫点;动物在运输过程中发生疫情,以运载动物的车、船、飞行器等为疫点;在市场发生疫情,则以患病动物所在市场为疫点。

(二)疫区

疫区指以疫点为中心,半径3km内的区域。疫区的范围比疫点大,一般是指有某种传染病正在流行的地区。其范围除病畜禽所在的畜牧场、自然村外,还包括病畜禽发病前(在该病的最长潜伏期内)后所活动过的地区。疫区划分时应该注意考虑当地的饲养环境和天然屏障,如河流、山脉等。

(三)受威胁区

受威胁区指疫区周围一定范围内可能会受疫病传染的地区,一般指疫区外延5km范围内的区域,如发生高致病性禽流感、猪瘟和新城疫等疫情。但不同的动物疫病病种,其划定的受威胁区范围也不相同,如口蹄疫受威胁区的外延半径就应为10km。

(四)非疫区

经动物防疫部门实行严格的疫病监测,有定期的疫情报告,确认在3~5km半径内,至少21天未发生国家规定的重大动物疫病,那么,该区域可认定为非疫区。

## 五、封锁的执行

执行封锁时应掌握"早、快、严、小"的原则,即发现疫情时报告和执行封锁要早,行动要快,封锁措施要严格,封锁范围要小。

## 六、封锁区应采取的控制措施

1. 封锁采取的措施

封锁区的边缘设立明显标记,指明绕道路线,设置监督哨卡,禁止易感动物通过封锁线,在必要的交通路口设立检疫消毒站,对必须通过的车辆、人员和非易感动物进行消毒。

2. 疫点内应采取的措施

(1)扑杀疫点内所有的患病动物(高致病性禽流感为疫点内所有禽只,口蹄疫为疫点内所有病畜及同群易感动物,猪瘟为所有病猪和带毒猪,新城疫为所有的病禽和同群禽只),销毁所有病死动物、被扑杀动物及其产品。

(2)对动物的排泄物以及被污染饲料、垫料、污水等进行无害化处理。

(3)对被污染的物品、交通工具、用具、饲养场所、场地等进行彻底消毒。

(4)对发病期间及发病前一定时间内(高致病性禽流感为发病前21天,口蹄疫为发病前14天)售出的动物及易感动物进行追踪,并做扑杀和无害化处理。

3. 疫区内应采取的措施

(1)在疫区周围设置警示标志,禁止易感动物进出和易感动物产品运出。

(2) 在出入疫区的交通路口设置动物检疫消毒站,对出入的人员和车辆进行消毒。

(3) 关闭动物及动物产品交易市场,禁止易感动物、动物产品的经营或者流动。

(4) 对易感动物进行监测,并实施紧急免疫接种。

(5) 对易感动物实行圈养或者在指定地点放养,役用动物限制在疫区内使役。

(6) 对动物圈舍、动物排泄物、垫料、污水和其他可能受污染的物品、场地,进行消毒或无害化处理。

4. 受威胁区应采取的措施

对受威胁区主要是以预防为主,主要有以下两个方面:

(1) 对易感动物进行监测,密切注意来自解除封锁区的动物及动物产品。

(2) 对易感动物进行紧急免疫接种,建立免疫带;易感动物不进入疫区,禁止饮用疫区流出的水等。

## 七、解除封锁

《中华人民共和国动物防疫法》第三十三条规定:"疫点、疫区、受威胁区的撤销和疫区封锁的解除,按照国务院兽医主管部门规定的标准和程序评估后,由原决定机关决定并宣布。"由于动物疫病的潜伏期不尽相同,农业部于2007年发布了《关于印发〈高致病性禽流感防治技术规范〉等14个动物疫病防治技术规范的通知》,对撤销疫点、疫区、受威胁区的条件和解除疫区封锁作出了具体规定。

一般而言,疫区(点)内最后一头患病动物扑杀或痊愈后,经过该病一个最长潜伏期的观察、检测,未再出现患病动物时,经过终末消毒,由上级或当地动物卫生监督机构和动物疫病预防控制机构评估审验合格后,由当地兽医主管部门提出解除封锁的申请,由原发布封锁令的人民政府宣布解除封锁的同时通报毗邻地区和有关部门。疫点、疫区、受威胁区的撤销,由当地兽医主管部门按照农业部规定的条件和程序执行。疫区解除封锁后,要继续对该区域进行疫情监测,如高致病性禽流感疫区解除封锁后6个月内未发现新病例,即可宣布该次疫情被扑灭。

## 任务四　处理染疫动物

· 知识目标 ·

1. 了解扑杀、无害化处理的概念
2. 理解扑杀方法选择的依据
3. 了解常用扑杀方法的种类及其适用性
4. 掌握各种扑杀及无害化处理的具体措施

· 技能目标 ·

1. 能根据染疫动物的具体情况选择合适的扑杀方法或者无害化处理的方法
2. 能灵活运用各种扑杀方法

　**知识储备**

### 一、扑杀

扑杀是指将感染疫病的动物（有时包括可疑感染动物）全部杀死并进行无害化处理，以彻底消灭传染源和切断传染途径。

（一）扑杀的原则

能够及时、彻底地消灭传染源的有效手段是扑杀发病动物和可疑感染动物，但不是把检疫中发现的传染病病畜全都扑杀，而是遵循一定的原则：

（1）检疫中发现的危害较大、过去没有发生过、新的传染病病畜禽，应予扑杀。

（2）对周围人畜有严重威胁的烈性传染病病畜禽，应予扑杀。

（3）该传染病和病畜禽无有效疗法，予以扑杀；对畜禽的治疗、运输等有关费用，超出畜禽本身价值者，予以扑杀。

（4）在对发病动物或对可疑感染动物进行治疗或隔离观察期间，周围环境或其他易感动物都易受到其传染威胁的病畜禽，应予扑杀。

（5）在疫区解除封锁前，或某地区、某国消灭某种传染病时，为了尽快拔除疫点，也可将带病原的或检疫呈阳性的动物进行扑杀。

（6）对某些慢性传染病，如结核病、布鲁氏菌病、鸡白痢等，应每年定期进行检疫。为了消灭这些疾病，必须将每次检疫呈阳性的动物予以扑杀。

**（二）扑杀的方法**

在动物检疫工作中,应该选择简单易行、干净彻底、低成本的无血扑杀方法。

1. 扑杀方法的选择

（1）根据动物的种类和疫病诊断的需要选择合适的扑杀方法。例如,对于患狂犬病、疑似狂犬病以及疑似患海绵状脑病或痒病的动物,应当采用枪击心脏的方法扑杀,以保护大脑的完整性,便于后续进行病理诊断。

（2）扑杀方法选择不当,会影响染疫动物处理的速度。活体染疫动物因未及时扑杀会继续产生和散播病原体,从而增加疫病传播的机会。

（3）扑杀方法选择不当,在动物未完全死亡时处理,不符合国际动物福利要求,会引起动物保护人士的不满和抗议。

2. 扑杀的方法

（1）钝击法：费时费力,污染性大,不宜采用。

（2）放血法：对猪、羊比较适用,但要做好血液处理工作,防止造成污染。

（3）毒药灌服法：可以杀死病畜又可以杀灭病菌,但使用的药物毒性较大,要固定专人保管。

（4）注射法：保定比较困难,要有专业的人员操作,如心脏注射氯化钾等。

（5）电击法：比较经济适用,特别是对保定困难的大动物,但该方法具有危险性,需要操作人员注意自身保护。

（6）轻武器击毙法：具有潜在危险,不适于在现场人多的情况下使用。在实际工作中,应根据具体情况具体对待。

（7）扭颈法：扑杀量较小时采用。根据禽只大小,一只手握住头部,另一只手握住体部,朝相反方向扭转拉伸。

（8）窒息法（二氧化碳法）：二氧化碳致死疫禽是世界动物卫生组织推荐的人道扑杀方法。先将待扑杀禽装入袋中,置入密封车或其他密封容器,通入二氧化碳窒息致死；或将禽装入密封袋中,通入二氧化碳窒息致死。该方法具有安全、无二次污染、劳动量小、成本低廉等特点,在禽流感防控工作中是非常有效的。

值得注意的是,上述扑杀方法仅适用于小规模的染疫动物群及其产品的处置,如涉及大规模的动物群体,则需参照国内外的做法,即借助非常规手段,直至出动部队及使用军事装备等。

另外,对非重大疫情的发病动物也可以采取治疗的措施。治疗病畜禽是指对可以救治的病畜禽进行治疗。由于不同疫病各有特点,特别是传染病不同于一般疾病,因此治疗疫病时应注意：不能造成疫病传播,必须在严密隔离的条件下进行治疗；尽可能早治,消除病原体的致病作用与增强机体的抵抗力相结合;用药治疗因地制宜,成本合理。

## 二、无害化处理

无害化处理是指用物理、化学或生物学等方法处理带有或疑似带有病原体的动物尸体、动物产品或其他物品,达到消灭传染源,切断传染途径,破坏毒素,保障人畜健康安全的目的。

（一）销毁

1. 焚化、焚烧

焚化、焚烧是指把整个尸体或病变部分和内脏投入焚化炉中烧毁炭化。疫区附近有大型焚尸炉的,可采用焚化的方法;处理的尸体和污染物量小的,可以挖1.5m深的坑,浇油焚烧。

2. 湿法化制

湿法化制是利用湿化机,将整个尸体投入化制(熬制工业用油)。

（二）化制

利用干化机将整个尸体或肉尸和内脏分类,分别投入化制,亦可使用(一)中的湿法化制。

（三）高温处理

1. 高压蒸煮

把肉尸切成重不超过2kg,厚不超过8cm的肉块,放在密闭的高压锅内,在112kPa的压力下蒸煮1.5~2h。

2. 一般煮沸

将肉尸切成上述规定大小的肉块,放在普通锅内煮沸2~2.5h(从水沸腾时算起)。

（四）掩埋

2004年2月和6月出台的《高致病性禽流感疫情处置技术规范》和《牲畜口蹄疫防治技术规范》的法规性文件,对扑杀的动物采用掩埋无害化处理作了有关规定。

（五）发酵

1. 发酵法

发酵法是将尸体抛入专门的尸体坑内,利用生物热的方法将尸体发酵分解,以达到消毒的目的。

2. 专门的尸体坑

专门的尸体坑称为贝卡里氏建筑。贝卡里氏建筑应选择远离住宅、农牧场、草原、水源及道路的僻静地方。

**3. 腐败分解**

经 3~5 个月后,尸体完全腐败分解,此时可以挖出做肥料。

 扩展阅读

## 尸体掩埋法

(一)尸体的运送

1. 对工作人员的要求

尸体运送前,应穿戴工作服、口罩、风镜、胶鞋及手套。

2. 对车辆的要求

尸体的运送应使用特制的运尸车。

3. 对动物尸体的要求

装车前应将尸体各天然孔用蘸有消毒液的湿纱布、棉花严密填塞;小动物和禽类可用塑料袋盛装,以免流出粪便、分泌物、血液等污染周围环境。

4. 消毒要求

运送过尸体的用具、车辆应严加消毒,工作人员用过的手套、衣物及胶鞋等亦应进行消毒。

(二)掩埋的位置

掩埋处必须远离水源、水井及水渠 30m,远离堤坝 4.5m,掩埋处的土壤渗透性要低。掩埋点不能设置在水沟、峡谷、下水道或排水口附近。掩埋坑的大小应根据死亡动物尸体的数量、死亡动物的类型和尸体的重量来定,一般不小于动物总体积的 2 倍。若因地质原因不能在一个坑中掩埋,可另外在相隔至少 1m 以外的地方挖掘掩埋点。死亡动物必须掩埋在地面以下 1~2.5m 的土层区域,覆盖的土层厚度不少于 1m,并且高出周边地面 0.5m 左右。

(三)掩埋的方式

死亡动物视情况可进行单独掩埋、集中掩埋。

1. 单独掩埋

死亡的宠物通常采取浅坑掩埋的方式,掩埋坑约 1m 深,长度不限(图 5-1);对于大型的死亡动物,如牛或马,掩埋时要挖 2m 宽,2~2.5m 深的坑,进行深层掩埋(图 5-2)。

图 5-1 小型掩埋坑的结构图(长度不限)

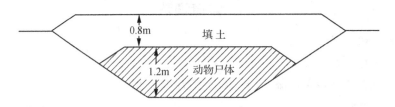

图 5-2 大型动物掩埋坑的结构图

2. 集中掩埋

大量的动物尸体需要集中掩埋,掩埋坑底土壤的渗透性要低。掩埋坑的顶盖要用坚固的材料制作,以防老鼠、昆虫或其他寄生虫的进入和腐臭气味的流出。

掩埋时,坑底铺垫生石灰,先用漂白粉对尸体进行消毒,漂白粉按 $20\sim40g/m^2$ 的量洒盖在动物尸体上,动物尸体分 3~4 层进行隔层掩埋,每掩埋一层,就铺上相同厚度的沙土。小动物(家禽、仔猪等)每层高约 0.3m,掩埋后要铺上 0.3m 以上厚度的沙土层。大动物(成年猪和牛等)则单独放一层,每掩埋一层,至少铺 0.5m 厚的沙土层;掩埋坑总深度不超过 2.5m;掩埋坑掩埋后必须用含沙土或黏土封盖 1m。掩埋坑的结构见图 5-3 和图 5-4。

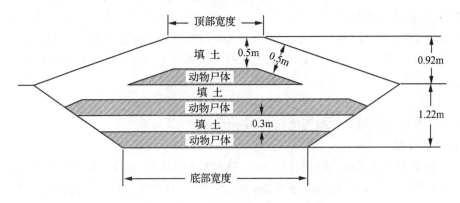

图 5-3 大型深埋坑的结构图(小动物)

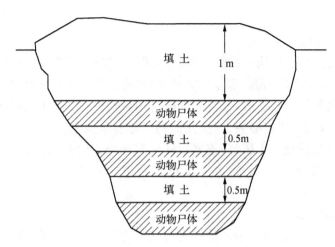

图 5-4 大型深埋坑的结构图（大动物）

（四）尸体处理过程中工作人员的自身防护

在清理大量尸体时，可能接触多量的尸体腐败物质，需佩戴用活性炭过滤的防毒口罩。接触尸体的手要戴手套，特别要注意防止手部外伤，以免沾有细菌毒素引起中毒。进行清理尸体操作后及饭前必须认真洗手。另外，清理尸体的工作人员，为防厌氧创伤感染（如破伤风、气性坏疽等），必要时可接种免疫血清。

在进行大量尸体掩埋时，若人员入坑进行尸体整理，须警惕坍塌的危险。

（五）做标志

掩埋后要设立明显标志。

（六）环保要求

以上处理应符合环保要求，所涉及的运输、装卸等环节要避免洒漏，运输装卸工具要彻底消毒。

**实践体验**

### 技能训练十二　染疫动物尸体无害化处理

【训练目标】　掌握动物检疫后尸体运送和处理的方法。

【所需材料】　病死动物若干头（鸡、鸭、羊、猪等）、运尸车、纱布、大铁锅、工作服、工作帽、胶鞋、手套、口罩、风镜、塑料袋、消毒液及消毒器、石灰、铁锨等工具。

**【操作步骤】**

（一）尸体的运送

参加运送尸体的人员，均应穿戴工作服、工作帽、胶鞋、手套、口罩、风镜。运送尸体和病害动物产品应采用密闭的、不漏水的车，最好是车内壁钉有铁皮的特制运尸车。尸体装车前，车厢底部铺一层石灰，并应先用蘸有消毒液的湿纱布堵塞尸体的天然孔，小型动物和禽类可以用塑料袋盛装，防止流出的分泌物和排泄物等污染周围环境。尸体装车时，把尸体躺过的地表土铲起，连同尸体一起运走，并用消毒液喷洒地面。装运过尸体的车辆、用具都应严格消毒，参运人员被污染的衣物、手套和胶鞋等，亦应进行消毒。

（二）高温煮熟处理法

将肉尸分割成重2kg、厚约8cm的肉块，放在大铁锅内（有条件的可用蒸汽锅），煮沸2~2.5h，煮到猪的深层肌肉切开为灰白色，牛的深层肌肉为灰色，肉汁无血色时即可。适用对象为猪肺疫、结核病、弓形虫病等。

（三）化制处理法

（1）土灶炼制：先在锅内放入1/3的清水煮沸，再加入需化制的脂肪和肥膘小块，边搅拌边将浮油撇出，最后剩下渣子，用压榨机压出油渣内的油脂。这种方法对患有烈性传染病的患病动物肉尸不适用。

（2）湿炼法：用湿压机或高压锅炼制患病动物的肉尸和废弃物。用这种方法可以处理患烈性传染病的动物肉尸。

（3）干炼法：将肉尸切割成小块，放入卧式带搅拌器的夹层真空锅内，蒸汽通过夹层，使锅内压力增高，升至一定温度，以破坏炼制物结构，使脂肪液化从肉中析出，同时也可杀灭细菌。本法适用于炭疽、口蹄疫、猪瘟、布鲁氏菌病等病畜禽肉尸的处理。

（四）掩埋

选择远离住宅、道路、放牧地、池塘、河流等地下水位低、土质干燥的地方，挖一个长2m、宽1.5m、深2~2.5m的坑，先向坑内撒布一层2cm厚的新鲜石灰，尸体投入后，再撒一层石灰，然后用土掩埋夯实。

（五）尸体焚烧法

将患病动物的尸体、内脏、病变部分投入焚化炉中烧毁炭化，也可在地面挖一长2m、宽1m、深0.6m的坑，将挖出的土堆在坑的四周成为土埂，坑内装满木柴。在坑口放上3根用水泡湿的横木，将尸体放在横木上，在尸体和木柴上浇柴油点燃，直至将尸体烧成黑炭为止，最后就地埋在坑内。本法适用于对国家规定的烈性传染病的处理。

（六）发酵法

这种方法是将尸体抛入专门的尸体坑内，利用生物热的方法将尸体发酵分解，以达到消毒的目的。本方法应选择远离住宅、农牧场、草原、水源及道路的僻静地方。尸坑为圆井形，深9～10m，直径3m，坑壁及坑底用不透水材料做成（多用水泥）。坑口高出地面约3m，坑口有木盖。

（七）消毒

该法适用于除了上述销毁的适用对象以外的其他疫病染疫动物的生皮、原毛以及未经加工的蹄、骨、角、绒。

（1）高温处理法：将肉尸作高温处理时剔出的蹄、骨和角，放入高压锅内蒸煮至脱胶或脱脂时止。该法适用于染疫动物蹄、骨和角的处理。

（2）盐酸食盐溶液消毒法：用2.5%盐酸溶液和15%食盐水溶液等量混合，将皮张浸泡在此溶液中，并使溶液温度保持在30℃左右，浸泡40h，1m$^2$皮张用10L消毒液，浸泡后捞出沥干，放入2%氢氧化钠溶液中，以中和皮张上的盐酸，再用水冲洗后晾干。也可按100mL 25%食盐水溶液中加入盐酸1mL配制消毒液，在室温15℃条件下浸泡48h，皮张与消毒液之比为1:4。浸泡后捞出沥干，再放入1%氢氧化钠溶液中浸泡，以中和皮张上的盐酸，再用水冲洗后晾干。该法适用于被病原微生物污染或可疑被污染及一般染疫动物的皮毛消毒。

（3）过氧乙酸消毒法：将皮毛放入新鲜配制的2%过氧乙酸溶液中浸泡30min，捞出，用水冲洗后晾干。该法适用于任何染疫动物的皮毛消毒。

（4）碱盐液浸泡消毒：将病皮浸入5%碱盐液（饱和盐水内加5%氢氧化钠溶液）中，室温（18℃～25℃）浸泡24h，并随时加以搅拌，然后取出挂起，待碱盐液流净，放入5%盐酸液内浸泡，使皮上的碱中和，捞出，用水冲洗后晾干。该法适用于被病原微生物污染的皮毛消毒。

（5）煮沸消毒法：将鬃毛于沸水中煮2～2.5h。该法适用于染疫动物鬃毛的处理。

【考核评价】 小组考核，教师评价（表5-2）。

表 5-2　项目考核评价表

项目名称_____　　　　　　　　　小组_____　成员姓名_____

| 考核点 | 考核内容与评分标准 | 得分 | | |
|---|---|---|---|---|
| | | 小组评价（A） | 教师评价（B） | 综合得分（40% A + 60% B） |
| 理论知识 | 什么叫无害化处理,有什么意义(5分) | | | |
| | 无害化处理的方法有哪些(10分) | | | |
| 操作考核 | 尸体运送的方法(10分) | | | |
| | 根据不同动物的实际情况选择合适的处理方法(5分) | | | |
| | 根据各种方法选择合适的工具(5分) | | | |
| | 掩埋的地点和方法(15分) | | | |
| | 高温煮沸处理(10分) | | | |
| | 尸体焚烧(10分) | | | |
| | 发酵的方法(10分) | | | |
| | 运尸车、材料工具、动物产品的消毒(10分) | | | |
| 综合素质 | 团结协作(5分) | | | |
| | 安全防范(5分) | | | |
| 合　计 | (100分) | | | |

【实习报告】　根据病死动物无害化处理的实际操作过程写出报告。

## 复习思考题

1. 疫情报告在重大动物疫病处理中有何意义?
2. 重大动物疫情报告应包括哪些内容?
3. 隔离和封锁在实际扑灭传染病措施中有何作用?
4. 封锁时应遵守的原则是什么?
5. 解除封锁的条件是什么?

# 项目六 主要动检对象的检疫

 **项目概述**

　　动检对象,即动物检疫的对象,就是根据我国相关的法律规定,对国际、国内存在的对我国畜牧业和人民生命健康构成较大威胁的,必须报告、检查和监控的重要动物疫病。我国根据这类疫病的危害程度,将其分为三个类别,即一类动物疫病、二类动物疫病和三类动物疫病。我国分别于1992年、1998年和2005年颁布实施了《中华人民共和国进出境动植物检疫法》、《中华人民共和国动物防疫法》和《重大动物疫情应急条例》,对这些动物疫病的检疫和处理都有明确规定。

　　本项目是检疫中关键的部分,通过本项目的学习和演练,能够认识相关动物疫病的特征,了解其发生发展的规律,掌握检疫和处理的方法。

## 任务一　口蹄疫的检疫

· 知识目标 ·
1. 了解口蹄疫的流行病学特点、主要的临床症状和病理变化
2. 理解诊断口蹄疫的一般方法和一般程序

· 技能目标 ·
1. 能识别口蹄疫的一般特征
2. 能采集口蹄疫的病料
3. 学会区别口蹄疫与猪水疱病的一般方法

**知识储备**

口蹄疫为世界动物卫生组织(OIE)所列出的 15 个必须报告的 A 类动物传染病之一，也是我国所规定的 17 种一类动物疫病之首。由口蹄疫病毒引起的偶蹄动物的急性、热性、高度接触性传染病，其特征是在口腔黏膜、蹄部和乳房部皮肤发生水疱和溃疡。本病传播迅速，感染和发病率高。虽然本病在成年动物中病死率不高，但常引起大规模流行，而且还可以传染人，对畜牧业和人类健康可产生严重的冲击和巨大危害，是动物疫病中应该重点监控的对象之一。

## 一、临诊要点

（一）流行病学特点

该病主要侵害偶蹄动物，以牛为最易感，猪次之，再次为绵羊、山羊和骆驼。我国流行的口蹄疫主要为 O、A、C 三型，其中猪主要为 O 型、牛为 O 型和 A 型。该病多于秋季末至春季末、气温较低季节流行，夏季发病较少。本病传染性强、传播快，易造成大流行，发病率高，成年动物死亡率低，幼年动物死亡率高。

（二）临床症状

各动物发病后症状基本相似，表现为发热、局部水泡及溃烂。本病一般为良性经过，除幼畜因心肌炎死亡外，多数病畜能康复。

1. 牛

体温升高到 40℃~41℃，精神沉郁，反刍停止，流涎和不断咂嘴，张口发出吸吮声。手触口腔可感觉较高的口温。发水疱是本病的特征，在口唇内面、舌面、齿龈和颊部黏膜以及蹄部柔软部皮肤上，发生大小不一的水疱，小如米粒，大如鸽蛋，有的相互融合形成更大的水疱，内含清亮液体。水疱多于一昼夜破溃，形成边缘整齐、底面浅平的红色烂斑。病牛走路困难、跛行，严重的蹄部溃烂、蹄壳脱落。犊牛水疱不明显，主要表现为出血性胃肠炎和急性心肌炎，病死率较高。

2. 猪

病初体温升高，精神委顿。水疱主要发生于蹄部，在蹄冠、蹄踵和蹄叉的软组织均可发生水疱，水疱小的如针尖，大的有鸽蛋大，

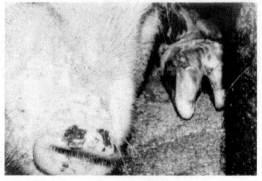
**图 6-1　口蹄疫**

有的许多水疱相连使蹄冠一圈鼓为一个大水疱。水疱也可发生在鼻镜、吻突和口唇上。由于蹄部发水疱,猪常伏卧或行动困难,可见到猪屈着跗关节走路。水疱2~3天破溃,破溃处出血、溃疡,严重的蹄壳脱落(图6-1)。

随着水疱的破溃,猪体温降到正常,若无细菌继发感染,患猪可慢慢痊愈。仔猪常常因发生急性胃肠炎和心肌炎而死亡,病死率较高。

3. 羊

发病较少,特别是绵羊较为少见。山羊的临床表现与牛相似,多呈弥漫性口膜炎,水疱发生于硬腭和舌面,羔羊有时发生出血性胃肠炎,常因心肌炎而死亡。

4. 其他

骆驼和鹿也可发病,其症状与牛相似。

(三)病理变化

患畜除口腔、蹄部、乳房皮肤有水疱和溃疡外,咽喉、气管、支气管和前胃黏膜有时也有水疱和溃疡。真胃、肠黏膜呈出血性炎症变化。心肌松软,表现为切面有灰白色或淡黄色的斑点或条纹,似老虎身上的条纹,称为"虎斑心",具有特征的诊断意义(图6-2)。

图6-2 口蹄疫心肌松弛、心肌条纹

## 二、猪水疱病与口蹄疫的异同

猪水疱病在临床上与口蹄疫极为相似,是世界动物卫生组织(OIE)所列出的15个必须报告的A类动物传染病之一,也是我国所规定的17种一类动物疫病之一。

(一)流行病学特点

猪水疱病仅发生于猪,不同品种、年龄的猪均可感染。本病传播速度快,发病率高,但病死率低,最常流行于高度集中、调运频繁的猪群中,散养条件下极少发生流行。该病一年四季均可发生,但寒冷季节多发。

(二)临床症状

临床上可分为典型型、温和型和隐性型三种。温和型只有少数猪发生少量的水疱,且传播较慢,不易察觉。隐性型不表现症状,只有在抗体检测时才能发现。

典型的水疱病与猪口蹄疫相似,病猪体温升高到40℃~41℃,精神沉郁,食欲减退。蹄部肿胀、敏感、疼痛,不久主趾和附趾的蹄冠、蹄踵、蹄叉出现大小不一的水疱,水疱可融合扩大,1~2天后水疱破溃形成糜烂,严重者蹄壳脱落,水疱破溃后体温降至正常;病猪卧地不起,跛行。水疱还见于鼻端、口腔、舌面和母猪乳头上。1~2周后逐渐康复,蹄壳脱落者需要较长时间才能修复。成年猪很少死亡，初生仔猪病死率要高些。

（三）病理变化

病变较口蹄疫轻，个别死亡猪的心内膜有条状出血斑，其他器官无明显病理变化。

## 三、实验室检验

无菌采集水疱皮、水疱液，也可采集高热期的血液作为检样，进行病毒的分离与鉴定及其他实验室检查。

（一）实验动物接种

本试验主要用以区分口蹄疫与猪水疱病。将血液、水疱液或水疱皮的PBS浸出液加入1 000 IU/mL的青霉素、链霉素处理后，分别接种于1~2日龄小鼠和7~9日龄小鼠，接种后观察其死亡情况。若1~2日龄小鼠和7~9日龄小鼠都发病死亡，可诊断为口蹄疫，如仅1~2日龄小鼠发病死亡，则为猪水疱病。

（二）补体结合试验

取水疱皮浸出液或水疱液作抗原，以标准阳性血清作补体结合试验检测病毒，并进行血清型定型。

（三）反向间接血凝试验

取水疱皮浸出液或水疱液作抗原，以黏附于动物红细胞上的口蹄疫特定型的抗体进行试验，可定性和定型。

另外，根据实验室条件可选用双抗体夹心酶联免疫吸附试验、反转录-聚合酶链反应（RT-PCR）试验、免疫层析快速诊断试纸条等检测技术进行诊断。

## 四、检疫后处理

（1）一旦发现口蹄疫疫情，应按照《动物防疫法》和《重大动物疫情应急条例》的有关规定，立即上报，并尽快组织力量确诊。

（2）划定疫点、疫区，本着"早、快、严、小"的原则，迅速采取封锁、隔离、消毒的综合措施。严格封锁疫点、疫区，消灭疫源，杜绝散播。及时扑杀病畜和同群畜，并进行尸体无害化处理，对污染的场所、器具用2%氢氧化钠溶液消毒。对疫区和受威胁区内未发病动物进行紧急免疫接种，建立坚强的防疫带。

（3）在最后扑杀一例病畜后14天内不出现新的病例，经全面消毒以及动物卫生监督机构审验合格后，由当地畜牧兽医行政管理部门向发布封锁令的人民政府申请解除封锁。

（4）猪水疱病的处置参照口蹄疫。

**扩展阅读**

## 一、二、三类动物疫病病种名录

动物疫病的种类很多,动物检疫并不是把所有的疫病都作为检疫对象,动检对象是由政府规定和定期发布的。农业部于 2008 年 12 月 11 日发布第 1125 号公告,公布了以下三大类动物疫病病种名录。

1. 一类动物疫病(17 种)

口蹄疫、猪水疱病、猪瘟、非洲猪瘟、高致病性猪蓝耳病、非洲马瘟、牛瘟、牛传染性胸膜肺炎、牛海绵状脑病、痒病、蓝舌病、小反刍兽疫、绵羊痘和山羊痘、高致病性禽流感、新城疫、鲤春病毒血症、白斑综合征。

2. 二类动物疫病(77 种)

(1) 多种动物共患病(9 种):狂犬病、布鲁氏菌病、炭疽、伪狂犬病、产气荚膜梭菌病、副结核病、弓形虫病、棘球蚴病、钩端螺旋体病。

(2) 牛病(8 种):牛结核病、牛传染性鼻气管炎、牛恶性卡他热、牛白血病、牛出血性败血病、牛梨形虫病(牛焦虫病)、牛锥虫病、日本血吸虫病。

(3) 绵羊和山羊病(2 种):山羊关节炎脑炎、梅迪-维斯纳病。

(4) 猪病(12 种):猪繁殖与呼吸综合征(经典猪蓝耳病)、猪乙型脑炎、猪细小病毒病、猪丹毒、猪肺疫、猪链球菌病、猪传染性萎缩性鼻炎、猪支原体肺炎、旋毛虫病、猪囊尾蚴病、猪圆环病毒病、副猪嗜血杆菌病。

(5) 马病(5 种):马传染性贫血、马流行性淋巴管炎、马鼻疽、马巴贝斯虫病、伊氏锥虫病。

(6) 禽病(18 种):鸡传染性喉气管炎、鸡传染性支气管炎、传染性法氏囊病、马立克病、产蛋下降综合征、禽白血病、禽痘、鸭瘟、鸭病毒性肝炎、鸭浆膜炎、小鹅瘟、禽霍乱、鸡白痢、禽伤寒、鸡败血支原体感染、鸡球虫病、低致病性禽流感、禽网状内皮组织增殖症。

(7) 兔病(4 种):兔病毒性出血病、兔黏液瘤病、野兔热、兔球虫病。

(8) 蜜蜂病(2 种):美洲幼虫腐臭病、欧洲幼虫腐臭病。

(9) 鱼类病(11 种):草鱼出血病、传染性脾肾坏死病、锦鲤疱疹病毒病、刺激隐核虫病、淡水鱼细菌性败血症、病毒性神经坏死病、流行性造血器官坏死病、斑点叉尾鮰病毒病、传染性造血器官坏死病、病毒性出血性败血症、流行性溃疡综合征。

(10) 甲壳类病(6 种):桃拉综合征、黄头病、罗氏沼虾白尾病、对虾杆状病毒病、传性皮下和造血器官坏死病、传染性肌肉坏死病。

3. 三类动物疫病(63 种)

(1) 多种动物共患病(8 种)：大肠杆菌病、李氏杆菌病、类鼻疽、放线菌病、肝片吸虫病、丝虫病、附红细胞体病、Q 热。

(2) 牛病(5 种)：牛流行热、牛病毒性腹泻/黏膜病、牛生殖器弯曲杆菌病、毛滴虫病、牛皮蝇蛆病。

(3) 绵羊和山羊病(6 种)：肺腺瘤病、传染性脓疱、羊肠毒血症、干酪性淋巴结炎、绵羊疥癣、绵羊地方性流产。

(4) 马病(5 种)：马流行性感冒、马腺疫、马鼻腔肺炎、溃疡性淋巴管炎、马媾疫。

(5) 猪病(4 种)：猪传染性胃肠炎、猪流行性感冒、猪副伤寒、猪密螺旋体痢疾。

(6) 禽病(4 种)：鸡病毒性关节炎、禽传染性脑脊髓炎、传染性鼻炎、禽结核病。

(7) 蚕、蜂病(7 种)：蚕型多角体病、蚕白僵病、蜂螨病、瓦螨病、亮热厉螨病、蜜蜂孢子虫病、白垩病。

(8) 犬猫等动物病(7 种)：水貂阿留申病、水貂病毒性肠炎、犬瘟热、犬细小病毒病、犬传染性肝炎、猫泛白细胞减少症、利什曼病。

(9) 鱼类病(7 种)：鮰类肠败血症、迟缓爱德华氏菌病、小瓜虫病、黏孢子虫病、三代虫病、指环虫病、链球菌病。

(10) 甲壳类病(2 种)：河蟹颤抖病、斑节对虾杆状病毒病。

(11) 贝类病(6 种)：鲍脓疱病、鲍立克次体病、鲍病毒性死亡病、包纳米虫病、折光马尔太虫病、奥尔森派琴虫病。

(12) 两栖与爬行类病(2 种)：鳖腮腺炎病、蛙脑膜炎败血金黄杆菌病。

# 任务二　禽流感的检疫

·知识目标·

1. 了解禽流感的流行病学特点、主要的临床症状和病理变化
2. 理解处理禽流感的一般程序和方法

·技能目标·

1. 能识别禽流感的一般特征
2. 学会诊断禽流感
3. 能进行扑灭禽流感的一般操作

## 知识储备

禽流感是禽流行性感冒的简称,又称真性鸡瘟或欧洲鸡瘟。它是一种由 A 型流感病毒的一些亚型(也称禽流感病毒)引起的急性、热性、高度接触性传染病。按病原体类型的不同,禽流感可分为高致病性、低致病性和非致病性禽流感三大类。非致病性禽流感不会引起明显症状,仅使染病的禽类体内产生病毒抗体。低致病性禽流感可使禽类出现轻度呼吸道症状,食量减少,产蛋量下降,出现零星死亡。高致病性禽流感则危害巨大,能引起禽类较高的发病率和死亡率,有些亚型毒株(如 H5、H7)能感染人,造成人感染发病,甚至死亡。

高致病性禽流感是世界动物卫生组织(OIE)所列出的 15 个必须报告的 A 类动物传染病之一,也是我国规定的 17 种一类动物疫病之一,近年来在国内外时有流行,对世界经济产生巨大的冲击。

## 一、临诊要点

### (一)流行病学特点

家禽和野鸟均易感,其次是人、野生哺乳动物、家畜等。其中,水禽是流感病毒的最重要贮存宿主。本病四季可发,但多在冬、春季气温较低时发生和流行。低致病性禽流感发病和传播较为温和,死亡率低;高致病性禽流感则发病急、传播快,发病率和死亡率极高。

### (二)临床症状

无致病力的毒株感染野禽、水禽及家禽后,被感染禽无任何临床症状和病理变化,只有在检测抗体时才能发现。低致病性禽流感主要对产蛋家禽产生影响,最常见的症状是不同程度的产蛋率下降,蛋壳可能退色、变薄。少数病禽眼角分泌物增多、有小气泡,或在夜间安静时可听到一些轻度的呼吸啰音,严重的病例则表现为呼吸困难、张口呼吸、呼吸啰音、精神不振、下痢、采食量下降、死亡数增多。鸽子、雉鸡、珍珠鸡、鸵鸟、鹌鹑、鹧鸪等感染低致病性禽流感后,临床症状相似。

由高致病力毒株所致的高致病性禽流感,其临床症状多为急性经过。

最急性的病例常不表现临床症状就迅速死亡。急性型表现为体温升高到 43℃ ~ 44℃,精神沉郁,鸡冠和肉髯发紫甚至呈黑色,头部出现水肿,眼睑、肉髯肿胀(图6-3),腹泻,眼结膜发炎,分泌物增多,呼吸困难,张口呼吸,常发出"咯咯"声,口腔黏膜有出血点,脚上鳞片有出血斑点。有的病鸡出现神经紊乱、瘫痪、惊厥和盲眼,在发病后 5~7 天内死亡率几乎达到 100%。

鹅和鸭感染高致病性禽流感后,主要表现为肿头,眼分泌物增多,分泌物呈血水样,下痢,产蛋率下降,有神经症状,头颈扭曲,啄食不准,后期眼角膜混浊。死亡率不等,成年鹅、鸭死亡不多,幼龄鹅、鸭死亡率比较高。

鸽、雉、珍珠鸡、鹌鹑、鹧鸪等家禽感染高致病性禽流感后的临床症状与鸡相似。

（三）病理变化

高致病性禽流感为败血症经过,其病变为全身多个组织脏器广泛出血与坏死。心肌坏死,坏死的白色心肌纤维与正常的粉红色心肌纤维红白相间,胰腺有黄白色坏死斑点（图6-4）,消化道、呼吸道黏膜广泛充血、出血;腺胃乳头、腺胃与肌胃交界处、腺胃与食道交界处、肌胃角质膜下、十二指肠黏膜出血,喉气管黏膜充血、出血,管腔内有多量黏性分泌物,法氏囊肿胀、出血。头颈部、腿部皮下水肿呈胶样浸润,肝、脾、肾、肺等出血及部分有小坏死灶。

低致病性禽流感病变常见有喉气管充血、出血,在气管叉处有黄色干酪样物阻塞,气囊膜混浊,纤维素性腹膜炎,输卵管黏膜充血、水肿,中部可见乳白色分泌物或凝块,卵泡充血、出血、萎缩、破裂,有的可见"卵黄性腹膜炎",肠黏膜充血或轻度出血,胰腺有斑状灰黄色坏死点。

图6-3 禽流感鸡面部水肿

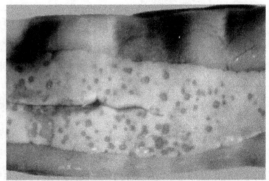

图6-4 禽流感胰腺坏死

## 二、实验室检验

（一）检样采集与处理

活禽病料应包括气管和泄殖腔拭子,最好是采集气管拭子,小珍禽可采集新鲜粪便。死禽采集气管、脾、肺、肝、肾和脑等组织样品。

将每群采集的10份棉拭子放在同一容器内,混合为一个样品;容器中放有含有抗生素的pH为7.0~7.4的PBS液。（组织和气管拭子悬液中应含有2 000 IU/mL的青霉素、

2mg/mL 的链霉素、50μg/mL 的庆大霉素、1 000 IU/mL 的制霉菌素;粪便和泄殖腔拭子所含的抗生素浓度应提高 5 倍。加入抗生素后 pH 应调至 7.0~7.4。)

样品应密封于塑料袋或瓶中,置于有制冷剂的容器中运输,容器必须密封,防止渗漏。样品若能在 24h 内送到实验室,则冷藏运输;否则,应冷冻运输。若样品暂时不用,则应冷冻(最好在 -70℃ 或以下)保存。

(二) 病原的分离与鉴定

检样加 PBS 制成 1:5($W/V$)悬液,并在室温下静置 1~2h,然后移入小离心管中。在不超过 25℃ 的室温下,以 1 000 r/min 离心 10min,上清液 0.2mL/胚接种 9~11 天的鸡胚,孵化箱内孵育 4~5 天。收集 24h 后的死胚及 96h 仍存活鸡胚的尿囊液,以尿囊液作血凝试验(HA)和血凝抑制试验(HI)可确定流感病毒。

(三) 病原学检测

可用反转录-聚合酶链反应(RT-PCR)、荧光定量 RT-PCR 检测法来测定。

## 三、检疫后处理

(1) 发现高致病性禽流感疫情应及时向当地动物防疫监督机构报告,并逐级上报。对发病场(户)实施隔离、监控,禁止禽类、禽类产品及有关物品移动,并对其内、外环境实施严格的消毒措施,组织力量进行诊断。

(2) 疫情确诊后立即启动相应级别的应急预案。划定疫点、疫区、受威胁区,对疫区进行封锁;疫点、疫区内扑杀所有的禽只,销毁所有病死禽、被扑杀禽及其禽类产品;对禽类排泄物、被污染饲料、垫料、污水等进行无害化处理;禁止禽类进出疫区及禽类产品运出疫区;对被污染的物品、交通工具、用具、禽舍、场地等进行彻底消毒。受威胁区内对所有易感禽类进行紧急强制免疫,建立完整的免疫档案;对所有禽类实行疫情监测,掌握疫情动态。关闭疫点及周边 13km 内所有家禽及其产品交易市场。进行流行病学调查、疫源分析与追踪调查,追踪在发病期间及发病前 21 天内疫点售出的所有家禽及其产品,并销毁处理。

(3) 当疫点、疫区内所有禽类及其产品按规定处理完毕 21 天以上,监测未出现新的传染源,在当地动物防疫监督机构的监督指导下完成相关场所和物品终末消毒,受威胁区按规定完成免疫,经上一级动物防疫监督机构审验合格,由当地兽医主管部门向原发布封锁令的人民政府申请发布解除封锁令,取消所采取的疫情处置措施。疫区解除封锁后,要继续对该区域进行疫情监测,6 个月后如未发现新病例,即可宣布该疫情被扑灭。

## 任务三  新城疫的检疫

·知识目标·
1. 了解新城疫的流行病学特点、主要的临床症状和病理变化
2. 了解处理新城疫的一般程序和方法

·技能目标·
1. 能识别新城疫的一般特征
2. 能采集处理新城疫的病料
3. 能用血凝与血凝抑制试验进行新城疫的诊断

 知识储备

鸡新城疫也称亚洲鸡瘟、伪鸡瘟,是由禽副黏病毒科新城疫病毒所引起的一种主要侵害鸡、火鸡、野禽及观赏鸟类的急性、高度接触性和致死性传染病。其特征是呼吸困难,下痢,伴有神经症状,黏膜和浆膜出血,感染率和致死率高,对养鸡业危害严重。本病为世界动物卫生组织(OIE)所列出的15个必须报告的A类动物传染病之一,也是我国所规定的17种一类动物疫病之一。该病于1926年首先发现于印度尼西亚,不久又在英国新城发现,世界各国均有流行。

### 一、临诊要点

(一)流行病学特点

多种禽类均为新城疫病毒的天然易感宿主,包括家鸡、火鸡、雉鸡、鸽、珍珠鸡、鹧鸪、鹌鹑、鹅、孔雀、鸵鸟、猫头鹰、企鹅、麻雀、天鹅等200多种。其主要侵害家鸡、火鸡,人类感染新城疫病毒后,偶尔有眼结膜炎、发热、头痛等不适。

本病发病急,发病率和死亡率高,一年四季均可发生,以冬春寒冷季节较易流行。不同年龄、品种和性别的鸡均能感染,但幼雏的发病率和死亡率明显高于大龄鸡。纯种鸡比杂交鸡易感,死亡率也高。

(二)临床症状

临床上多见的是速发嗜内脏型新城疫和速发嗜肺脑型新城疫。

1. 临床上根据毒力的强弱分型

(1)速发嗜内脏型新城疫:可致所有年龄的鸡发生最急性或急性、致死性疾病。通常

见有消化道出血性病变。

(2) 速发嗜肺脑型新城疫:可致所有年龄发生急性、致死性疾病,以出现呼吸道和神经症状为特征。

(3) 中发型新城疫:呼吸系统或神经系统疾病的低致病性形式。死亡仅见于幼雏。

(4) 缓发型新城疫:轻度或不显性的呼吸道疾病。

(5) 无症状型或缓发嗜肠型新城疫:主要是肠道感染,无临诊症状和病变,但可从肠道或粪便分离病毒。

2. 根据临床表现和病程分型

(1) 最急性型:多见于流行初期和雏鸡。突然发病,无特征症状出现即突然死亡。

(2) 急性型:病初体温升高可达44℃,精神委顿(图6-5),食欲减退或废绝,羽毛松乱,昏睡,鸡冠肉髯暗紫色,嗉囊内常充满液体及气体,口腔内有黏液,倒提病鸡可从口中流出酸臭液体。随着病程的发展,出现咳嗽,呼吸困难,张口伸颈呼吸,并发出"咯咯"的喘鸣声,排黄绿色或黄白色稀粪,产蛋鸡产蛋下降甚至停止,病死率高。

图 6-5　新城疫鸡精神委顿

(3) 亚急性或慢性型:多发生于流行后期的成年鸡,病情较前几型轻,体温升高,食欲废绝,鸡冠和肉髯发紫。后期可出现神经症状如震颤、转圈、眼和翅膀麻痹,头颈扭转,仰头呈观星状以及跛行等,病程可达1～2个月,多数最终死亡,少数耐过鸡康复后遗留有神经症状。产蛋鸡迅速减蛋,软壳蛋数量增多,很快绝产。

另外,目前鸡群中也流行非典型新城疫,这是鸡群在具备一定免疫水平时遭受强毒攻击而发生的一种特殊表现形式,病情比较缓和,发病率和死亡率都不高。临床上以呼吸道症状为主,病鸡张口呼吸,有"呼噜"声,咳嗽,口流黏液,排黄绿色稀粪,继而出现歪头、扭脖或呈仰面观星状等神经症状;成鸡产蛋量突然下降5%～12%,严重者可达50%以上,并出现畸形蛋、软壳蛋和糙皮蛋。

(三) 病理变化

急性病例为败血症经过,全身黏膜和浆膜出血,泄殖腔充血、出血、坏死、糜烂;腺胃乳头出血(图6-6),腺胃与肌胃交界及腺胃与食道交界处呈带状出血,肌胃角质膜下出血,有时还见有溃疡灶;十二指肠以至整个肠道黏膜充血、出血;肺充血、出血,喉气管黏膜充血、出血;心冠沟脂肪出血;产蛋母鸡输卵管充血、水肿,其他组织器官无特征性病变。

非典型新城疫病例大多可见到喉气管黏膜不同程度的充血、出血；输卵管充血、水肿；少数病例有时可发现腺胃乳头和肌胃角膜下、十二指肠黏膜有少量轻度的出血。

## 二、实验室检验

（一）病料的采集与处理

采集病、死鸡的气管、支气管、肺、肝、脾、粪便、肠内容物或泄殖腔和喉气管拭子作为分离病毒的样品，对于慢性和非典型病例，可采集脑组织。将病料研磨成乳剂，按 $1:5(V:V)$ 加入生理盐水稀释成悬液，离心后用过滤器除菌或加青霉素、链霉素、庆大霉素等抗生素除菌。

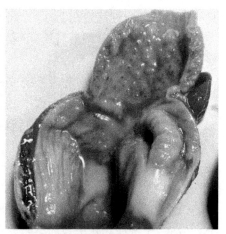

图6-6　新城疫腺胃乳头出血

（二）病原的分离与鉴定

处理后的病料经尿囊腔途径接种 9~10 日龄鸡胚，置孵化箱内孵育 4~5 天。收取 24h 后的死胚及 96h 仍存活鸡胚的尿囊液，尿囊液做血凝（HA）和血凝抑制（HI）试验可确定新城疫病毒。

（三）其他诊断方法

新城疫的其他诊断方法有血清中和试验、免疫荧光抗体试验、酶联免疫吸附试验（ELISA）、单克隆抗体技术、核酸探针技术等分子生物学技术等。

## 三、检疫后处理

发现新城疫疫情时，应及时报告当地畜牧兽医行政部门，划定疫点、疫区，封锁疫区，对疫区内所有发病鸡群进行扑杀并销毁，对所有污染的物品、场地及道路进行彻底消毒，对假定健康和受威胁鸡群进行紧急免疫接种。经过 21 天以上的监测，未出现新发病例，经相关部门审验合格，经彻底消毒后方可解除封锁。

## 实践体验

### 技能训练十三　鸡新城疫的检疫

【训练目标】　学会新城疫的血凝试验和血凝抑制试验诊断方法。

【所需材料】　恒温箱、SPF 鸡种蛋、注射器、96 孔 V 型微量血凝集反应板、微量吸液器、混合振荡器、新城疫标准阳性血清和阴性血清、0.9% 生理盐水、1% 鸡红细胞悬液等。

【操作步骤】

（一）微量血凝（HA）试验

用微量吸液器吸取生理盐水 0.025mL，每孔均滴加。然后再吸取 0.025mL 鸡胚培养后的病毒液，滴于第 1 孔中。用吸液器吹打 3 次混合后吸至第 2 孔，依次倍比稀释到第 10 孔，弃去 0.025mL，第 11、12 两孔作对照。

再吸取 1% 鸡红细胞悬液，每孔滴加 0.025mL，置于振荡器上振荡 1min。

放入 37℃ 恒温箱中 15~30min，取出观察结果，其效价判定以 100% 红细胞凝集为准。以 100% 红细胞凝集的最大稀释倍数孔的病毒为 1 单位病毒，求 4 单位病毒的稀释倍数，并配制 4 单位病毒，同时求出鸡胚液的病毒血凝效价。

（二）微量血凝抑制（HI）试验

用吸液器在各孔中滴加 0.025mL 生理盐水。然后吸取 0.025mL 抗鸡新城疫阳性血清，滴加于第 1 孔中，然后倍比稀释至第 10 孔，弃去 0.025mL，第 11 孔为病毒凝集对照，第 12 孔为生理盐水对照。吸取 4 个单位病毒液，于 1~11 孔中各滴加 0.025mL。混合振荡 1min。放入 37℃ 温箱中 5min，取出后每孔中各滴加 0.025mL 1% 的红细胞悬液。再混合振荡 1min。置于 37℃ 恒温箱中 15~30min，同时以作对照重复上述试验，观察结果。

结果判定：出现完全抑制红细胞凝集的现象，并且和标准鸡新城疫抗原与阳性血清反应的结果误差在 ±1 个滴度以内，判为阳性。

【考核评价】　小组展示试验结果，小组互评，教师考核（表6-1）。

表6-1　项目考核评价表

项目名称＿＿＿＿＿＿＿　　　　　　　　小组＿＿＿＿＿＿成员姓名＿＿＿＿＿

| 考核点 | 考核内容与评分标准 | 得分 | | |
|---|---|---|---|---|
| | | 小组评价 | 教师评价 | 综合得分 |
| 理论考核 | 鸡新城疫是什么样的一类传染病(10分) | | | |
| | 鸡新城疫实验室检查方法有哪些(10分) | | | |
| 操作考核 | 采样正确,样品处理正确(20分) | | | |
| | 仪器、试剂使用正确,加样正确,操作熟练(20分) | | | |
| | 结果判断得当(20分) | | | |
| | 环境条件设置得当(10分) | | | |
| 综合素质 | 小组协作表现(5分) | | | |
| | 沟通与表达能力(5分) | | | |
| 合计 | (100分) | | | |

【实习报告】　根据鸡新城疫检疫的实际操作过程写出报告。

# 任务四　猪瘟的检疫

· 知识目标 ·

1. 了解猪瘟的流行病学特点、主要的临床症状和病理变化
2. 学习处理猪瘟的一般程序和方法

· 技能目标 ·

1. 能识别猪瘟的一般特征
2. 能采集猪瘟的病料
3. 学会进行简单的猪瘟实验室诊断

　　**知识储备**

猪瘟是由猪瘟病毒引起的猪的一种急性、热性、高度接触性、败血性传染病。特征为高热稽留,呈败血症经过,病理变化以细小血管变性,从而引起实质器官广泛出血、梗死和

坏死为特征。本病为世界动物卫生组织(OIE)所列出的 15 个必须报告的 A 类动物传染病之一,也是我国所规定的 17 种一类动物疫病之一。

## 一、临诊要点

(一)流行病学特点

猪是本病唯一的自然宿主,在自然条件下只感染猪,不同年龄、性别、品种的猪和野猪都易感,一年四季均可发生,但秋冬季更多发。本病发生与猪群免疫力有极大的关系,未免疫和免疫力低下是造成本病发生的主要因素。典型的猪瘟发病率和病死率都极高。

(二)临床症状

根据临床表现和病程长短,猪瘟可分最急性型、急性型、亚急性型和慢性型四种。

1. 最急性型

多见于流行初期,突然发病,高热稽留,皮肤和黏膜出现紫绀和出血,不久病猪倒地,心衰、气喘和抽搐而死亡。

2. 急性型

临诊表现较为典型,病猪体温升高,多在41℃左右,精神委顿,畏寒,喜扎堆,行动迟缓,食欲减退,多表现先便秘,后腹泻。有眼结膜炎,有些病猪可视黏膜发绀、苍白或有出血点。皮肤有充血及出血点、斑(图 6-7)。个别小猪表现为磨牙,局部麻痹和运动紊乱,昏睡或四肢划动等神经症状;妊娠母猪流产。

3. 亚急性和慢性型

症状轻、病程长,有时轻热、食欲不振,多便秘和腹泻交替出现。皮肤出现紫斑或坏死痂,病程长达 1 个月以上。

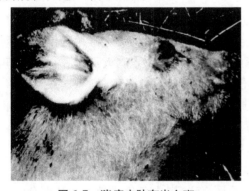

图 6-7 猪瘟皮肤有出血斑

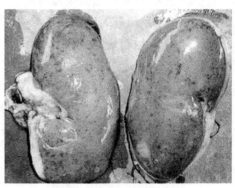

图 6-8 猪瘟肾有小点出血

(三)病理变化

急性型呈全身败血症变化,全身淋巴结肿大、充血,典型大理石样变。脾不肿大,部分病例脾脏边缘有出血性梗死,肾脏色泽明显变淡,肾膜下表面呈密集状或仅少量针头大的出血点,肾切面皮质边有出血点(图6-8)。同时多数病例在咽喉、会厌软骨、胆囊、膀胱等处的黏膜有出血点。

亚急性型和慢性型的病变在盲肠、结肠,特别是回盲瓣及周围的淋巴滤泡肿胀,并形成特征性同心轮层状或纽扣状溃疡。

## 二、实验室检验

(一) 血液检查

采集发热时病猪的血液,在白细胞计数板上计数,当白细胞减少至 $1.3 \times 10^4$ 个/$mm^3$ 以下,血小板减至 $5 \times 10^4$ 个/$mm^3$ 以下即为可疑。

(二) 实验动物接种(兔体交互免疫试验)

(三) 血清学检查

可做荧光抗体染色和间接ELISA试验等来确诊,这些试验对猪瘟的检验具有较高的灵敏度。

## 三、检疫后处理

(1) 发现患有猪瘟或疑似猪瘟,应立即向当地动物防疫监督机构报告。有关部门应组织力量进行诊断。

(2) 确诊为猪瘟后,当地县级以上人民政府兽医主管部门应当立即划定疫点、疫区、受威胁区,并采取相应措施;同时,及时报请同级人民政府对疫区实行封锁,并逐级上报至国务院兽医主管部门,并通报毗邻地区。

(3) 扑杀疫点所有的病猪和带毒猪,并对所有病死猪、被扑杀猪及其产品按规定进行无害化处理;对排泄物、被污染或可能污染的饲料和垫料、污水等均需进行无害化处理;对被污染的物品、交通工具、用具、禽舍、场地进行严格彻底的消毒;限制人员出入,严禁车辆进出,严禁猪只与其产品及可能污染的物品运出。

对疫点边缘外延3km范围内的疫区进行封锁,对出入的人员和车辆进行消毒;停止疫区内猪及其产品的交易活动,禁止易感猪只及其产品运出;对猪只排泄物、被污染饲料、垫料、污水等按国家规定标准进行无害化处理;对被污染的物品、交通工具、用具、猪舍、场地进行严格彻底的消毒。

对疫区和疫区外延5km范围内的受威胁区的易感猪只(未免疫或免疫未达到免疫保护水平)实施紧急强制免疫,并适当增加剂量至2~4头份,确保达到免疫保护水平;对猪只实行疫情监测和免疫效果监测。

(4) 疫点内所有病死猪、被扑杀猪按规定进行处理,疫区内没有新的病例发生,彻底消毒 10 天后,经当地动物防疫监督机构审验合格,当地兽医主管部门提出申请,由原封锁令发布机关解除封锁。

 **实践体验**

## 技能训练十四　猪瘟的检疫

【训练目标】
1. 掌握兔体交互免疫试验的原理和方法。
2. 学会以猪瘟荧光抗体染色法诊断猪瘟。

【所需材料】　家兔、体温计、开口器、采样枪、荧光显微镜、玻璃片、猪瘟兔化病毒、猪瘟荧光抗体、PBS 液、生理盐水、丙酮、碳酸缓冲甘油等。

【操作步骤】
(一) 兔体交互免疫试验
本方法用于检测疑似猪瘟病料中的猪瘟病毒。
随机选取体重 1.5~2kg、体温波动不大的大耳家兔 6 只,并在试验前 1 天测基础体温。

将病猪的淋巴结和脾脏磨碎后用生理盐水以 1∶10 稀释。用所得混悬液对 3 只健康家兔作肌肉注射,5mL/只;其余 3 只为不注射病料的对照兔。7 天后对所有家兔静脉注射 1∶20 的猪瘟兔化弱毒苗(淋巴脾脏毒),1mL/只。24h 后,每隔 6h 测体温一次,连续测 96h。若对照组 2/3 出现定型热或轻型热,则试验成立。

判定标准:因一般猪瘟病毒不能使兔发生热反应,但可使之产生免疫力,而猪瘟兔化弱毒则能使家兔发生热反应。据此原理,如试验组接种病料后无热反应,后来接种猪瘟兔化弱毒苗也不发生热反应,对照组有热反应,则病料中含有猪瘟病毒;如试验组接种病料后有热反应,后来接种猪瘟兔化弱毒苗不发生热反应,则表明病料中含有猪瘟兔化弱毒;如试验组接种病料后无热反应,后来接种猪瘟兔化弱毒苗发生热反应,则病料中不含猪瘟病毒和猪瘟兔化弱毒。接种病料后和接种猪瘟兔化弱毒苗后体温均升高的表明病料中有非猪瘟病毒致热原物质存在。

(二) 猪瘟荧光抗体染色法
1. 样品的采集和选择
活体采样,首先固定活猪的上唇,用开口器打开口腔,用采样枪采取扁桃体样品,装入灭菌离心管并作标记。剖检时采取病死猪脏器,如扁桃体、肾脏、脾脏、淋巴结、肝脏和肺等,或采集病毒分离时待检的细胞玻片。

2. 制片与染色

将上述组织制成冰冻切片,将液体吸干后经冷丙酮固定 5~10min,晾干。滴加猪瘟荧光抗体覆盖于切片表面,置湿盒中 37℃ 作用 30min。然后用 PBS 液洗涤,自然干燥。用碳酸缓冲甘油(pH 9.0~9.5,0.5mol/L)封片,置荧光显微镜下观察。必要时设立抑制试验染色片,以鉴定荧光的特异性。

3. 结果判定

在荧光显微镜下,见切片中有胞浆荧光,并由抑制试验证明为特异的荧光,则判猪瘟阳性;无荧光则判为阴性。

【考核评价】 小组展示试验结果,小组互评,教师考核(表6-2)。

表6-2 项目考核评价表

项目名称_____　　　　　　　　小组_____成员姓名_____

| 考核点 | 考核内容与评分标准 | 得分 | | |
|---|---|---|---|---|
| | | 小组评价 | 教师评价 | 综合得分 |
| 理论考核 | 猪瘟是什么样的一类传染病(10分) | | | |
| | 猪瘟实验室检查方法有哪些(10分) | | | |
| 操作考核 | 采样正确,样品处理正确(20分) | | | |
| | 仪器、试剂使用正确,加样正确,操作熟练(20分) | | | |
| | 注射正确,操作得当(10分) | | | |
| | 结果判断得当(20分) | | | |
| 综合素质 | 小组协作表现(5分) | | | |
| | 沟通与表达能力(5分) | | | |
| 合计 | (100分) | | | |

【实习报告】 根据猪瘟检疫的实际操作过程写出报告。

# 任务五　猪蓝耳病的检疫

· 知识目标 ·
1. 了解猪蓝耳病的流行病学特点、主要的临床症状和病理变化
2. 学习处置猪蓝耳病的一般程序和方法

· 技能目标 ·
能识别猪蓝耳病的一般特征

　**知识储备**

猪蓝耳病,也叫猪繁殖与呼吸综合征(PRRS),是由猪繁殖与呼吸综合征病毒引起的一种急性、热性、高度接触性传染病,以妊娠母猪的繁殖障碍(流产、死胎、木乃伊胎)及各种年龄猪特别是仔猪的呼吸道疾病和高死亡率为特征。2006 年,一种 PRRS 病毒变异株(高致病性蓝耳病病毒)在我国多个省流行,造成了巨大损失,如今已成为威胁养猪业健康发展的主要疫病之一,我国已将其列为 17 种一类动物疫病之一。

## 一、临诊要点

（一）流行病学特点

本病仅发生于猪,各种品种、不同年龄和用途的猪均可感染,但以妊娠母猪和 1 月龄以内的仔猪最易感。主要传播途径是接触感染、空气传播和精液传播,也可通过胎盘垂直传播,其中种猪是重要的传播源。卫生条件不良、气候恶劣、饲养密度过高,可促进本病的发生。本病的发生无明显的季节性,四季可发。发病率与死亡率与饲养管理水平有很大的关系,饲养管理良好的猪场,发病率及死亡率低。

（二）临床症状

本病受病毒株、免疫状态及饲养管理因素和环境条件的影响临诊表现变化很大。低毒株可引起猪群无临诊症状的流行;而强毒株能够引起严重的临诊疾病,临诊上可分为急性型、慢性型、亚临诊型等。

1. 急性型

发病母猪体温升高,精神沉郁,食欲减少或废绝,出现不同程度的呼吸困难,高体温持续 2~3 天后发生流产、早产、死胎、木乃伊或弱仔。在流行初期同一时期受孕的母猪流产

率可达50%~70%,部分新生仔猪表现为呼吸困难、运动失调及轻瘫等症状,少数母猪表现为产后无乳、胎衣停滞及阴道分泌物增多。母猪流产后,经2~3周,开始康复,再次配种时受精率可降低50%,发情期推迟。在老疫区母猪流产比例大大下降。

仔猪体温可升高到41℃以上,表现出典型的呼吸道症状,咳嗽、呼吸困难,有时呈腹式呼吸,食欲减退或废绝。被毛粗乱,共济失调,渐进性消瘦,眼睑水肿。部分仔猪可见耳部、体表皮肤发紫;部分猪表现为后躯无力、不能站立或共济失调等神经症状。仔猪发病率可达100%,死亡率可达50%以上。耐过猪生长缓慢,易继发其他疾病。成年猪也可发病死亡。

生长猪和育肥猪临诊症状较仔猪轻,表现出不同程度的呼吸系统症状,眼睑肿胀,眼结膜炎;少数病例可表现出咳嗽及双耳背面、边缘、腹部及尾部皮肤出现深紫色(图6-9)。感染猪易发生继发感染,并出现相应症状,死亡率也随之上升。

图6-9 感染猪蓝耳病后耳朵、鼻端发紫

种公猪的发病率较低,主要表现为轻度发热、厌食、沉郁、嗜睡,并伴有异常呼吸症状,公猪的精液品质下降,精子出现畸形,精液可带毒。

2. 慢性型

慢性型主要表现为猪群的生产性能下降,生长缓慢,母猪群的繁殖性能下降,猪群免疫功能下降,易继发感染其他细菌性和病毒性疾病。猪群的呼吸道疾病(如支原体感染、传染性胸膜肺炎、副猪嗜血杆菌病、附红细胞体病)的发病率大大上升。

3. 亚临诊型

感染猪不发病,表现为蓝耳病病毒的持续性感染,猪群的血清学检查抗体呈阳性。

(三)病理变化

全身淋巴结轻度或中度水肿,肺弥漫性间质性肺炎,并伴有细胞浸润和卡他性肺炎区,肺水肿;若有继发感染,则可出现相应的病理变化,如心包炎、胸膜炎、腹膜炎及脑膜炎等。

## 二、实验室检验

(一)病毒分离与鉴定

采集病猪的肺、死胎的肠和腹水、胎儿血清、母猪血液、鼻拭子和粪便等,经匀浆、离心后加青霉素和链霉素,再经 0.45μm 滤膜过滤,取滤液接种猪肺泡巨噬细胞培养,培养 5 天后,用免疫过氧化物酶法染色,检查肺泡巨噬细胞中猪繁殖与呼吸综合症病毒抗原。

（二）间接 ELISA 法检测抗体

此法对非免疫猪场监测和诊断猪繁殖与呼吸综合征有很好的效果,其敏感性和特异性都很好,但目前国内已经开展强制免疫,此法只能成为监测免疫效果的一种手段了。

（三）RT-PCR 法

能直接检测出细胞培养物和精液中的病毒。

## 三、检疫后处理

（1）发现疑似猪繁殖与呼吸综合征引起猪出现急性发病死亡情况时,应及时向当地动物疫控机构报告。对疫源地实施隔离、监控,禁止生猪及其产品和有关物品移动,并对其内、外环境实施严格的消毒措施。对病死猪、污染物或可疑污染物进行无害化处理。必要时,对发病猪和同群猪进行扑杀并作无害化处理。

（2）相关部门应立即派员到现场进行初步调查核实,采集样品进行实验室诊断,必要时送省级动物疫控机构或国家指定实验室确诊。确认为高致病性猪蓝耳病疫情时,应逐级上报疫情。

（3）确认疫情后由所在地县级以上兽医行政管理部门划定疫点、疫区、受威胁区。疫点应采取的措施:扑杀所有病猪和同群猪;对病死猪、排泄物、被污染饲料、垫料、污水等进行无害化处理;对被污染的物品、交通工具、用具、猪舍、场地等进行彻底消毒。对疫区实施封锁,交通要道设立标志,出入口设立消毒站,对出入疫区的车辆和有关物品进行消毒;关闭生猪交易市场,禁止生猪及其产品运出疫区。疫区应采取的措施:对被污染的物品、交通工具、用具、猪舍、场地等进行彻底消毒;对所有生猪用高致病性猪蓝耳病灭活疫苗进行紧急强化免疫,并加强疫情监测。受威胁区应采取的措施:对受威胁区所有生猪用高致病性猪蓝耳病灭活疫苗进行紧急强化免疫,并加强疫情监测。

（4）疫区内最后一头病猪死亡或被扑杀后 14 天以上未出现新的疫情,在当地动物疫控机构的监督指导下对相关场所和物品实施终末消毒,经当地动物疫控机构审验合格后,当地兽医行政管理部门提出申请,由原发布封锁令的人民政府宣布解除封锁。

# 任务六　猪链球菌病的检疫

· 知识目标 ·
1. 了解猪链球菌病的流行病学特点、主要的临床症状和病理变化
2. 学习处理猪链球菌病的一般程序和方法

· 技能目标 ·
1. 能识别猪链球菌病的一般特征
2. 能采集猪链球菌病的病料
3. 学会猪链球菌病的实验室诊断的操作方法

　知识储备

猪链球菌病是由不同血清群链球菌感染引起的多种疾病的总称。临床上常见的有败血型、脑膜炎型和淋巴结脓肿型三种。致动物疾病的链球菌主要有C、D、E、L群。败血症和脑膜炎主要由C群链球菌引起。急性败血型链球菌病的特征为高热、出血性败血症；脑膜炎型，表现为发热、神经症状和急性死亡；淋巴结脓肿型链球菌病的特征为关节炎、心内膜炎和化脓性淋巴结炎，以E群链球菌引起的淋巴脓肿最为常见，流行最广。

## 一、临诊要点

（一）流行病学特点

猪、马属动物、牛、绵羊、山羊、鸡、兔、水貂等陆生动物以及一些水生动物等均有易感染性，猪链球菌也可感染人。不同年龄、品种和性别的猪均易感。但新生仔猪和哺乳仔猪的发病率、病死率最高，其次是生长肥育猪。成年猪较少发病。本病一年四季均可发生，夏秋季多发。多呈地方性流行，慢性型多呈散发。新疫区可呈暴发性流行，发病率和死亡率较高；老疫区多呈散发，发病率和死亡率较低。有皮肤损伤、蹄底磨损、去势、脐带感染等外伤病史的猪易发病。

（二）临床症状

1. 败血型链球菌病

为C群马链球菌兽疫亚种及类马链球菌，D群（即R、S群）及I群链球菌引起。根据病程的长短和临床表现，分为最急性、急性和慢性三种类型。

(1) 最急性型：发病急、病程短，猪多在不见明显症状下突然死亡。病程稍长者可见体温升高达 41℃～42℃，食欲减退或废绝，精神委顿，呼吸促迫，卧地不起，迅速死于败血症。

(2) 急性型：较多见，常突然发病，病初体温升高达 42℃～43℃，稽留热，病猪精神沉郁，食欲减少或废绝，眼结膜潮红，有出血泪斑，呼吸促迫，间有咳嗽。鼻镜干燥，流出浆液性、脓性鼻汁。颈部、耳廓、腹下及四肢下端皮肤呈紫红色，并有出血点。个别病例出现血尿、便秘或腹泻。病程多在 3～5 天，因衰竭死亡。

(3) 慢性型：多由急性型转化而来。主要表现为多发性关节炎，关节肿胀、跛行、疼痛。关节多有浆液纤维素性炎，关节囊膜面充血、粗糙、滑液混浊，并含有黄白色奶酪样块状物。有时关节周围皮下有胶样水肿，严重病例周围肌肉组织化脓、坏死。

2. 脑膜炎型

脑膜炎型猪链球菌病主要由 C 群链球菌所引起，为以脑膜炎为主的急性传染病。多见于哺乳仔猪和断奶仔猪。

体温升高，表现出神经症状，病猪狂躁，步态不稳，或做转圈运动，倒地抽搐、磨牙、发出尖叫，或口吐白沫，四肢划动，状似游泳，继而衰竭或麻痹，急性型多在 30～36h 死亡（图 6-10）；亚急性或慢性型主要表现为多发性关节炎，逐渐消瘦、衰竭、死亡或康复。

图 6-10 猪链球菌病猪痉挛、抽搐

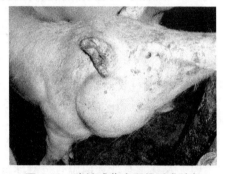
图 6-11 猪链球菌病下颌形成脓包

3. 淋巴结脓肿型

淋巴结脓肿型猪链球菌病在养猪场较常见，多由 E 群链球菌引起。以颌下、咽部、颈部等处淋巴结化脓和形成脓肿为特征（图 6-11）。经口、鼻及皮肤损伤而感染。各种年龄猪均易感，以刚断奶猪至出栏育肥猪多见。传播缓慢，发病率低。

以颌下淋巴结发生化脓性炎症为最常见，其他处淋巴结也能见到。受害淋巴结首先出现小脓肿，逐渐增大形成局部显著隆起的脓包，触之坚硬，有热痛。破溃后或引流，可排出绿色、稠厚、有臭味的脓液。部分病猪体温升高、食欲减退，嗜中性白细胞增多。由于局部受害淋巴结疼痛且压迫周围组织,以致影响采食、咀嚼、吞咽,甚至引起呼吸障碍。病程约 2～3 周,一般不引起死亡。

(三)病理变化

急性败血型剖检可见鼻黏膜紫红色、充血及出血,喉头、气管充血,常有大量泡沫;肺充血肿胀;全身淋巴结有不同程度的肿大、充血和出血;脾肿大 1～3 倍,呈暗红色,边缘有黑红色出血性梗死区;胃和小肠黏膜有不同程度的充血和出血,肾肿大、充血和出血,脑膜充血和出血,有的脑组织切面可见针尖大的出血点。

脑膜炎型可见脑脊液增量,脑膜和脊髓软膜充血、出血。个别病例脑膜下水肿,脑切面可见白质与灰质有小点状出血。

淋巴结脓肿型剖检可见关节腔内有黄色胶胨样或纤维素性、脓性渗出物,淋巴结脓肿。有些病例心瓣膜上有菜花样赘生物。

## 二、实验室检验

(一)涂片镜检

采集病料作组织触片,经碱性美蓝染色液或姬姆萨染色液染色,在显微镜下检查,可以见到单个、成对、短链或呈长链排列的球菌。

(二)分离培养

该菌为需氧或兼性厌氧,在血液琼脂平板上接种,置 37℃ 培养 24h,形成无色露珠状细小菌落,菌落周围有溶血现象。革兰染色后镜检,可见革兰阳性球形或卵圆形细菌,无芽孢,有的可形成荚膜,常呈单个、双连的细菌,偶见短链排列。

(三)必要时用 PCR 进行菌型鉴定

## 三、检疫后处理

(1)发现患有或疑似患有猪链球菌病,应及时向当地动物卫生监督机构报告。当地动物卫生监督机构要及时派员到现场进行流行病学调查、临床症状检查等,并采样送检。应立即采取隔离、限制移动等防控措施。确诊疫情后,应及时上报疫情。

(2)确诊发生猪链球菌病疫情时,由所在地县级以上兽医行政主管部门划定疫点、疫区、受威胁区。

呈零星散发时,应对病猪作无血扑杀处理,对同群猪立即进行强制免疫接种或用药物预防,并隔离观察 14 天。必要时对同群猪进行扑杀处理。对被扑杀的猪、病死猪及排泄物、可能被污染饲料、污水等按有关规定进行无害化处理;对可能被污染的物品、交通工具、用具、畜舍进行严格彻底消毒。

呈暴发性流行时,由省级动物卫生监督机构用 PCR 方法进行菌型鉴定,同时报请县级人民政府对疫区实行封锁。疫点出入口必须设立消毒设施,限制人、畜、车辆进出和动物产品及可能受污染的物品运出。对病猪作无血扑杀处理,对疫区、受威胁区所有易感动物进行紧急免疫接种。对疫点内的同群健康猪和疫区内的猪,可使用高敏抗菌药物进行紧急预防性给药。

疫区交通要道建立动物防疫监督检查站,派专人监管动物及其产品的流动,对进出人员、车辆必须进行消毒。停止疫区内生猪的交易、屠宰、运输、移动。对猪舍、道路、场地以及所有运载工具、饮水用具等进行严格彻底的消毒。对所有病死猪、被扑杀猪及可能被污染的产品、猪的排泄物、被污染或可能被污染的垫料和饲料等物品均需进行无害化处理。

(3) 疫点内所有猪及其产品按规定处理后,在动物卫生监督机构的监督指导下,对有关场所和物品进行彻底消毒。最后一头病猪扑杀 14 天后,经动物卫生监督机构审验合格,由当地兽医行政管理部门向原发布封锁令的同级人民政府申请解除封锁。

## 实践体验

### 技能训练十五 猪链球菌病的检疫

**【训练目标】** 初步掌握猪链球菌病的实验室诊断步骤和方法。

**【所需材料】** 小鼠、兔子、鲜血琼脂培养基、30%甘油生理盐水、革兰染色、姬姆萨染色液、碱性美蓝染色液、显微镜、玻璃片、剪刀、镊子、接种棒、恒温箱等。

**【操作步骤】**

(一) 病料采集

无菌采取肿胀的淋巴结,或以无菌注射器抽取未破溃的淋巴结内的脓汁,放入灭菌的试管或小瓶内送检;或用灭菌的棉球,蘸取鼻漏、脓汁、气管分泌物、血液或肝、脾、肾、肺和脓肿的关节等,置于盛有 30%甘油生理盐水的试管或小瓶中送检。

(二) 涂片镜检

将新鲜病料(心血、肝、脾、肾、肺、脑、淋巴结或胸水等)制成涂片,用姬姆萨染色或碱性美蓝染色,去染色后镜检。链球菌的直径为 $0.5\sim1.0\mu m$,圆形或椭圆形,成对或 $3\sim5$ 个菌体排列成短链。偶尔可见 $30\sim70$ 个菌体相连接的长链,但不成丛、成堆,不运动、无芽孢,偶见有荚膜存在。

(三) 分离培养

将脓汁或其他分泌物、排泄物画线接种于血液琼脂平板上,置 37℃培养 24h 后观察。

在血液琼脂上菌落直径大约为1mm,呈灰白色、半透明、露珠状,溶血程度不一,有α溶血(绿色)、β溶血(完全透明)或γ溶血(无变化)。多数具有致病性的链球菌呈β溶血。

（四）革兰染色镜检

将上述培养物可疑菌落涂片,火焰固定后革兰染色,显微镜油镜镜检,可见散在、成双或短链状,球形或椭圆的球菌,呈革兰染色阳性,经数日培养的老龄链球菌可呈革兰阴性染色。

（五）动物接种

将病料制成5~10倍生理盐水悬液,接种家兔和小鼠,剂量为兔腹腔注射1~2mL、小鼠皮下注射0.2~0.3mL。接种后的家兔于12~26h死亡,小鼠于18~24h死亡。死后采心血、腹水、肝、脾抹片镜检,均见有大量单个、成对或3~5个菌体相连的球菌。

【考核评价】 小组展示试验结果,小组互评,教师考核(表6-3)。

表6-3 项目考核评价表

项目名称_____　　　　　　　　小组_____成员姓名_____

| 考核点 | 考核内容与评分标准 | 得分 | | |
| --- | --- | --- | --- | --- |
| | | 小组评价 | 教师评价 | 综合得分 |
| 理论考核 | 猪链球菌病是一类什么样的传染病(10分) | | | |
| | 猪链球菌病实验室检查方法有哪些(10分) | | | |
| 操作考核 | 采样正确,样品处理正确(20分) | | | |
| | 显微镜使用正确,操作熟练(20分) | | | |
| | 动物试验操作正确(10分) | | | |
| | 结果判断正确(20分) | | | |
| 综合素质 | 小组协作表现(5分) | | | |
| | 沟通与表达能力(5分) | | | |
| 合　计 | (100分) | | | |

【实习报告】 根据猪链球菌病检疫的实际操作过程写出报告。

# 任务七　小反刍兽疫的检疫

· 知识目标 ·

1. 了解小反刍兽疫的流行病学特点、主要的临床症状和病理变化
2. 学习处理小反刍兽疫的一般程序和方法

· 技能目标 ·

1. 能识别小反刍兽疫的一般特征
2. 能初步诊断小反刍兽疫
3. 能处理小反刍兽疫疫情

　　知识储备

　　小反刍兽疫又名小反刍兽伪牛瘟，是由小反刍兽疫病毒引起小反刍动物的一种急性接触性传染病。临诊特征为发热、眼鼻分泌物多、坏死性口炎、腹泻和肺炎。世界动物卫生组织将其列为15种必须报告的A类动物疫病之一，在我国也被列为一类动物疫病。

## 一、临诊要点

（一）流行病学特点

　　此病流行于非洲（撒哈拉以南）、阿拉伯半岛、大部分中东国家和南亚、西亚，主要感染山羊、绵羊、羚羊、美国白尾鹿等小反刍动物，其中以山羊发病比较严重。牛、猪等可以感染，但通常为亚临床经过。本病自然发病仅见于山羊和绵羊。本病主要通过直接和间接接触传染或呼吸道飞沫传播，饮水也可导致感染。其发病急，传播快，发病率和死亡率都很高。

（二）临床症状

1. 最急性型

　　多见于山羊，高热达41℃以上，被毛竖立，寒战，食欲废绝，流泪及浆液、黏性鼻液，口腔黏膜溃烂，齿眼充血，突然死亡。

2. 急性型

　　多发于山羊及绵羊。体温可上升至41℃，并持续3～5天。感染动物烦躁不安，口鼻干燥、流黏液、脓性鼻漏，呼吸困难，呼出恶臭气体。病初口腔黏膜充血，炎症导致多涎，随

后出现坏死性病灶,呈粉红色,感染部位包括下唇、下齿龈等处。严重病例可见坏死病灶波及齿垫、腭、颊部及其乳头、舌头等处。后期出现带血水样腹泻,严重脱水,消瘦,随之体温下降,出现咳嗽、呼吸异常。发病率高达100%,在严重暴发时,死亡率为100%,在轻度发生时,死亡率不超过50%。部分孕畜流产,幼年动物发病严重,发病率和死亡率都很高。

3. 亚急性和慢性型

病程可持续10~15天。早期症状表现类似于急性型,后期的特有症状是口腔、鼻孔、皱胃以及下颌部发生结节和脓疱。

(三)病理变化

解剖可见结膜炎、坏死性口炎等病变,严重者可蔓延到硬腭及咽喉部,鼻甲、喉、气管等处有出血斑。皱胃常出现有规则、有轮廓的糜烂,创面红色、出血,瘤胃、网胃、瓣胃很少出现病变。肠糜烂或出血,尤其在结肠直肠结合处呈特征性线状出血或斑马样条纹。淋巴结肿大,脾有坏死性病变。

## 二、实验室检验

(一)病原分离培养

无菌采集呼吸道分泌物、血液或肠系膜与支气管淋巴结、脾、肺、肠等病料,加等量PBS液,实质器官捣碎匀浆后离心,上清液加青霉素、链霉素处理,接种单层细胞上培养,观察病毒致细胞病变作用。若发现细胞变圆、聚集,最终形成合胞体,合胞体细胞核以环状排列,呈"钟表面"样外观,即可确检。

(二)血清学检查

常用方法有中和试验、酶联免疫吸附试验(ELISA)、琼脂免疫扩散试验、荧光抗体试验等。通常采集发病初期和康复期双份血清进行检测,当抗体滴度升高4倍以上时具有示病意义。

## 三、检疫后处理

(1)禁止从小反刍兽疫疫区引进包括绵羊和山羊在内的反刍动物及其产品。

(2)检出阳性或发现发病动物,应及时向当地畜牧兽医行政管理部门报告疫情,划分疫点、疫区,采取隔离、封锁、全群动物作扑杀和全面消毒等措施扑灭疫情。

# 任务八  牛病毒性腹泻-黏膜病的检疫

·知识目标·
1. 了解牛病毒性腹泻-黏膜病的流行病学特点、主要的临床症状和病理变化
2. 学习处置牛病毒性腹泻-黏膜病的一般程序和方法

·技能目标·
1. 能识别牛病毒性腹泻-黏膜病的一般特征
2. 能初步诊断牛病毒性腹泻-黏膜病
3. 能处理牛病毒性腹泻-黏膜病疫情

 知识储备

牛病毒性腹泻-黏膜病是由牛病毒性腹泻病毒引起的一种接触性传染病。多数为隐性感染，少数表现临床症状，以发热、腹泻、白细胞减少，黏膜发炎、糜烂、坏死为特征。本病为世界动物卫生组织所列出的 15 种必须报告的 B 类动物疫病之一，在我国也被列为三类动物疫病。

## 一、临诊要点

（一）流行病学特点

自然情况下主要感染牛，各种牛不同年龄对本病均有易感性，多见于肉用牛，6～18 月龄的幼牛易感性较强。羊、猪、鹿和小袋鼠、兔子也可感染，但一般不显临床症状，绵羊多为隐性。病畜可从鼻液、泪液和粪便等排出病毒，污染空气、饲料、饮水和用具等，经消化道和呼吸道感染，也可经胎盘感染。本病常年可发，但多发生于冬春季节。其发病率在 2%～50%，病死率可达 90%。

（二）临床症状

本病多数隐性，少数表现临床症状，可分为急性和慢性两种。

急性病例表现为突然发病，体温升高到 40℃～42℃，白细胞减少（先一过性减少，之后回升，然后再减少），病牛精神沉郁，鼻、眼有浆液或黏液性分泌物，大量流涎，呼吸加快、轻咳，泌乳停止、反刍停止，鼻镜、鼻腔、口腔黏膜充血、溃疡，孕牛可能流产。通常在口腔损害后出现腹泻，一开始为水样泻，后带血和肠黏膜，有些病牛常有蹄叶炎及趾间皮肤糜

烂,而致跛行。急性病例很少有恢复,通常在发病后1~2周内死亡。

慢性病例很少有明显的发热症状,主要是鼻镜上有成片的糜烂,可波及全鼻镜,眼常有浆液性分泌物,口腔糜烂较少,有些病牛有蹄叶炎及趾间皮肤糜烂,病程达2~6个月,多数死亡。

（三）病理变化

主要病变在消化道和淋巴组织。鼻镜、鼻腔、口腔、舌面、咽喉黏膜有糜烂和溃疡,特征性病变是食管黏膜大小不一的糜烂呈直线排列,以食管黏膜糜烂最为典型（图6-12）。瘤胃黏膜偶尔出血和糜烂,第四胃水肿和糜烂。肠壁因水肿增厚,小肠、大肠呈卡他性、出血性炎症和不同程度的溃烂和坏死。病畜全身淋巴结肿胀、出血。

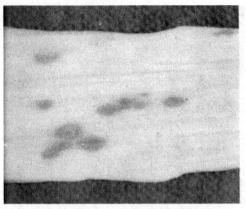

图6-12 牛病毒性腹泻-黏膜病导致食管溃烂

## 二、实验室检验

（一）病原分离培养

采集急性发热期血、尿、鼻液或眼分泌物,组织器官取脾、骨髓、肠系膜淋巴结等病料,处理后接种牛犊或乳兔,也可用牛胎肾或牛睾丸细胞分离病毒,培养后用荧光抗体染色检查病毒。

（二）血清学检查

采集双份血清（间隔3~4周）检测抗体滴度,常用血清中和试验、补体结合试验及琼脂扩散试验等。

## 三、检疫后处理

发现疫情应及时报告,对病牛、阳性牛立即隔离、扑杀,尸体无害化处理,污染的场地和用具应彻底消毒,同群其他动物要隔离观察,经过最长潜伏期后无新病例出现,方可解除。

## 任务九　牛传染性胸膜肺炎的检疫

·知识目标·
1. 了解牛传染性胸膜肺炎的流行病学特点、主要的临床症状和病理变化
2. 学习处置牛传染性胸膜肺炎的一般程序和方法

·技能目标·
1. 能识别牛传染性胸膜肺炎的一般特征
2. 能初步诊断牛传染性胸膜肺炎
3. 能处理牛传染性胸膜肺炎疫情

　**知识储备**

牛传染性胸膜肺炎又称牛肺疫，是由丝状支原体引起牛的一种地方性、热性、高度接触性传染病，主要侵害肺、胸膜，以渗出性、纤维素性肺炎和胸膜炎为特征。世界动物卫生组织将本病列为 15 种必须报告的 A 类动物疫病之一，我国已经宣布消灭该病。

### 一、临诊要点

（一）流行病学特点

各种牛均易感，以 3~7 岁为主。主要经空气飞沫传播，通过呼吸道感染。该病传染性强、传播速度快。新发病牛群常呈急性暴发，后转为地方性流行，老疫区多呈散发。在新疫区发病率和病死率都很高。密度大、拥挤，饲养管理差，长途运输等是发病的重要诱因。新引进牛带菌是造成牛群发病的关键因素。

（二）临床症状

临床按病程长短可分为急性和慢性两种。

急性症状较典型，病牛高热稽留，体温升高为 40℃~42℃，干咳，呼吸极度困难，鼻孔开张、前肢外展、喘鸣，呈腹式呼吸，肋部有触痛感。流出浆液性或脓性鼻液，可视黏膜发绀，泌乳减少，反刍减弱。肺部叩诊病变部分肺泡音减弱或消失，有湿性啰音、支气管呼吸音和摩擦音。后期可见胸前、肉垂水肿，终因窒息死亡，病程 5~8 天，死亡率在 50% 以上。

慢性多由急性转变而来，表现为消瘦，有干性阵咳，生产性能下降，胸部叩诊有浊音。慢性病例在良好的护理和治疗下可以得到康复。

## （三）病理变化

特征性病变在胸腔。典型病例肺呈大理石样和浆液渗出性纤维素性胸膜肺炎。初期为小叶性支气管肺炎，肺局灶性充血和炎性水肿。中期呈典型浆液渗出性纤维素性胸膜肺炎，肺病变多在一侧（多右侧），多发于膈叶，也有在心叶和尖叶发生不同阶段的肝样变，切面红灰相间，呈大理石状花纹，肺间质水肿增宽，肺内有坏死灶，表面有纤维素样蛋白凝块。另外，还可见胸腔积液，胸膜增厚、粗糙、粘连，表面附有纤维素性渗出物，心包腔也有同样的变化，肺门淋巴结及纵隔淋巴结肿大、出血。末期肺组织坏死，干酪化或脓性液化，形成脓腔、空洞或瘢痕。有的病例还有纤维素性腹膜炎和关节炎。

## 二、实验室检验

### （一）病原分离与鉴定

无菌取病畜肺组织、胸腔渗出液及病变淋巴结接种于10%马血清马丁琼脂培养基，37℃培养2~7天，可长出较小、灰白色、中央有乳头状突起的特征性圆形菌落。涂片染色镜检可见革兰阴性、多形性菌体。

### （二）血清学检查

凝集试验、补体结合试验可作为检测其抗体水平的手段。

## 三、检疫后处理

（1）不从疫区调牛，在口岸检疫时发现阳性时，牛群全部应扑杀销毁处理，污染场地和运输工具彻底消毒。

（2）发现可疑病畜应立即上报疫情，划分疫点、疫区，采取隔离、封锁、扑杀和紧急治疗等综合性措施以扑灭疫情。扑杀病畜和同群畜，尸体作无害化处理。对环境及器械进行彻底消毒。

（3）疫区和受威胁地区牛群可进行牛传染性胸膜肺炎弱毒菌苗的免疫接种。

# 任务十　绵羊痘、山羊痘的检疫

·知识目标·

1. 了解绵羊痘、山羊痘的流行病学特点、主要的临床症状和病理变化
2. 学会诊断绵羊痘、山羊痘的一般方法
3. 学习处理绵羊痘、山羊痘的一般程序和方法

·技能目标·

1. 能识别绵羊痘、山羊痘的一般特征
2. 能处理绵羊痘和山羊痘疫情

## 知识储备

羊痘包括绵羊痘和山羊痘,分别是由绵羊痘病毒和山羊痘病毒引起绵羊和山羊的一种急性、热性接触传染性疾病,其特征是在皮肤和黏膜上发生痘疹。自然情况下绵羊痘病毒只感染绵羊,山羊痘病毒只感染山羊。但山羊痘发病比绵羊痘发病缓慢。本病为世界动物卫生组织(OIE)所列出的必须报告的 B 类动物传染病之一,我国列为一类动物疫病。

## 一、临诊要点

(一)流行病学特点

在自然情况下,绵羊痘只能使绵羊感染,山羊痘只能使山羊感染,绵羊和山羊不能相互传染。该病主要通过呼吸道传染,也可通过损伤的皮肤或黏膜侵入机体。本病传染性强,传播快,在羊群中引起较严重的损害,但山羊痘病势及损失比绵羊痘轻些。其主要在冬末春初流行,寒冷、雨雪、霜冻、枯草季节,以及饲养管理不良等因素也可促进发病和加重病情。

(二)临床症状

病羊体温升高为41℃~42℃,食欲减少,精神不振,结膜潮红,从鼻孔流出黏性或脓性鼻漏,呼吸和脉搏增快。经 1~4 天后开始发痘。痘疹大多发生于皮肤无毛或少毛部分,如眼的周围、唇、鼻翼、颊(图6-13,图6-14)、四肢和尾的内面、阴唇、乳房、阴囊及包皮

图 6-13 绵羊痘病羊面部有大量痘疹和痂块

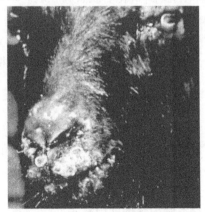

图 6-14 山羊痘病羊鼻、口唇周围有大量痘疹

上,山羊大多发生在乳房皮肤表面,开始为红斑,1~2天后形成丘疹,突出皮肤表面,呈灰白或淡红的半球形隆起的小结节。结节几天后变成灰白色水疱,内含清亮的浆液,之后化脓变成脓疱,如无继发感染,脓疱在几天内干燥成棕色痂块,痂块脱落后留下斑痕。

在羊痘流行过程中,由于个体的差异,有的病羊呈现非典型病程经过,如在形成丘疹后,不再出现其他各期变化;有的病羊病程经过很严重,痘疹密集,互相融合连成一片,由于化脓性细菌侵入,皮肤发生坏死,全身症状严重;甚至有的病羊在痘疹聚集的部位或呼吸道和消化道发生出血。这些病例多死亡。一般典型病程需3~4周,冬季较春季为长。

(三)病理变化

剖检可见前胃和第四胃的黏膜有大小不等的圆形或半球形坚实结节,有的融合在一起形成糜烂或溃疡。咽和支气管黏膜也常出现痘疹,肺部有干酪样结节和卡他性炎症变化。肠道黏膜少有痘疹变化。

此外,常见细菌性败血症变化,如肝脂肪变性、心肌变性、淋巴结急性肿胀等。

## 二、实验室检验

(一)包涵体检查

取丘疹组织涂片,按莫洛佐夫镀银染色法染色,镜检,在胞浆内见有深褐色的球菌样圆形小颗粒(原生小体)。也可用姬姆萨或苏木精-伊红染色,镜检胞浆内的包涵体,前者包涵体呈红紫色或淡青色,后者包涵体呈紫色或深亮红色,周围绕有清晰的晕。

(二)病毒分离

取病料加生理盐水研磨,离心取上清液,加青霉素、链霉素处理后接种9~12日龄的鸡胚,经3天孵化后观察鸡胚绒毛尿囊膜的是否形成痘斑,进一步检查感染细胞胞浆中的原生小体。

(三)血清学试验

可用琼脂扩散试验、荧光抗体等检查其抗原或抗体。

## 三、检疫后处理

(1)发现绵羊痘、山羊痘疫情,应立即向当地动物卫生监督机构报告。当地动物卫生监督机构接到疫情报告后及时派员到现场进行流行病学调查和临床检查,并立即隔离患病动物及同群动物,限制移动。

(2)绵羊痘、山羊痘疫情确认后,应划分疫点、疫区,采取隔离、封锁、紧急免疫和消毒等综合措施。疫区内禁止动物流动,停止贸易活动,限制车辆、人员流动,进出的车辆、人员要严格消毒。对疫点内的病羊和同群可疑羊进行扑杀,尸体、垫料应深埋或焚烧,污染的场地、用具、羊舍周围、道路要彻底消毒。对疫区未发病动物和受威胁地区的动物进行紧急免疫。

（3）最后一头病羊扑杀后，经过一个最长潜伏期后无新病例出现，进行彻底消毒后，经动物卫生监督机构审验合格后，可解除封锁。

# 任务十一　结核病的检疫

· 知识目标 ·
1. 了解结核病的流行病学特点、主要的临床症状和病理变化
2. 学习处理结核病的一般程序和方法

· 技能目标 ·
1. 能识别结核病的一般特征
2. 能进行实验室检查结核病

知识储备

结核病是由分支结核杆菌引起的一种人畜共患的慢性传染病。以在多种组织器官形成结核结节、干酪样坏死、钙化结节为特征。本病为世界动物卫生组织（OIE）所列出的必须报告的B类动物传染病之一，在我国被列为二类动物疫病。

## 一、临诊要点

（一）流行病学特点

本病奶牛最易感，其次为水牛、黄牛、牦牛，其他动物亦有感染发病，人也可被感染。在新疫区多呈地方性流行；老疫区多呈散发性、隐性感染。本病呈慢性经过，传播较为缓慢。

（二）临床症状

结核一般表现为病畜呈现不明原因的渐进性消瘦，贫血，倦怠无力，易疲劳，全身浅表淋巴结肿大。根据结核发生的部位不同，症状有差异，常见有肺结核、乳房结核和肠结核。

1. 肺结核

初见短而急的干咳，随着病情的进展而咳嗽加剧，频繁而痛苦。病牛呼吸困难，流黏液性或脓性鼻液。触诊胸部疼痛，肺部听诊有干性或湿性啰音，严重时有胸膜摩擦音，叩

诊有浊音区。体表淋巴结肿大，有硬结而无热痛。后期因极度衰竭或窒息而死亡(图6-15)。

2．乳房结核

多见于奶牛，常发生在一个乳腺区，多在后乳腺区。表现为乳房淋巴结肿大，乳腺上有大小不等的、凹凸不平的无热痛的硬结，致乳腺萎缩，两侧乳腺不对称，乳头变形，有的破溃流脓长期不愈。病牛泌乳减少，乳稀薄水样，含有凝块。

3．肠结核

多见于犊牛，表现为消化不良，食欲不振，消瘦，顽固性、持续下痢与便秘交替出现，粪便常带血或脓汁。

此外，还有骨结核、神经结核、淋巴结核等。

图6-15　结核病牛消瘦、体表淋巴结肿胀

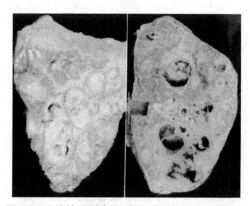

图6-16　结核病肺部形成干酪样坏死灶和空洞

（三）病理变化

在肺脏、乳房和胃肠黏膜等处形成豌豆至粟粒大小特异性白色或黄白色结节，结节大小不一，切面呈干酪样坏死或钙化，有时坏死组织溶解和软化，排出后形成空洞(图6-16)。胸膜和肺膜可发生密集的结核结节，形如珍珠状。淋巴结肿大，切面有呈放射状或条之状排列的干酪样物，或有多量颗粒状钙化或化脓的小结节。

## 二、实验室检验

（一）涂片检查

采集病牛的病灶、痰、尿、粪便、乳及其他分泌物样品，做抹片或集菌处理后抹片，用抗酸染色法染色镜检，结核杆菌呈红色，其他菌及背景为蓝色。

（二）变态反应

本法适合牛群普查，以牛型结核分枝杆菌PPD(提纯蛋白衍生物)接种皮内72h，观察接种部位红肿情况,局部红肿为阳性。

## 三、检疫后处理

(1)发现疑似病牛,应当及时向当地动物卫生监督机构报告。同时限制动物移动,对疑似患病动物应立即隔离。动物卫生监督机构要及时派员到现场进行调查核实,开展实验室诊断。

(2)确诊后,当地人民政府应组织有关部门对患病动物和检疫阳性的动物全部采用不放血方式扑杀,对受威胁的畜群(病畜的同群畜)实施隔离,对病死和扑杀的病畜进行无害化处理,对病畜和阳性畜污染的场所、用具、物品进行严格消毒。

(3)发生重大牛结核病疫情时,当地县级以上人民政府应按照《重大动物疫情应急条例》有关规定,采取相应的疫情扑灭措施。

 **实践体验**

### 技能训练十六　　结核病的检疫

【训练目标】　学会以变态反应检疫牛结核病的方法。

【所需材料】　牛型提纯结核菌素、生理盐水、酒精棉、卡尺、1~2.5mL注射器、针头、工作服、帽、口罩、胶鞋、记录表、手套等。

【操作步骤】

(一)注射部位及术前处理

将牛只编号后在颈侧中部上1/3处剪毛,3个月以内的犊牛也可在肩胛部进行,直径约10cm,用卡尺测量术部中央皮皱厚度,做好记录。如术部有变化,应另选部位或在对侧进行。

(二)皮内注射

先以75%酒精消毒术部,将牛型提纯结核菌素稀释成每毫升含10万IU,皮内注射0.1mL,注射后局部应出现小泡,如注射有疑问时,应另选15cm以外的部位或对侧重做。

(三)观察

皮内注射后经72h判定,仔细观察局部有无热痛、肿胀等炎性反应,并以卡尺测量皮皱厚度,做好详细记录。对疑似反应牛应即在另一侧以同一批菌素同一剂量进行第二回皮内注射,再经72h后观察反应。如有可能,对阴性反应和疑似反应牛,于注射后96h和120h再分别观察一次,以防个别牛出现较晚的迟发型变态反应。

（四）结果判定

（1）阳性反应：局部有明显的炎性反应。皮厚差等于或大于4mm以上者，其记录符号为（+）。对进出口牛的检疫，凡皮厚差大于2mm者，均判为阳性。

（2）疑似反应：局部炎性反应不明显。皮厚差在2.1~3.9mm时，其记录符号为（±）。

（3）阴性反应：无炎性反应。皮厚差在2mm以下，其记录符号为（-）。

凡判定为疑似反应的牛只，于第一次检疫30天后进行复检，其结果仍为可疑反应时，经30~45天后再复检，如仍为疑似反应，应判为阳性。

【考核评价】 小组展示试验结果，小组互评，教师考核（表6-4）。

表6-4 项目考核评价表

项目名称_____ 小组_____ 成员姓名_____

| 考核点 | 考核内容与评分标准 | 得分 | | |
|---|---|---|---|---|
| | | 小组评价 | 教师评价 | 综合得分 |
| 理论考核 | 结核病是一类什么样的传染病，对哪些动物有危害（10分） | | | |
| | 结核病实验室检查方法有哪些（10分） | | | |
| 操作考核 | 部位选择正确，处理正确（20分） | | | |
| | 注射方法正确，操作熟练（20分） | | | |
| | 结果判断得当（20分） | | | |
| | 时间设置正确（10分） | | | |
| 综合素质 | 小组协作表现（5分） | | | |
| | 沟通与表达能力（5分） | | | |
| 合 计 | （100分） | | | |

【实习报告】 根据结核病检疫的实际操作过程写出报告。

# 任务十二　布鲁氏菌病的检疫

·知识目标·
1. 了解布鲁氏菌病的流行病学特点、主要的临床症状和病理变化
2. 学习处理布鲁氏菌病的一般程序和方法

·技能目标·
1. 能识别布鲁氏菌病的一般特征
2. 能采集布鲁氏菌病的病料
3. 学会布鲁氏菌病实验室检查的一般方法

## 知识储备

布鲁氏菌病是由布鲁氏菌引起的人畜共患的慢性传染病。其特征是生殖器官和胎膜发炎、母畜流产、不孕、乳腺炎，公畜睾丸炎、副性腺炎，关节炎、滑液囊炎以及各种组织的局部炎性病灶。本病广泛分布于世界各地，为世界动物卫生组织（OIE）所列出的必须报告的 B 类动物传染病之一，在我国被列为二类动物疫病。

## 一、临诊要点

（一）流行病学特点

本病的易感动物范围很广，可感染各种家畜、家禽和野生动物，但主要侵害羊、牛和猪，布鲁氏菌对人也易感，尤其是马耳他布鲁氏菌。多呈地方流行性，慢性经过，主要流行于牧区。母畜较公畜易感，成年家畜较幼畜易感，易感性随着性成熟年龄的接近而增高。新疫区，病初传入流产率高。老疫区初产母畜第一胎发生流产后，以后多不再发生流产，局限性炎症和隐性感染增多。

传染来源于病畜及带菌者，最危险的传染源是流产的胎儿、羊水、胎衣及流产后的阴道分泌物和乳汁，它们均含有布鲁氏菌，易感动物多因接触这些而被感染。

（二）临床症状

牛、羊、猪症状大致相似，常呈隐性经过，主要症状为孕畜流产。流产可以发生在妊娠的任何时期，但多发生于怀孕后期——牛常在孕后 6~8 个月，羊在孕后 3~4 个月，猪在孕后 4~12 周，已经流产过的母畜再流产，则往往推后。流产前有分娩征兆和生殖道的发

炎症状,不安,阴唇、乳房肿大,荐部与胁部下陷,乳汁呈初乳性质等;阴道黏膜出现粟粒、红色结节,由阴道流出灰白色或灰色黏性分泌液,之后流产,产下死胎或弱仔。牛常见胎衣滞留,特别是妊娠晚期流产者胎衣滞留者常恶露不止,污秽的子宫分泌液迟至1~2周后才消失,有的形成慢性子宫炎,造成不育。羊和猪少有胎衣滞留。

新发病的畜群流产较多;老疫区畜群发生流产的较少,但发生子宫内膜炎、乳房炎、关节炎、胎衣滞留、久配不孕的较多。公畜往往发生睾丸炎、附睾炎或关节炎。

发生乳房炎,乳腺组织有结节性变硬,乳量减少,含有凝块。发生关节炎及滑液囊炎则关节肿胀、跛行。公畜常见为发热、睾丸炎及附睾炎,睾丸和附睾肿胀、疼痛,触之坚硬。

羊还可伴随发生慢性支气管炎和角膜结膜炎,猪可伴随出现淋巴结脓胀。

马布鲁氏菌病常以隐性经过,一般不发生流产,少数马头部和鬐甲发生脓胀,持续数月,破溃后形成瘘管,也有发生关节炎、腱鞘炎、滑液囊炎的。

鸡、鸭等家禽症状通常只表现腹泻、虚脱及产蛋量下降,间或有麻痹症状。

(三) 病理变化

主要病变为生殖器官的炎性坏死,子宫绒毛间隙中有灰黄色胶样渗出物。绒毛叶部分或全部贫血呈苍黄色,绒毛膜绒毛有坏死灶,表面覆盖黄色坏死物或灰绿的脓液。胎衣出血、水肿,有黄色胶冻样浸润,有纤维素性絮片和脓液。

流产胎儿表现为败血症变化,全身黏膜、浆膜充血、出血,皮下出血、水肿呈胶样浸润。胃特别是第四胃中有淡黄色或白色黏液絮状物,肠胃和膀胱的浆膜下可能见有点状或线状出血。浆膜腔有微红色液体,腔壁上可能覆有纤维蛋白凝块。淋巴结、脾脏和肝脏有程度不等的肿胀,有的散有炎性坏死灶。脐带常呈浆液性浸润、肥厚。胎儿和新生犊可能见有肺炎病灶。

公畜精囊内可能有出血点和坏死灶,睾丸和附睾可能有炎性坏死灶和化脓灶。

## 二、实验室检验

(一) 涂片镜检

采集流产胎衣、绒毛膜水肿液、肝、脾、淋巴结、胎儿胃内容物等组织,制成抹片,用柯兹罗夫斯基染色法染色,镜检,布鲁氏菌为红色球杆状小杆菌,而其他菌为蓝色。

(二) 分离培养

新鲜病料可用胰蛋白胨琼脂面或血液琼脂斜面、肝汤琼脂斜面、3%甘油0.5%葡萄糖肝汤琼脂斜面等培养基培养。培养时,一份在普通条件下,另一份放于含有5%~10%二氧化碳的环境中,置于37℃培养7~10天。然后进行菌落特征检查和单价特异性抗血清凝集试验。

## （三）血清学检查

虎红平板凝集试验和试管凝集试验是畜群常规检疫和诊断布鲁氏菌病常用的方法。此外，补体结合反应、间接血凝集反应、酶联免疫吸附试验的特异性和灵敏度较高，也较常用。变态反应可用于疫区羊、猪群布鲁氏菌病的普查。用布氏杆菌素皮内接种，观察几天注射部位明显水肿，为阳性反应。

## 三、检疫后处理

（1）发现疑似疫情，应当及时向当地动物卫生监督机构报告。同时限制动物移动，对疑似患病动物应立即隔离。动物卫生监督机构要及时派员到现场进行调查核实，开展实验室诊断。

（2）确诊后，当地人民政府组织有关部门对患病动物和检疫阳性的动物全部采用不放血方式扑杀，对受威胁的畜群（病畜的同群畜）实施隔离饲养，对患病动物及其流产胎儿、胎衣、排泄物、乳、乳制品等进行无害化处理，对患病动物污染的场所、用具、物品严格进行消毒。

（3）发生重大布鲁氏菌病疫情时，当地县级以上人民政府应按照《重大动物疫情应急条例》有关规定，采取相应的扑灭措施。

## 实践体验

### 技能训练十七　布鲁氏菌病的检疫

【训练目标】　掌握布氏杆菌病实验室检验的方法。

【所需材料】　试管、刻度吸管、0.5%石炭酸生理盐水、布氏杆菌病阳性血清、布氏杆菌病阴性血清、布氏杆菌病试管凝集抗原、布氏杆菌病虎红平板凝集抗原。

【操作步骤】

（一）牛布氏杆菌病试管凝集试验

1. 试管准备

每份血清用试管4支，另取3支试管作为对照，做好标记，置于试管架上。

2. 被检血清稀释

第1管加入2.3mL 0.5%石炭酸生理盐水，第2、3、4管加入0.5mL 0.5%石炭酸生理盐水；然后用刻度吸管吸取被检血清0.2mL，加入第1管中，反复吹吸5次混匀，吸取1.5mL弃之，再吸取0.5mL加入第2管中，混匀后吸取0.5mL加入第3管，以此类推至第

4管，混匀后吸弃0.5mL。该被检血清的稀释度分别是1∶12.5、1∶25、1∶50、1∶100。

3. 对照管制作

第5管中加0.5%石炭酸生理盐水0.5mL，第6管加1∶25稀释的布氏杆菌病阳性血清0.5mL，第7管加1∶25稀释的布氏杆菌病阴性血清0.5mL。

4. 加抗原

将布氏杆菌病试管凝集抗原用0.5%石炭酸生理盐水作1∶20稀释，每支试管加0.5mL。

5. 反应

7支试管加完抗原后，充分混匀，置于37℃温箱中4～10h，取出后置室温18～24h，然后观察并记录结果。

6. 结果判定

根据各管中上清液的透明度、抗原被凝集的程度及凝集块的形状，来判定凝集反应的程度，判定结果时用"＋"表示反应的强度。

++++：100%抗原凝集，上清液完全透明，菌体完全被凝集呈伞状沉于管底，振荡时，沉淀物呈片状、块状或颗粒状。

+++：75%抗原凝集，上清液略呈混浊，菌体大部分被凝集沉于管底，振荡时情况如上。

++：50%抗原凝集，上清液浑浊半透明，管底有中等量的凝集物。

+：25%抗原凝集，上清液完全浑浊不透明，管底有少量凝集物或凝集的痕迹。

－：抗原完全未凝集，上清液完全浑浊不透明，但由于菌体的自然下沉，在管底中央出现规则的菌体自沉圆点，振荡后立即散开呈均匀混浊。

7. 判定标准

能使50%抗原凝集的血清最高稀释度称为该血清的凝集价（或称滴度）。

牛血清凝集价大于或等于1∶100，判为阳性，1∶50的凝集价判为疑似反应（可疑）；结果判为可疑时，隔2～3周后采血重做。阳性畜群，重检时仍为可疑，可判为阳性。

（二）虎红平板凝集试验

1. 试验方法

被检血清和布氏杆菌病虎红平板凝集抗原各30μL滴于玻璃板的方格内，每份血清各用一支牙签或火柴棒混合均匀。在室温（20℃）下4～10min内记录反应结果。同时以阳性和阴性血清作对照。

2. 结果判定

在阳性血清及阴性血清试验结果正确的前提下，被检血清出现任何程度的凝集现象均判为阳性,完全不凝集的判为阴性,无可疑反应。

【考核评价】 小组展示试验结果,小组互评,教师考核(表6-5)。

表6-5 项目考核评价表

项目名称_____　　　　　小组_____成员姓名_____

| 考核点 | 考核内容与评分标准 | 得　分 | | |
| --- | --- | --- | --- | --- |
| | | 小组评价 | 教师评价 | 综合得分 |
| 理论考核 | 布鲁氏菌病是一类什么样的传染病(10分) | | | |
| | 布鲁氏菌病实验室检查方法有哪些(10分) | | | |
| 操作考核 | 采样正确,样品处理正确(20分) | | | |
| | 加样正确,操作熟练(20分) | | | |
| | 结果判断得当(20分) | | | |
| | 环境条件设置正确(10分) | | | |
| 综合素质 | 小组协作表现(5分) | | | |
| | 沟通与表达能力(5分) | | | |
| 合　计 | (100分) | | | |

【实习报告】 根据布鲁氏菌病检疫的实际操作过程写出报告。

## 任务十三　炭疽的检疫

· 知识目标 ·

1. 了解炭疽的流行病学特点、主要的临床症状和病理变化
2. 学习处理炭疽的一般程序和方法

· 技能目标 ·

1. 能识别炭疽的一般特征
2. 能采集炭疽的病料
3. 学会实验室诊断炭疽的一般方法

**知识储备**

炭疽是由炭疽杆菌引起的家畜和野生动物的一种急性、热性、败血性传染病。临诊以高热、黏膜发绀和天然孔出血、败血症变化、尸僵不全、血液凝固不良、脾脏显著肿大、皮下及浆膜下结缔组织呈出血性胶样浸润为特征。

本病为世界动物卫生组织（OIE）所列出的必须报告的B类动物传染病之一，在我国被列为二类动物疫病。

## 一、临诊要点

（一）流行病学特点

各种家畜均可感染，草食动物牛、羊、马和鹿最易感，杂食动物（如猪）易感性次之，肉食动物犬、猫敏感性更低，家禽有抵抗力，人对炭疽较易感。炭疽的主要传染来源是其芽孢，抵抗力强，其污染的土壤、水源及场地可形成持久的疫源地。动物接触到芽孢而被感染。本病多为散发或地方流行，有一定的季节性，多发生在吸血昆虫多、雨水多、洪水泛滥的季节。

（二）临床症状

草食动物多呈急性败血症经过，以突然死亡、天然孔出血、尸僵不全为特征。杂食动物多以局部炭疽痈为特征。

牛：急性病例体温升高达41℃以上，黏膜发绀，全身战栗、心悸、呼吸困难，急性病例一般经24~36h死亡。亚急性和慢性经过的病牛，在颈、胸前、肩胛、腹下或外阴部等形成炭疽，局部坚硬，热痛，也可发生坏死，有时形成溃疡。亚急性病例一般经2~5天后死亡。

羊：多表现为最急性经过，突然发病，摇摆、磨牙、抽搐，挣扎着倒毙，有的可见从天然孔流出带气泡的黑红色血液。

猪：多为局部炭疽痈，呈慢性经过，临床症状不明显，常在宰后见病变。

犬和其他肉食动物临床症状不明显。

（三）病理变化

严禁在非生物安全条件下进行疑似患病动物、患病动物的尸体剖检。

死于炭疽的动物，尸僵不全，尸体极易腐败而致腹部膨大，可视黏膜发绀、出血，天然孔流出不凝固的暗红色血液，黏稠似煤焦油状，血液凝固不良。皮下、肌间、咽喉等部位有出血性胶样浸润。淋巴结肿大，充血、出血，切面潮红，淋巴结周围组织呈不同程度出血性胶样浸润。脾脏高度肿胀，可达正常体积的数倍，脾髓呈黑紫色。

痈肿部位的皮下有明显出血性胶样浸润,其附近淋巴结肿大,周围水肿,淋巴结切面呈砖红色,并有点状出血或坏死。

## 二、实验室检验

实验室病原学诊断必须在相应级别的生物安全实验室进行。

### (一) 涂片染色镜检

采集血便、耳尖或尾端血涂片,用瑞氏染色法或姬姆萨染色法染色,显微镜检查可见单个或 1~4 个短链排列的竹节状的带有荚膜的粗大杆菌。

### (二) 分离培养与鉴定

将病料画线接种于普通营养琼脂或鲜血琼脂上,置于37℃培养24h,可长出较大、扁平、表面及边缘粗糙、灰白色菌落。挑取可疑惑菌落制成细菌涂片,革兰染色可见排列成竹节状、有芽孢的、长直的阳性大杆菌。

### (三) 环状沉淀试验

将病料浸出液与抗炭疽血清做环状沉淀试验,接触面出现清晰的白色沉淀环者为阳性。

## 三、检疫后处理

(1) 发现动物患有炭疽或疑似炭疽,应立即向当地动物卫生监督机构报告。当地动物卫生监督机构接到疑似炭疽疫情报告后,应及时派员到现场进行流行病学调查和临床检查,采集病料送符合规定的实验室诊断,并立即隔离疑似患病动物及同群动物,限制移动。对病死动物尸体,严禁进行开放式解剖检查,采样时必须按规定进行。

(2) 确诊为炭疽后,由所在地县级以上兽医主管部门划定疫点、疫区、受威胁区。

本病呈零星散发时,应对患病动物作无血扑杀处理,对同群动物立即进行强制免疫接种,并隔离观察20天。对病死动物及排泄物、可能被污染饲料、污水等进行无害化处理;对可能被污染的物品、交通工具、用具、动物舍进行严格彻底消毒。

本病呈暴发流行时(1个县10天内发现5头以上的患病动物),要报请同级人民政府对疫区实行封锁。出入口必须设立消毒设施。限制人、易感动物、车辆进出和动物产品及可能受污染的物品运出。

疫点的患病动物和同群动物全部进行无血扑杀处理,其他易感动物紧急免疫接种。对所有病死动物、被扑杀动物、排泄物以及可能被污染的垫料和饲料等物品产品进行无害化处理。

动物尸体需要运送时,应使用防漏容器,须有明显标志,并在动物卫生监督机构的监督下实施。

疫区交通要道设立动物防疫检查站,派专人监管动物及其产品的流动,对进出人员、车辆须进行消毒。停止疫区内动物及其产品的交易、移动。所有易感动物必须圈养或在指定地点放养;对疫点、疫区内动物舍、场地、道路以及所有运载工具、饮水用具等必须进行严格彻底的消毒。

对疫区和受威胁区内的所有易感动物进行紧急免疫接种。

(3)最后一例患病动物死亡或患病动物和同群动物扑杀处理后 20 天内不再出现新的病例,进行终末消毒后,经动物卫生监督机构审验合格后,由当地兽医主管部门向原发布封锁令的机关申请发布解除封锁令。

## 实践体验

### 技能训练十八　皮张的炭疽检疫

【训练目标】　学会炭疽沉淀试验的方法和皮张炭疽检疫的方法。

【所需材料】　剪刀、高压蒸汽灭菌锅、小试管、0.5%苯酚生理盐水、炭疽沉淀素血清、标准炭疽菌粉抗原、炭疽沉淀素阴性血清、阳性皮张抗原、阴性皮张抗原。

【操作步骤】

(一)皮张采样与处理

在每张皮的腿部或腋下边缘部位,剪取一块约 1.0g 的样皮。复检时,仍在第一次取样的附近部位剪取一块约 2g 的样皮,供作检验材料。样皮置于高压蒸汽 103.41kPa,灭菌 30min。

(二)被检皮张抗原的制备

样皮经灭菌后,修剪除去脂肪的样皮 2g,装入洁净的瓶中,按 1∶10 的比例加入 0.5%苯酚生理盐水 20mL,在室温的条件下,浸泡 16~25h,然后用中性滤纸过滤。

(三)试验

用血清加样器向小试管内加注炭疽沉淀素血清 0.1~0.2mL,然后用抗原加注器,吸取等量的皮张浸出液抗原,沿反应管壁徐徐加入,室温静置待判。血清与皮张抗原的接触面,界限清晰,明显可见,界限不清者应重做。

如为盐皮抗原,应在炭疽沉淀素血清中加入 4%化学纯氯化钠后,方能做血清反应。

同时以炭疽沉淀素血清和标准炭疽菌粉抗原作阳性对照,以炭疽沉淀素血清与阴性皮张抗原作阴性对照,以阴性血清与标准炭疽菌粉抗原和已知阳性皮张抗原作阴性对照。

## （四）结果判定

抗原与血清接触后，经 15min 后在两液接触面处出现致密、清晰明显的白环为阳性反应，表示为"＋"；白环模糊，不明显者为疑似反应，表示为"±"；两液接触面清晰，无白环者为阴性反应，表示为"－"；两液接触面界限不清，或其他原因不能判定者为无结果，表示为"0"。对可疑和无结果者，须重做一次。

## （五）复检

初检呈阳性和疑似的材料，须重新取同一时间浸泡瓶的两个皮张号取样复检。复检时，应使用 2~3 个血清效价与初检血清效价相近的不同批号的沉淀素血清进行，同时用阴性血清作对照。复检的方法同初检。

复检材料呈阳性反应时，则判为炭疽沉淀试验阳性。复检再呈疑似反应时，须按阳性处理。

【考核评价】 小组展示试验结果，小组互评，教师考核（表6-6）。

表 6-6 项目考核评价表

项目名称＿＿＿＿＿＿＿ 　　　　　　　　小组＿＿＿＿＿成员姓名＿＿＿＿＿

| 考核点 | 考核内容与评分标准 | 得分 | | |
|---|---|---|---|---|
| | | 小组评价 | 教师评价 | 综合得分 |
| 理论考核 | 炭疽是一类什么样的传染病（10分） | | | |
| | 炭疽实验室检查方法有哪些（10分） | | | |
| 操作考核 | 采样正确，样品处理正确（20分） | | | |
| | 加样正确，操作熟练（20分） | | | |
| | 结果判断得当（20分） | | | |
| | 环境条件设置正确（10分） | | | |
| 综合素质 | 小组协作表现（5分） | | | |
| | 沟通与表达能力（5分） | | | |
| 合　计 | （100分） | | | |

【实习报告】 根据皮张的炭疽检疫的实际操作过程写出报告。

# 任务十四　囊尾蚴病的检疫

· 知识目标 ·
1. 了解囊尾蚴病的流行病学特点、主要的临床症状和病理变化
2. 学习处理囊尾蚴病的一般程序和方法

· 技能目标 ·
1. 能识别囊尾蚴病的一般特征
2. 能正确处置囊尾蚴病

 **知识储备**

囊尾蚴病又称囊虫病,是由猪带绦虫或牛带绦虫的幼虫寄生于肌肉组织所引起的一种人畜共患的寄生虫病,分为猪囊尾蚴病、牛囊尾蚴病和绵羊囊尾蚴病三种,其中绵羊囊尾蚴病不感染人,在检疫上可忽略。本病危害人、畜,是肉品卫生检验中重要的项目之一,在我国被列为二类检疫动物疫病。

## 一、临诊要点

（一）流行病学特点

人是猪带绦虫和牛带绦虫的唯一终末宿主（寄生于人的小肠）,因此,人在此类寄生虫生活史上是不可缺少的一个环节。多种动物均可感染本病,常发生于存在有绦虫病人的地区,卫生条件差和猪散养的地区常呈地方流行,一年四季均可发生。本病的发生与流行与有些地区生食或食用未熟的猪肉或牛肉的习惯有关,其他无此生活习惯的地区多为偶发。本病的流行也与环境卫生和猪、牛的饲养方法有极大的关系。人无厕所,粪便污染环境,甚至用连茅圈,猪或牛能接触到人的粪便,使粪便中的寄生虫卵能进入猪或牛的体内引起本病的流行。

（二）临床症状

1. 猪囊尾蚴病

猪囊尾蚴病是由寄生于人体小肠内的有钩绦虫的幼虫——猪囊尾蚴在猪体内寄生所引起的疾病。猪囊尾蚴主要寄生于猪的肌肉组织,尤其是活动性较强的咬肌、心肌、舌肌、月扁肌等处,臂三头肌及股四头肌等处最为多见,严重感染者还可寄生于肝、肺、肾、眼球

和脑等器官。

一般囊尾蚴病猪多不表现症状,只有在严重感染或某些器官受损害严重时才表现出症状,表现为营养不良、贫血,发育停滞,前肢僵硬,后肢不灵活,左右摇摆,反应迟钝,肩胛肌肉水肿、增宽,后臀部隆起,外观呈哑铃或狮子形。因寄生的部位不同,表现的症状也不一样。囊尾蚴寄生在脑部时,出现癫痫、痉挛,或因急性脑炎而死亡;寄生在咽喉肌肉时,叫声嘶哑,呼吸加快,并常有短声咳嗽;寄生在四肢肌肉时,出现跛行;寄生在舌肌或咬肌时,常引起舌麻痹,咀嚼、吞咽困难;寄生在眼球时,视力模糊;寄生在心肌时,可导致心肌增厚或心肌炎。

2. 牛囊尾蚴病

牛囊尾蚴病是由寄生于人体小肠内的牛带绦虫的幼虫——牛囊尾蚴在牛体内寄生所引起的疾病。初期体温升高到40℃~41℃,虚弱,食欲不振,腹泻,有的甚至引起牛死亡,但当囊尾蚴进入肌肉时以上症状就会消失。

(三) 病理变化

宰后检查时见严重感染囊尾蚴病的猪肉苍白而湿润,肩脚肌、咬肌、颈部肌肉、舌肌等部位肌肉有米粒至黄豆大小的灰白色半透明囊泡,囊壁有一圆形小米粒大小的头节,外观似白色的石榴粒样,或见白色泡液混浊的钙化包囊。严重时,全身肌肉、内脏、脑和脂肪内均能发现囊泡。

牛囊尾蚴主要寄生在牛的咬肌、舌肌、颈部肌肉、肋间肌、心肌和膈肌等部位。与猪囊尾蚴的外形相似,囊泡为白色的椭圆形,米粒大小,囊内充满液体,囊壁上也附着有乳白色的头节,头节上有4个吸盘;但无顶突和小钩,这是与猪囊尾蚴的区别。

## 二、实验室检验

(一) 囊尾蚴检查

取咬肌、舌肌、膈肌或深腰肌等肌肉切开检查,可找到囊尾蚴包囊,囊包米粒大小,灰白色,半透明。

(二) 血清学检查

可用间接血凝试验、酶联免疫吸附试验等作血清学调查或实验室辅助检查。

## 三、检疫后处理

(1) 发现有囊尾蚴的肉尸,整个胴体和内脏应化制处理,皮张不受限制出厂。

(2) 查治病人,对阳性病人及时驱虫,粪便进行无害化处理。只要猪、牛吃不到人的粪便,本病便可以控制。

(3) 改变不良生活习惯,注意卫生,不食用生或半熟的肉。

# 任务十五　旋毛虫病的检疫

· 知识目标 ·
1. 了解旋毛虫病的流行病学特点、主要的临床症状和病理变化
2. 学习处理旋毛虫病的一般程序和方法

· 技能目标 ·
1. 能识别旋毛虫病的一般特征
2. 能进行实验室诊断旋毛虫病的一般操作

 知识储备

旋毛虫病是由旋毛形线虫所引起的人畜共患的寄生虫病。成虫寄生于小肠,称为肠旋毛虫;幼虫寄生于横纹肌,称为肌旋毛虫。成虫和幼虫寄生于同一个宿主。临床特征为发热,肌肉强烈痉挛。该病也是肉食品卫生检验项目之一,在我国被列为二类检疫动物疫病。

## 一、临诊要点

(一) 流行病学特点

旋毛虫病分布于世界各地,几乎所有哺乳动物都可感染,包括人、猪、犬、猫、狼、狐狸、老鼠等均易感。猪感染旋毛虫主要是吞食老鼠所致,另外用生肉屑或含生肉屑的泔水喂猪也是引起旋毛虫病在猪中流行的一个原因。犬活动范围广,吃动物尸体的机会多,因此许多地方犬旋毛虫病感染比例比猪高许多倍。猪是人旋毛虫病的主要传染源,人感染旋毛虫病是生食猪肉,食用腌制肉或烧烤不当的肉所致。本病多呈地方流行。

(二) 临床症状

动物感染后均有一定耐受性,往往无明显症状。大量感染后,初期有食欲减退、呕吐和腹泻症状,旋毛虫侵入肌肉后有肌肉痉挛、麻痹、运动障碍、发热,或吞咽、咀嚼、呼吸困难等症状;有的呈急性卡他性肠炎,严重者有出血性腹泻,有的眼睑和四肢水肿。动物很少死亡。旋毛虫对人致病作用强,症状明显,危害大,可引起部分死亡。

(三) 病理变化

剖解可见肠黏膜增厚、水肿和出血斑,黏液增多。横纹肌纤维膜增厚,肌纤维萎缩、横

纹消失。

## 二、实验室检验

（一）病原检查

旋毛虫寄生于膈肌、舌肌、咬肌、肋间肌及腰肌等横纹肌中,其中膈肌的发病率最高。

1. 目检

取膈肌一小块,撕去肌膜,肉眼观察肉样,展平,将旋毛虫病对光,肉眼观察是否有小白点(旋毛虫包囊)。

2. 压片镜检

从左右膈肌脚各取一小块,撕去肌膜,从左右两侧隔肌脚顺肌纤维方向剪出 24 块麦粒大小的肉粒,依次附贴于玻片上,盖上另一玻片,压扁,置于低倍显微镜下观察,观察有无旋毛虫包囊。

3. 胃液消化法

（二）血清学检查

可用间接血凝试验、酶联免疫吸附试验等作生前活体诊断的手段。

## 三、检疫后处理

（1）发现有旋毛虫包囊和钙化虫体者,全尸和内脏做化制处理或销毁。

（2）做好灭鼠工作,改善环境卫生。不生食或食半熟的肉,肉类加工厂废弃物或厨房泔水必须做无害化处理。加强犬猫的管理,猪圈养。

**实践体验**

### 技能训练十九　旋毛虫病的检疫

【训练目标】　熟悉旋毛虫病临诊检疫的操作要点,掌握肌肉压片检查法,学习和了解肌肉消化检查法。

【所需材料】　载玻片、剪子、镊子、绞肉机、组织捣碎机、显微镜、旋毛虫检查投影仪、0.3~0.4mm 铜筛、贝尔曼氏幼虫分离装置、磁力加热搅拌器、600mL 三角烧瓶、分液漏斗、烧杯、纱布、天平等;5% 和 10% 盐酸溶液、0.1%~0.4% 胃蛋白酶水溶液、50% 甘油溶液。

**【操作步骤】**

（一）肌肉压片检查法

1. 采样

自肉体左右膈肌脚各采取一块 30~50g 的肉样，并与肉体编成相同号码。如果被检对象是部分胴体，可从腰肌、肋间肌或咬肌等处采样。

2. 制片

将肉样剪成 24 个小粒，用旋毛虫检查压定器或两块载玻片压成厚度均匀又很薄的薄片，用显微镜或实体显微镜检查。

3. 结果判定

未形成包囊的旋毛虫幼虫，在肌纤维之间，虫体呈直杆状或蜷曲状，有时因压片时压力过大而把虫体挤在压出的肌浆中。

形成包囊后的旋毛虫，在肌纤维间，可见到发亮透明的圆形或椭圆形包囊，囊内有蜷曲的旋毛虫。

钙化的包囊幼虫，镜下呈黑色的团块状，滴加 10% 的盐酸溶液脱钙后，可见到完整的幼虫虫体。

发生机化的包囊幼虫，由于其周围的结缔组织增生，使包囊明显增厚，眼观为一较大的白点，压片镜检时，呈云雾状，如果滴加 50% 甘油透明剂，数分钟后检样透明，镜检时发现虫体或虫体崩解后的残骸。

（二）消化法

将每组肉样的腱膜、肌筋及脂肪除去，用绞肉机把肉磨碎后称量 10~20g 置于三角烧瓶中，倾入消化液 100~200mL，在 37℃ 温箱中搅拌和消化至肉样呈絮状并混悬于溶液为止。消化后的悬液通过贝尔曼氏装置滤过，过滤后再倒入 500mL 冷水静置 2~3h 后倾去上层液，取 10~30mL 沉淀物，低倍镜镜检，观察有无旋毛虫。

**【考核评价】** 小组展示试验结果，小组互评，教师考核（表6-7）。

表6-7 项目考核评价表

项目名称_____ 小组_____ 成员姓名_____

| 考核点 | 考核内容与评分标准 | 得分 | | |
| --- | --- | --- | --- | --- |
| | | 小组评价 | 教师评价 | 综合得分 |
| 理论考核 | 旋毛虫流行的特点有哪些（10分） | | | |
| | 旋毛虫实验室检查方法有哪些（10分） | | | |

续表

| 考核点 | 考核内容与评分标准 | 得　分 | | |
| --- | --- | --- | --- | --- |
| | | 小组评价 | 教师评价 | 综合得分 |
| 操作考核 | 采样正确,样品处理正确(10分) | | | |
| | 目检正确(10分) | | | |
| | 压片厚薄得当(10分) | | | |
| | 消化操作正确(10分) | | | |
| | 显微镜使用正确,结果判断得当(30分) | | | |
| 综合素质 | 小组协作表现(5分) | | | |
| | 沟通与表达能力(5分) | | | |
| 合　计 | (100分) | | | |

【实习报告】　根据旋毛虫实验室检查的实际操作过程写出报告。

## 复习思考题

1. 猪口蹄疫有什么临床特征？与猪水疱病有什么区别？
2. 禽流感有什么临床特征？实验室诊断禽流感有哪些方法？
3. 鸡新城疫有什么临床特征？与禽流感有什么异同？
4. 猪瘟有什么临床特征？
5. 猪繁殖与呼吸综合征有什么临床特征？防控有什么措施？
6. 猪链球菌病有什么临床特征？
7. 小反刍兽疫有什么临床特征？主要流行于哪些地区？
8. 绵羊痘、山羊痘有什么临床特征？有什么危害性？
9. 牛病毒性腹泻-黏膜病有什么临床特征？
10. 传染性胸膜肺炎有什么临床特征？
11. 布鲁氏菌病有什么临床特征？对人有什么危害性？
12. 牛结核病有什么临床特征？对人有什么危害性？
13. 炭疽有什么临床特征？主要流行于什么时候？为什么不能随便剖解炭疽病例？
14. 囊虫病有什么临床特征？流行病学上有什么特点？
15. 旋毛虫病有什么临床特征？

# 项目七 动物产地检疫

 **项目概述**

做好产地检疫对贯彻和落实"预防为主"的动物防疫与检疫工作方针有着极其重要的意义,可以有效地促进基层防疫工作的开展。本项目要求大家认识产地检疫前的准备工作、产地检疫的实施过程及对检疫结果进行正确处理。

## 任务一 产地检疫准备

· **知识目标** ·

1. 了解产地检疫的内容、意义和要求
2. 理解合格产地检疫人员所需要的条件
3. 掌握产地检疫前的准备工作

· **技能目标** ·

1. 能有效组织产地检疫人员
2. 能准备产地检疫所需材料

 **知识储备**

### 一、产地检疫的概念

产地检疫是指动物、动物产品在离开饲养地或生产地之前由检疫员到场、到户或在指定地点实施的检疫。产地检疫的目的是及时发现染疫动物、染疫动物产品及其他病死动物,将其控制在原产地,并按规定进行检疫处理,防止进入流通环节,以便把可能发生的疫情控制和消灭在最小范围内。

产地检疫包含以下几种情况:国有、三资、集体企业和个体户等饲养的动物按检疫计划在饲养场地进行的定期检疫;动物于出售前在饲养场地进行的就地检疫;动物于运输前在饲养场地进行的检疫;准备出境动物未进入口岸前进行的检疫。

因此,一般的产地检疫主要由乡(镇)畜牧兽医站具体负责,而出口动物的产地检疫应由当地县级以上畜牧兽医行政管理部门动物卫生监督机构负责。

## 二、产地检疫的意义

第一,我国是传统的农业大国,发展畜牧业有着悠久的传统和雄厚的基础,畜禽养殖总量居世界第一。但长期以来养殖一直以农户散养为主要方式,难以执行统一的行业标准。饲养管理方式千差万别,畜禽的养殖种类、免疫情况、出栏时间等无法统一管理,畜禽的调运也处于无序状态。虽然近年来许多地方把养殖业当作当地农村经济中的支柱产业来培育、发展,饲养管理方式向集约化、规模化方向发展,但总体上还是以散养方式为主,不同之处是养殖户的规模有所扩大。在这种经营管理模式下,如果不开展产地检疫,那么动物疫病传播扩散的机会将会大大增加。

第二,产地检疫最后都要落实在给畜主出具产地检疫合格证明上,而出证条件之一就是动物必须在免疫有效期内。检疫员在出具产地检疫合格证明时,除了要进行临床健康检查外,还要查验动物的免疫耳标(猪、牛、羊)或免疫证明(禽类),这对基层的基础免疫工作是一个极大的促进,可以达到防检结合,以检促防的目的。

第三,在后续的运输环节、屠宰加工环节中查验、回收产地检疫合格证明和免疫耳标,不仅使动物在整个流通环节的检疫监督工作有机地联系在了一起,而且使产地检疫与动物防疫工作的关系更加紧密,可以更好地体现和贯彻"预防为主"的动物防疫与检疫工作方针,促进基层动物防疫工作的深入开展,保障养殖业生产健康稳定地发展。

可见,产地检疫是直接控制畜禽疫病的有力措施,是整个检疫工作的重点。

## 三、产地检疫的分类

产地检疫可根据检疫环节的不同分为以下几类:

(一)产地售前检疫

对畜禽养殖场或个人准备出售的畜禽、动物产品生产加工单位或个人准备出售的动物产品在出售前进行的检疫。

（二）产地常规检疫（计划性检疫）

对正在饲养过程中的畜禽按常年检疫计划进行的检疫。

（三）产地隔离检疫

对准备出口的畜禽未进入口岸前在产地隔离进行的检疫。另外，国内异地调运种用畜禽过程中，运前在原种畜禽场隔离进行的检疫、产地引种饲养调回动物后进行的隔离观察，亦属产地隔离检疫。

## 四、产地检疫的要求

（一）定期检疫

每年对动物进行某些疫病（如布鲁氏菌病、结核病、马鼻疽等）的定期检疫。饲养种畜、种禽、奶畜的单位和个人，要根据国家规定的要求，由当地动物卫生监督机构进行检疫。

（二）引进检疫

凡引进种畜、种禽的单位，种畜禽在进场后，必须隔离一定时间（大、中家畜45天，其他动物30天），经检疫确认无疫病后方可种用。

（三）售前检疫

饲养场或饲养户的畜禽在出售前，必须经当地畜牧兽医行政管理部门动物卫生监督机构或其委托单位实施检疫，并对合格者出具检疫证明。

（四）运前检疫

动物在调运前应进行产地检疫，并对合格者出具检疫证明。

（五）确定检疫

当发生疫情时，应及时向动物卫生监督机构报告，以便及时确诊和采取防制措施。

## 五、产地检疫人员的组织

产地检疫工作量大，需要的人员较多，包括专业技术人员、保定人员和畜主。这就需要根据具体情况，很好地进行产地检疫人员的组织分工，分别落实具体任务，以提高检疫工作的效率。

## 六、产地检疫证件、器械的准备

卫生监督所的专业技术人员必须带证上岗，并携带一定量所需用的票据。

宰前检疫常用的器械主要有体温计、听诊器、叩诊器、开口器、牛鼻钳、耳夹子、鼻捻子、采血针、穿刺针、皮内注射器及针头、剪刀、毛剪、卡尺等。

也可自行配备检疫箱,主要包括显微镜、载玻片、盖玻片、酒精灯、染色液、消毒剂、采样袋、试管、玻璃瓶皿、解剖刀、剪刀、钩子、手术刀、体温计、听诊器、应急灯、工作服、塑料手套、橡胶手套等。有条件的可以配备照相机和录音机。

## 任务二  产地检疫实施

·**知识目标**·

1. 了解产地检疫的对象、检疫内容
2. 理解产地检疫的方法
3. 掌握产地检疫的程序

·**技能目标**·

1. 会产地检疫的疫情调查和临床检查
2. 能独立完成产地检疫
3. 会出具产地检疫相关票证

 **知识储备**

### 一、产地检疫的对象

产地检疫的对象一般是国家规定的检疫对象,但各省、直辖市、自治区可根据当地疫情进行增减,如湖北省规定口蹄疫、猪水疱病、炭疽、狂犬病、猪瘟、旋毛虫病、猪囊尾蚴病、锥虫病和当地新发现的传染病都属于产地检疫对象。有时可根据贸易双方协定的应检疫病进行产地检疫。

### 二、产地检疫的内容

(一)疫情调查

通过询问有关人员(畜主、饲养管理人员、防疫员等)和对检疫现场的实际观察,了解当地疫情及邻近地疫情动态,确定被检动物是否在非疫区或来自非疫区,即被检动物是否存在于或来自于发生传染病的村、屯以外的地区。

(二)查验免疫证明

向有关人员索验畜禽免疫接种证明或查验动物体表是否有圆形针码免疫、检疫印章。

检查畜禽养殖场或养殖户,对国家规定或地方规定必须强制免疫的疫病(如国家强制免疫的疫病猪瘟、鸡新城疫等)是否进行了免疫;动物是否处在免疫保护期内。奶牛场每年3~4月份必须进行无毒炭疽芽孢苗的注射,且密度不得低于95%。某些地方强制免疫的猪丹毒、猪肺疫、羊痘等疫病,如果未按规定进行免疫,或虽然免疫但已不在免疫保护期内,要以合格疫苗再次接种,出具免疫证明。

各种疫苗的免疫保护期不同,检验员必须熟悉。如猪瘟免疫弱毒冻干苗,注射后4天就可产生免疫力,免疫期1.5年;而猪瘟、猪丹毒、猪肺疫三联冻干苗注射后2~3周产生免疫力,免疫期6个月;无毒炭疽芽孢苗注射后14天产生免疫力,免疫期为1年。

"动物免疫证"的适用范围:用于证明已经免疫后的动物,由实施免疫的人员填写,在免疫后发给畜主保存。有的动物体表留有免疫标志,如猪注射猪瘟疫苗后可在其耳部轧打塑料标牌,或在其左肩胛部盖圆形印章。

(三)临床健康检查

对被检动物进行临床检查,确定动物是否健康。对即将屠宰的畜禽进行临床观察;对种用、乳用、实验动物及役用动物除临床检查外,按检疫要求进行特定项目的实验室检验,如奶牛结核病变态反应检查等。

(四)检疫收费

按规定收费。

(五)出具产地检疫证明

动物售前经检疫符合出证条件的出具检疫证明。

(六)有运载工具的进行运载工具消毒

对运载动物、动物产品的车辆、船舶等运载工具在装前、卸后进行消毒。消毒合格后,出具运载工具消毒证明。

关于动物产品的售前检疫,因产品种类不同,其检疫内容有区别。肉品按肉品卫生检验的内容进行检验。骨、蹄、角应检查外包装是否经过消毒。骨是否带有未剔除干净的残肉、结缔组织等,是否有异臭;皮毛是否经过氧乙酸、环氧乙烷消毒,或是否经炭疽沉淀试验;对于种蛋、精液,则要了解种畜禽场防疫状况和供体健康状况,种蛋出场前是否经福尔马林、高锰酸钾等消毒,精液是否进行了品质检查。但不论何种动物产品,都应首先确定是否在非疫区。动物产品经检疫符合出证条件的出具检疫证明,属胴体的在胴体上加盖明显的验讫标志。

## 三、产地检疫的方法

由于产地检疫是在饲养生产地进行的现场检疫,所以产地检疫多以临诊检疫方法为主。某些检疫对象按规定必须进行实验室检查时，才进行特异性检疫。

临诊检疫主要是应用临床诊断学方法，即视、触、叩、听、测体温等基本检查方法，对受检动物进行活体检查。先进行全群的群体检查，群体检查的目的是检出有病态的动物，然后对有病态的动物仔细进行个体检查。现场临诊检疫与一般临床诊断不完全相同，尤其是大群检查时，应结合流行病学调查资料进行有目的的检查，通过疫情调查，若发现近期发生过某种疫病，在检疫时应重点加强对该种疫病的检疫。

对于供屠宰的动物，以感官检查为主。主要观察动物的表现（静、动、起、卧、立、精神、饮水、食欲等）是否正常，体温、脉搏、呼吸是否在正常生理指标内。对于种畜禽、乳畜、役用动物、实验动物，除临诊检疫外，尚须按规定进行实验室检疫。

## 四、产地检疫的程序

产地检疫的程序一般包括以下几个环节。

### （一）申报检疫

产地申报检疫有两种含义：一是饲养者的动物即将出栏时，主动到动物卫生监督机构填写"检疫申报单"，卫生检疫监督机构接到申报单后进行回复，将"检疫申报受理单"交给货主，并按照回复的时间到养殖场（户）实地进行检疫，即到场（户）检疫；二是畜主填写"检疫申报单"，卫生检疫监督机构进行回复，填写"检疫申报受理单"，将检疫地点动物卫生监督机构就近设立的产地检疫报检点进行检疫。第二种方式对经营者和检疫员来说都较方便，目前被较多地方采用。但这种方式要求饲养者或经营者必须遵守属地管理的原则，到最近的产地检疫报检点检疫，而不能跨越乡镇（两个乡镇互相毗邻的村由当地动物卫生监督机构协商后可以跨越辖区进行产地检疫）；否则，一旦饲养地离报检点超过一定距离，就失去了产地检疫的本意。

### （二）了解情况，查证验标

通过调查询问，了解养殖场（户）主的基本情况，如养殖种类、养殖数量及增减情况、动物来源、出栏数等；查验免疫证明和免疫标识，检查被检动物是否对国家或地方规定必须强制免疫的疫病进行了免疫，动物是否处于免疫有效保护期内，免疫耳标号和免疫登记上的号码是否相符等。

### （三）检疫

按动物种类、用途的不同实施相应检疫，包括现场临床健康检查和按规定必须进行的实验室检验。临床健康检查分为群体检查和个体检查，对种用、乳用、役用、表演动物，还需按规定进行实验室检查。

在广大的乡村，尤其是山区或相对贫困地区，由于动物饲养高度分散，养殖规模小，动物出栏时数量一般比较少,如生猪、牛、羊出栏时往往只有几头(只),进行检查时不必把检查步骤和方法区分得那么细致,但检查的基本要领和程序还是相同的。

## 任务三　产地检疫后处理

·知识目标·
1. 理解动物检疫处理的概念
2. 了解产地检疫各种票据
3. 掌握产地检疫结果的分类及处理的主要方法

·技能目标·
1. 能根据动物疫病的发生条件制定养殖场简单的防疫措施
2. 能根据动物疫病流行的三个环节之间的关系制定控制动物疫病流行的措施

 知识储备

### 一、动物检疫处理

动物检疫处理是指在动物检疫中对被检动物、动物产品出证放行或进行无害化处理等一系列措施的总称。动物检疫处理是动物检疫工作的内容之一,只有及时而合理地进行动物检疫处理,才可以防止疫病扩散,保障防疫效果和人类健康;只有做好检疫后的处理,才算真正完成了动物检疫任务。

### 二、动物检疫结果的分类

动物检疫结果有合格和不合格两种情况,因此,动物检疫处理的原则有两条:一是对合格动物、动物产品出证放行;二是对不合格的动物、动物产品贯彻"预防为主"和就地处理的原则,不能就地处理的(如运输中发现)可就近处理。

### 三、动物检疫处理的主要方法

动物检疫处理方法是根据检疫出疫病的种类而确定的,不同的检疫对象,采取不同的处理方法。

(一) 合格动物、动物产品的处理方法

经检疫确定为无检疫对象的动物、动物产品属于合格的动物、动物产品,由动物卫生监督机构出具检疫证明,动物产品同时加盖验讫标志。目前,我国所使用的动物防疫证是由农业部[2010]44号文件《关于印发动物检疫合格证明等样式及填写应用规范的通知》规定。合格动物:①跨省境出售或者运输动物,出具"动物检疫合格证明"(动物A);②省内出售或者运输动物,出具"动物检疫合格证明"(动物B);③对于跨省境出售或运输动物产品,出具"动物检疫合格证明"(产品A);④用于省内出售或运输动物产品,出具"动物检疫合格证明"(产品B)。

（二）不合格动物、动物产品的处理方法

经检疫确定患有检疫对象的动物、疑似动物及染疫动物产品为不合格动物、动物产品,应做防疫消毒和其他无害化处理;无法做无害化处理的,应予以销毁。若发现动物、动物产品未按规定进行免疫、检疫或检疫证明过期的,应进行补注、补检或重检。

（1）补注:对未按规定预防接种或已接种但超过免疫有效期的动物进行的预防接种。

（2）补检:对未经检疫进入流通的动物及其产品进行的检疫。

（3）重检:动物及其产品的检疫证明过期或在有效期内有异常情况出现时,可重新检疫。

经检疫的阳性动物加施圆形针码免疫、检疫印章,如结核病阳性牛,在其左肩胛部加盖此章;布氏杆菌病阳性牛,在其右肩胛部加盖此章。不合格动物产品可在胴体上加盖销毁、化制或高温标志,并做无害化处理,脏器也要按规定做无害化处理。

（三）各类动物疫病的检疫处理

（1）一类动物疫病的处理:当地县级以上地方人民政府畜牧兽医行政管理部门(畜牧局)应立即派人到现场,划定疫点、疫区、受威胁区,采集病料,调查疫情并及时报请同级人民政府决定对疫区实行封锁,并将疫情等情况于24h内逐级上报国家农业部。做好保密工作,因为只有国家农业部有权对外公布疫情。

县级以上地方人民政府应立即组织有关部门和单位采取隔离、扑杀、销毁、消毒、紧急免疫接种等措施强制性控制、扑灭疫病,并通报毗邻地区。

在封锁期间,禁止染疫和疑似染疫动物、动物产品流出疫区,禁止非疫区的动物进入疫区,并根据扑灭疫病的需要对出入封锁区的人员、运输工具及有关物品采取消毒和其他限制性措施。

当疫点、疫区内染疫、疑似染疫的动物扑杀或死亡后,经过该疫病的一个潜伏期以上的监测,再无疫情发生时,经县级以上人民政府畜牧兽医管理部门确认合格后,由原决定机关宣布解除封锁。

（2）二类动物疫病的处理:当地县级以上地方人民政府畜牧兽医行政管理部门划定疫点、疫区和受威胁区,县级以上地方人民政府组织有关部门和单位采取隔离、扑杀、销毁、消毒、紧急免疫接种，限制易感染的动物、动物产品及有关物品出入等控制、扑灭措施。

（3）三类动物疫病的处理：县级、乡级人民政府按照动物疫病预防计划和农业部的有关规定，组织防治和净化。

（4）二、三类疫病呈暴发性流行时的处理，按一类疫病处理。

（5）人畜共患疫病的处理：农牧部门与卫生行政部门及有关单位互相通报疫情，及时采取控制扑灭措施。

登记检疫员要对每天进行产地检疫的动物种类、数量、检疫结果、无害化处理情况等及时登记汇总，并按时向上级动物卫生监督机构上报。

## 四、检疫证明的填写

（一）各种票证样式

1. 动物检疫申报单

## 检 疫 申 报 单

（货主填写）

编号：＿＿＿＿＿＿＿＿＿＿＿＿＿

货主：＿＿＿＿＿＿＿＿＿＿＿＿＿　　　　联系电话：＿＿＿＿＿＿＿＿＿＿

动物/动物产品种类：＿＿＿＿＿＿＿＿　　数量及单位：＿＿＿＿＿＿＿＿

来源：＿＿＿＿＿＿＿＿＿＿＿＿＿　　　　用　　途：＿＿＿＿＿＿＿＿＿＿

启运时间：

到达地点：

　　依照《动物检疫管理办法》规定，现申报检疫。

货主签字(盖章)：

申报时间：＿＿年＿＿月＿＿日

（注：本申报单规格为210mm×70mm，其中左联长110mm，右联长100mm。）

2. 申报处理结果

## 申报处理结果

（动物卫生监督机构填写）

□ 受理。
拟派员于_____年____月____日到_____实施检疫。
□ 不受理。
理由：_____。

经办人：

年　　月　　日

（动物卫生监督机构留存）

3. 检疫申报受理单

## 检 疫 申 报 受 理 单

（动物卫生监督机构填写）

No.

处理意见：
□ 受理：
本所拟于_____年_____月_____日派员到_____实施检疫。
□ 不受理。
理由：_____。

经办人：
联系电话：

动物检疫专用章

年　　月　　日

（交货主）

4. 动物检疫合格证明(动物B)

## 动物检疫合格证明(动物B)

编号：

| 货　主 | | 联系电话 | |
|---|---|---|---|
| 动物种类 | 数量及单位 | 用　途 | |
| 启运地点 | 市(州)　　县(市、区)　　乡(镇)　　村(养殖场、交易市场) | | |
| 到达地点 | 市(州)　　县(市、区)　　乡(镇)　　村(养殖场、屠宰场、交易市场) | | |
| 牲畜耳标号 | | | |
| 本批动物经检疫合格,应于当日内到达有效。<br><br>　　　　　　　　　　　　　　官方兽医签字：_____<br>　　　　　　　　　　　　　　签发日期：　　年　月　日<br>　　　　　　　　　　　　　（动物卫生监督所检疫专用章） | | | |

第一联　共二联

注：1. 本证书一式两联,第一联由动物卫生监督所留存,第二联随货同行。
　　2. 本证书限省境内使用。
　　3. 牲畜耳标号只需填写后3位,可另附纸填写,并注明本检疫证明编号,同时加盖动物卫生监督所检疫专用章。

5. 动物检疫合格证明(产品 B)

**动 物 检 疫 合 格 证 明**(产品 B)

编号：

| 货　　主 | | 产品名称 | |
|---|---|---|---|
| 数量及单位 | | 产　　地 | |
| 生产单位名称地址 | | | |
| 目的地 | | | |
| 检疫标志号 | | | |
| 备　　注 | | | |
| 本批动物产品经检疫合格,应于当日到达有效。<br>官方兽医签字：＿＿＿＿＿＿＿＿<br>签发日期：　　年　　月　　日<br>（动物卫生监督所检疫专用章） | | | |

第联　共联

注：1. 本证书一式两联,第一联由动物卫生监督所留存,第二联随货同行。
　　2. 本证书限省境内使用。

（二）票据的填写要求
1. 票据填写的基本要求
（1）要求动物卫生监督证章标志的出具机构及人员必须是依法享有出证职权者,并经签字盖章方为有效。
（2）严格按适用范围出具动物卫生证章标志,混用无效。
（3）动物卫生监督证章标志涂改无效。
（4）动物卫生监督证章标志所列项目要逐一填写,内容简明准确,字迹清晰。
（5）不得将动物卫生监督证章标志填写不规范的责任转嫁给合法持证人。
（6）动物卫生监督证章标志用蓝色或黑色钢笔、签字笔或打印填写。
2. 各种票据填写的具体要求
（1）检疫申报单：
① 适用范围:用于动物、动物产品的产地检疫、屠宰检疫申报。
② 项目的填写：
a. 货主:货主为个人的,填写个人姓名;货主为单位的,填写单位名称。

b. 联系电话:填写移动电话,无移动电话的,填写固定电话。

c. 动物和动物产品种类:写明动物和动物产品的名称,如猪、牛、羊、猪皮、羊毛等。

d. 数量及单位:数量及单位应以汉字填写,如叁头、肆只、陆匹、壹佰羽、贰佰张、伍仟公斤。

e. 来源:填写生产经营单位或生产地乡镇名称。

f. 启运地点:饲养场(养殖小区)、交易市场的动物填写生产地的省、市、县名和饲养场(养殖小区)、交易市场名称;散养动物填写生产地的省、市、县、乡、村名。

g. 启运时间:动物和动物产品离开经营单位或生产地的时间。

h. 到达地点:填写到达地的省、市、县名,以及饲养场(养殖小区)、屠宰场、交易市场或乡镇名。

(2) 动物检疫合格证明(动物 B):

① 适用范围:用于省内出售或者运输动物。

② 项目填写:

a. 货主:货主为个人的,填写个人姓名;货主为单位的,填写单位名称。

b. 联系电话:填写移动电话,无移动电话的,填写固定电话。

c. 动物种类:填写动物的名称,如猪、牛、羊、马、骡、驴、鸭、鸡、鹅、兔等。

d. 数量及单位:数量和单位连写,不留空格。数量及单位以汉字填写,如叁头、肆只、陆匹、壹佰羽。

e. 用途:视情况填写,如饲养、屠宰、种用、乳用、役用、宠用、试验、参展、演出、比赛等。

f. 启运地点:饲养场(养殖小区)、交易市场的动物填写生产地的市、县名和饲养场(养殖小区)、交易市场名称;散养动物填写生产地的市、县、乡、村名。

g. 到达地点:填写到达地的市、县名,以及饲养场(养殖小区)、屠宰场、交易市场或乡镇、村名。

h. 牲畜耳标号:由货主在申报检疫时提供,官方兽医实施现场检疫时进行核查。牲畜耳标号只需填写顺序号的后 3 位,可另附纸填写,并注明本检疫证明编号,同时加盖动物卫生监督所检疫专用章。

i. 签发日期:用简写汉字填写,如二〇一二年四月十六日。

(3) 动物检疫合格证明(产品 B):

① 适用范围:用于省内出售或运输动物产品。

② 项目填写:

a. 货主:货主为个人的,填写个人姓名;货主为单位的,填写单位名称。

b. 产品名称：填写动物产品的名称，如猪肉、牛皮、羊毛等，不得只填写为肉、皮、毛等。

c. 数量及单位：数量和单位连写，不留空格。数量及单位以汉字填写，如叁拾公斤、伍拾张、陆佰枚。

d. 生产单位名称地址：填写生产单位全称及生产场所详细地址。

e. 目的地：填写到达地的市、县名。

f. 检疫标志号：对于"带皮猪肉产品"，填写检疫滚筒印章号码；其他动物产品按我部有关后续规定执行。

g. 备注：有需要说明的其他情况可在此栏填写，如作为分销换证用，应在此注明原检疫证明号码及必要的基本信息。

## 实 践 体 验

### 技能训练二十　模拟产地检疫

【训练目标】　理解产地检疫的条件、实施内容及重要意义，能开展产地检疫调查工作。

【训练形式】　分小组进行产地检疫，小组代表讲解方案及结果汇报，上交书面材料。

【重点提示】　先认真阅读教材和相关资料，明确产地检疫的内容，知晓产地检疫的方法，能对产地检疫做出书面结果。

一、实训条件

一个合适的规模化养殖场（以猪场、鸡场、奶牛场为主）或一个以分散经营方式为主的村（屯）。如果条件具备，可同时联系距离相近的两个检疫点，将学生分成两大组，交叉进行实习。

二、方法与步骤

（一）由教师或当地检疫人员介绍动物产地检疫的内容

1. 动物产地检疫项目

产地检疫项目包括当地疫情情况、免疫接种情况、临诊检疫情况，以及按规定必须进行的实验室检疫。

2. 动物产地检疫对象

产地检疫对象主要是区域内检疫对象，同时各地可根据具体情况进行酌情增减。

3. 动物产地检疫的方法

一般应先在掌握当地流行病学情况的基础上进行临诊检疫，然后再进行按规定必须进行的实验室检疫。

（二）由教师或当地检疫员介绍产地检疫的流行病学调查内容

1．当前疫病流行现状

（1）当前疫病的发病时间、地点、蔓延过程以及该疫病的流行范围和空间分布现状。

（2）疫病流行区域内各种畜禽的数量和其他发病动物的种类、数量、性别、年龄、感染率、发病率、病死率等。

2．疫情来源

（1）本地调查：本地过去是否发生过该疫病或类似疫病。若发生过，是在何时、何地发生；是否进行确诊，如确诊又是何病；当时流行情况如何；当时采取过什么措施，效果如何；有无历史资料可查。

（2）邻地调查：若本地以往未发生过该种疫病，可调查是否曾从邻地引进过家畜家禽、畜禽产品以及饲料等，新引进畜禽的饲养地是否发生有类似疫病。

3．传播途径

（1）当地各种畜禽的饲养管理方法、放牧情况、畜禽流动情况以及收购情况等。

（2）当地畜禽卫生防疫情况。

（3）当地助长或控制疫病传播因素的情况。

4．一般情况

（1）自然情况：发病地区的地形、交通、河流、气候、昆虫、野生动物的情况。

（2）社会情况：当地人民群众生活、生产、活动情况，当地主要领导、有关干部、兽医以及有关人员对疫情的态度。

（三）检疫方法

动物检疫员或指导教师进行产地检疫示范，然后学生分组到养殖户或圈舍进行实际操作。

1．活畜产地检疫对象

根据国家规定或地方政府规定的检疫对象进行检疫。在检疫时，应根据检疫实际，如检疫时的季节、产地地理条件、产地近期疫情、动物饲养管理方式、动物种类和年龄、动物外在表现等情况，有针对性地重点检查某些疫病，而不是检查每种检疫对象。

2．活畜产地检疫的方式

到场入户现场检疫，现场出证。

3．活畜产地检疫的方法

活畜产地检疫的方法以临床检查为主，结合流行病学调查。必要时进行某些疫病的实验室检查。

4. 实施检疫的程序和内容

(1) 动物检疫人员到场入户后向畜主或有关人员说明来意,出示证件。

(2) 向畜主询问畜禽饲养管理情况,如该畜禽是自繁自养还是外购;饲料来源,是否应用添加剂,添加剂的种类;畜禽的饮食情况、饲料消耗情况;该畜禽在本户饲养时间的长短,生产性能如何;饲养过程中是否患过疾病,是否治疗过;饲养畜禽的变更情况,经济收入;邻户、本村及邻村畜禽饲养情况,近期及近年内疫病的发生情况,是否影响到本户。最终确定被检动物是否处在非疫区。

询问的同时查看畜禽圈舍卫生及周围环境卫生,提出防疫要求。

(3) 向畜主索验免疫证明,并核实是否处在保护期内及证明的真伪。

(4) 实施临床检查。根据现场条件分别进行群体和个体检查。群体静、动、食态检查结合群体测体温(注意检查学生测体温的方法是否正确),个体视、触、叩、听结合测体温。

畜禽临床检查健康的标准,应是静、动、食态表现正常,体温、心率、呼吸指标在生理范围以内,各种动物的正常体温、脉搏、呼吸数。

(5) 按规定收取检疫费。

(6) 符合检疫要求时出具检疫证明。

5. 填写产地检疫证明及有关票证

填写要求和格式见项目七中的任务三。

【考核评价】

1. 简述产地检疫调查的项目、对象、方法和流行病学调查的内容。
2. 填写出规范的"动物产地检疫合格证明"。
3. 小组互评,教师考核(表7-1)。

表7-1 项目考核评价表

项目名称_____ 小组_____ 成员姓名_____

| 考核点 | 考核内容与评分标准 | 得分 | | |
|---|---|---|---|---|
| | | 小组评价 | 教师评价 | 综合得分 |
| 理论知识 | 产地检疫的主要内容(10分) | | | |
| | 产地检疫的主要程序和方法(10分) | | | |
| 方案 | 方案的完整性(20分) | | | |
| | 方案的科学性(20分) | | | |
| | 文字表达和书面整洁(10分) | | | |

续表

| 考核点 | 考核内容与评分标准 | 得 分 | | |
|---|---|---|---|---|
| | | 小组评价 | 教师评价 | 综合得分 |
| 调查结果 | 结果准确(10分) | | | |
| | 检疫表格填写完整规范(10分) | | | |
| 综合素质 | 小组协作表现(5分) | | | |
| | 沟通与表达能力(5分) | | | |
| 合 计 | (100分) | | | |

 **复习思考题**

1. 简述产地检疫的概念和意义。
2. 简述产地检疫的要求。
3. 产地检疫的主要内容是什么?
4. 罗列出开具产地检疫证明的条件。
5. 叙述产地检疫的程序。
6. 模拟产地检疫,叙述对产地检疫结果处理的具体措施。

# 项目八

# 运输检疫

 **项目概述**

运输过程中,由于动物集中,相互接触,感染疫病的机会增多。同时由于生活环境突然改变,运输时又受到许多不良因素的刺激如挤压、驱赶等,抗病能力下降,极易暴发疫病。另外,交通运输业的发展虽然缩短了动物的在途时间,减少了途中损耗,但动物疫病的传播速度也加快了。因此,搞好运输动物防疫监督,及时查出不合格的动物、动物产品,对防止动物疫病远距离传播可以起到重要的把关作用,并能促进产地检疫工作的开展,也为市场检疫监督奠定了良好的基础。

## 任务一　运输检疫监督

·知识目标·

1. 理解运输检疫的概念、意义
2. 理解运输检疫监督的概念、要求
3. 了解运输性疾病的发生原因、临床表现

**知识储备**

## 一、运输检疫的概念和意义

(一) 运输检疫的概念

运输检疫是指出县境的动物、动物产品在运输过程中进行的检疫。可分为铁路运输检疫、公路运输检疫、航空运输检疫、水路运输检疫及赶运等。

运输检疫的目的是防止动物疫病远距离跨地区传播,减少途病、途亡。

运输检疫的任务是对运出县(市)境的动物、动物产品实行检疫,并出具运输检疫证明。

(二) 运输检疫的意义

运输检疫工作的意义主要有两个方面。一是促进产地检疫工作的开展,这里主要是指对那些分散动物的产地检疫的促进。因为凡未经产地检疫的动物、动物产品运出县(市)境,应视为不合格,要按规定给予处罚,这样可以督促经营者主动办理产地检疫证明,使产地检疫工作落到实处。二是防止疫病远距离传播。随着现代化交通运输业的发展,疫病传播速度加快,能把疫病传播到很远的地方。由于出售到外地的动物长途运输,常因环境条件的改变,动物机体抵抗力下降,极易暴发疫病,如果对这些病畜禽不及时采取处理措施,就会造成动物疫病的传播蔓延。加强运输检疫,可以及时发现疫情,迅速采取措施,尽快消灭传染源,可有效防止动物疫病的远距离、大范围传播。因此,做好运输检疫工作,对防止动物疫病远距离传播,促使开展产地检疫,都有着很重要的意义。

## 二、运输检疫监督的概念和要求

(一) 运输检疫监督的概念

运输检疫监督是指为了保护各省、自治区、直辖市免受动物疫病的侵入,防止动物疫病远距离跨地区传播和减少途病、途亡,对动物、动物产品在公路、水路、铁路、航空等运输环节进行的监督检查。

运输检疫监督的任务是查验畜主或货主是否持有检疫证明或有关证件,证物是否相符,证件是否符合规定等,而并不是对动物、动物产品实施具体的检疫,只有在发现问题后才对动物、动物产品实施补检或重检。

(二) 运输检疫监督的要求

1. 动物、动物产品的产地检疫

需要出县境运输动物、动物产品的单位或个人,应向当地动物卫生监督机构提出申请检疫(报检),说明运输目的地和运输动物、动物产品的种类、数量、用途等情况。动物卫生监督机构要根据国内疫情或目的地疫情,由当地县级以上动物卫生监督机构进行检疫,合格者出具"动物检疫合格证明"。

2. 凭"动物检疫合格证明"运输

经公路、铁路、航空等运输途径运输动物、动物产品时,托运人必须提供合法有效的动物检疫合格证明,承运人必须凭检疫合格证明方可承运,没有"动物检疫合格证明"的,承运人不得承运。

动物卫生监督机构对动物、动物产品的运输,依法进行监督检查。对中转出境的动物、动物产品,承运人凭始发地动物卫生监督机构出具的"动物检疫合格证明"承运。

3. 运载工具的消毒

货主或者承运人应当在装载前和卸载后,对动物、动物产品的运载工具以及饲养用具、装载用具等,按照农业部规定的技术规范进行消毒,并对清除的垫料、粪便、污物等进行无害化处理。

4. 运输途中的管理

运输途中不准宰杀、销售、抛弃染疫动物和病死动物以及死因不明的动物。染疫、病死以及死因不明的动物及产品、粪便、垫料、污物等必须在当地动物卫生监督机构监督下在指定地点进行无害化处理。

运输途中,对动物进行冲洗、放牧、喂料,应当在当地动物卫生监督机构指定的场所进行。

 扩展阅读

### 运输性疾病

运输性疾病又称应激性疾病,是指动物在运输过程中,受各种不良因素(应激原)刺激所引起的一种应激性全身反应。

引起应激反应的因素很多,饲养管理、营养代谢、肌肉运动、精神紧张、中毒感染,以及微量元素硒和维生素 E 缺乏等,都可能引发应激性疾病。惊恐、追捕、运输、驱赶、混群、拥挤、斗架、疲劳、噪声、环境突变等均可引发本病。动物的应激反应,表现为代谢率增高和胰岛素相对不足,动物表现为体温升高,体重减轻,发生酸中毒。

应激反应按病程可分为三个阶段:第一阶段为警觉期(动员期),机体开始受到应激原作用,来不及适应而呈现神经抑制,但很快开始适应,表现为交感神经兴奋性增高;第二阶段为抵抗期,动物机体对特异性有害刺激的抵抗力增强,而对非特异性有害刺激的抵抗力降低,表现为肌肉发硬、发热,有时出现肌肉和尾部颤抖;第三阶段为衰竭期,如果有害刺激持续作用,动物则表现为对各种刺激的抵抗力降低,严重者可死亡。

(一)猪应激综合征(porcine stress syndrome,PSS)

猪应激综合征是指在各种应激原作用下,以猪宰后肌肉颜色灰白、质地松软和水分渗出为主的病变,或宰前突然死亡的征候群,其产品性状如下:

1. PSE(pale,soft,exudative)肉

PSE肉又称白肌肉或水煮样肉。其特征表现为:猪宰后肌肉颜色淡白、质地松弛、保水性差,肌肉切面有较多的肉汁渗出。病变多发生于背最长肌、半腱肌、半膜肌和腰肌。其发生是由于敏感猪在宰前受到强烈应激原刺激后,肌糖原酵解过程加快,产生大量乳酸,致使肉的pH急剧下降,宰后45min时,pH降至5.7以下(正常猪宰后45min时,pH为6.3以上)。加之宰前宰后高温和肌肉痉挛所产生的强直热,使肌纤维发生收缩,肌浆蛋白凝固,肌肉保水能力下降,游离水增多并从肌细胞中渗出。此外,肌外膜胶原纤维膨胀软化,使肌肉颜色变淡。由于肌肉颜色变淡,常被误认为肌肉变性,故易与白肌病相混淆。

2. DFD(dry,firm,dark)肉

其特征表现是:肌肉颜色暗红,质地粗硬,切面干燥。病变发生于股部肌肉和臀部肌肉。其发生的原因主要是猪在宰前经受应激原长时间的轻度刺激,长时间处于紧张状态,使肌肉中的糖原大量消耗,宰后肌肉的pH相应偏高(宰后24h肌肉的最终pH为7.0),细胞原生质小体的呼吸作用仍很旺盛,夺取肌红蛋白携带的氧,导致肌肉颜色暗红。随着生猪运输时间的加长,DFD肉的发病率也会升高;若宰前禁食时间过长,糖原贮备量减少或耗尽,也可发生DFD肉。由于DFD肉的pH接近中性,适宜于细菌的生长繁殖,因此容易发生腐败变质。

3. 背肌坏死(back muscle necrosis,BMN)

主要发生于75~100kg的成年猪,是应激综合征的一种特殊表现,并与PSE有着相同的遗传病理因素。患过急性背肌坏死的猪,其后代亦可自发地发生本病。病猪表现为双侧或单侧背肌肿胀,但无疼痛反应,有的最后死于酸中毒。

(二)腿肌坏死

腿肌坏死又称猪急性浆液-坏死性肌炎。与PSE猪肉在外观上相似,用肉眼难以区别,pH在7.0~7.7,色泽苍白,质地较硬,切面多汁。病理变化为急性浆液-坏死性肌炎。主要发生于猪后腿的半腱肌、半膜肌。

(三)猝死综合征

猝死综合征又称突毙综合征,主要是指动物受到强烈应激原(如运输中的过度拥挤或

惊恐)的刺激时,无任何临床病症而发生的突然死亡。

（四）胃溃疡

在集约化、机械化、封闭式饲养的猪群中较多发生,是一种慢性应激性疾病。发生此病的猪,平时症状不明显,但由于运动、惊恐等慢性应激刺激,以及单纯喂配合饲料而引起肾上腺皮质功能亢进,导致胃酸过多,胃黏膜受损。宰后检疫时,可见胃的食管区黏膜皱褶减少,出现急性糜烂、溃疡等病变。

（五）咬尾症

在高密度集中饲养而饮水和饲料不足等条件下,可以诱发本病。咬尾症猪对外界刺激敏感,食欲不振,发生时间多在下午3点左右,猪只一个咬一个地连成一串,有的猪尾被咬掉,受伤部位易形成化脓灶,从尾椎向前蔓延,最后损伤脊髓而死亡。

（六）运输病

运输病又称格塞氏病。以发生浆膜炎和肺炎为特征。30～60kg的猪只多发,常于运输疲劳后第3～7天发病,表现为中度发热(39.5℃～40℃),食欲不振,倦怠。病程数日至1周。

（七）运输热

运输热又称"运输高温"。动物在运输中,由于拥挤、通风不良、饮水不足而引起。猪只出现一系列高温症状,大猪、肥猪尤为明显,表现为呼吸加快,脉搏频数加快,外周血管扩张,皮温升高,精神沉郁,黏膜发绀,全身颤抖,有时发生呕吐,体温升高达42℃～43℃,往往被其他猪只挤压而死。

## 任务二　运输检疫实施

· 知识目标 ·

1. 掌握运输检疫的程序
2. 了解运输检疫的组织和方法
3. 了解运输检疫的注意事项

· 技能目标 ·

1. 能合理组织运输检疫
2. 能进行不同情况的运输检疫

## 知识储备

### 一、运输检疫的程序

动物运输检疫程序一般包括运输前的检疫、运输中的检疫、到达目的地后的检疫三个环节。

对规模饲养场饲养的动物,其运输检疫由县级动物防疫监督机构派人到场实施检疫,对检疫合格的,出具检疫合格证明。对于农户散养的动物,应先取得产地检疫合格证明,集中装车后,运至指定地点,再实施运输检疫,取得运输检疫合格证明。

(一)运输前的检疫

1. 物资与证件准备齐全

运输之前,根据屠畜种类、大小、肥瘦程度和产地进行编群,按照《商品装卸运输暂行办法》规定,对押运人员进行明确分工,规定途中的饲养管理制度和兽医卫生要求。备齐途中所需要的各种用具,如篷布、苇席、水桶、饲槽、扫帚、铁锹、照明用具、消毒用具和药品等。开具所须证明,如检疫证、非疫区证、准运证等。根据屠畜的数量,路途的远近,备足饲料。如运输路程较长,为了防止屠畜产生应激反应而掉膘,在装运前10~20天要将准备起运的屠畜改为舍饲,并按途中饲料标准和方法饲养一段时间,以提高屠畜在运输中的适应性,减轻应激反应。

2. 运输工具的选择与装载

根据当地气候、屠畜种类、路途远近选定运输工具。温暖季节,运输不超过一昼夜者,可选用高帮敞车;天气较热时,应搭凉棚;寒冷季节,应使用棚车,并根据气温情况及时开关车窗。如采用双层装载法,上层隔板应不漏水,并沿两层地板斜坡设排水沟,在下层适当位置安放容器,接受上层流下的粪水。

凡无通风设备,车架不牢固的铁皮车厢,或装运过腐蚀性药物、化学药品、矿物质、散装食盐、农药、杀虫剂等货物的车厢,都不可用来装运屠畜。

(二)运输中的检疫

1. 及时检查畜群,妥善处理病死畜

运输途中,兽医人员和押运人员应认真观察屠畜情况,发现病畜、死畜和可疑病畜时,立即隔离到车、船的一角,进行治疗和消毒,并将发病情况报告车船负责人,以便与有兽医机构的车站、码头联系,及时卸下病死畜,在当地兽医的指导下妥善处理。绝对禁止随意急宰或途中乱抛尸体,也不得任意出售或带回原地。必要时,兽医人员有权要求装运屠畜的车、船开到指定地点进行检查，监督车、船进行清扫、消毒等卫生处理。

2. 做好防疫工作

如发现恶性传染病及当地已经扑灭或从未流行过的传染病时，应遵照有关防疫规程采取措施，防止扩散，并将疫情及时报告当地或邻近农业、贸易、卫生部门以及上级机关，妥善处理动物尸体以及污染场所，运输工具、同群动物应隔离检疫，注射相应疫苗或血清，待确定正常无扩散危险时，方可准予运输或屠宰。

3. 加强饲养管理

运输途中，押运员对屠畜要精心管理，按时饮喂，经常注意屠畜的健康，观察动静，防止挤压。天气炎热时，车厢内应保持通风，设法降低温度；天气寒冷时，则应采取防寒挡风措施。

(三) 到达目的地后的检疫

1. 查验证件

到达目的地后，押运人员应首先呈交检疫证明文件。检疫证件是3天内填发的，抽查复检即可，不必详细检查。

2. 查验畜群

如无检疫证明文件，或畜禽数目、日期与检疫证明记载不符，而又未注明原因的，或畜群来自疫区，或到站后发现有疑似传染病及死亡时，则必须仔细查验畜群，查明疑点，作进行妥善的处理。

3. 运输工具消毒

装运屠畜的车、船，卸完后须立即清除粪便和污垢，用热水洗刷干净。在运输过程中发现一般性传染病或疑似传染病的，则必须在洗刷后消毒。发现恶性传染病的，要进行两次以上消毒，每次消毒后，再用热水清理。处理程序是：清扫粪便污物，用热水将车厢彻底清洗干净后，用10%漂白粉或20%石灰乳、5%来苏儿液、3%苛性钠等消毒。各种用具也应同时消毒，消毒后经2~4h再用热水洗刷一遍，即可使用。清除的粪便经发酵后利用，发生过恶性传染病的车船内的粪便应集中烧毁。

## 二、运输检疫的组织和方法

(一) 起运前检疫的组织

按照运输检疫的要求，凡托运的动物到车站、码头后，应先休息2~3h，然后进行检疫。全部检疫过程，应自到达时起至装车时止，争取在6h以内完成。进行检疫时，先验讫押运员携带的检疫证明。凡检疫证明在3天内填发者，车站、码头动检人员只进行抽查或复查，不必详细检查。若交不出检疫证明，或畜禽数目、日期与检疫证明不符又未注明原因,或畜禽来自疫区,或到站后发现有可疑传染病病畜、死禽时,车站码头动检人员必须彻底查清,实施补检,认为安全后出具检疫证明,准于启运。

车站码头检疫因有时间限制,所以必须以简便迅速的方法进行。检查牛体温可采用分组测温法,每头牛测温尽可能在10min以内完成。猪、羊的检疫最好利用窄廊,窄廊一般长10~15m、高0.6~0.7m、宽0.35~0.45m,两侧用圆木或木板构成,两端设有活门,中间留有适当的空隙,以便检查和测温。检查中发现有病畜,按规定要求处理。

（二）运输途中检疫的组织

检查点最好设在预定供水的车站、码头。检疫时除查验有关检疫证明文件外,还应深入车、船仔细检查畜群。若发现有传染病时,按规定要求处理。必要时要求装载动物的车、船到指定地点接受监督检查处理,待正常安全后方准运行。车、船运行中发现病畜、死畜、可疑病畜时,立即隔离到车船的一角,进行救治及消毒,并报告车、船负责人,以便与车站、码头畜禽防检机构联系,及时卸下病、死家畜,在当地防检人员指导下妥善处理。

（三）到达目的地后检疫的组织

动物运到卸载地时,动检人员应对动物重新予以检查。首先验讫有关检疫证明文件,再深入车、船仔细地观察畜群健康情况,查对畜禽数目。发现病畜或畜禽数目不符,禁止卸载。待查清原因后,先卸健畜,再卸病畜或死畜。在未判明疾病性质或死畜死亡原因之前,应将与病畜或尸体接触过的家畜进行隔离检疫。有时尽管押运人员报告死畜是踩压致死,但也不可疏忽大意,因为途中被踩死的家畜,往往是由于患了某些急性传染病。

运输检疫一定会遇到很多困难,因此在组织运输检疫时,应根据具体情况,与运输等有关部门做好协调工作。

## 三、运输检疫的注意事项

（一）防止违法运输

随着我国经济体制改革的不断深入,铁路、公路等运输部门营运机制发生变革,如长途客运汽车、列车上的行李车包租给个人,这使违法托运未经检疫检验的动物、动物产品者有机可乘。因此,动物防疫监督机构与铁路等运输部门应密切配合,制定制度,向托运人、承运人,特别是一些常年托运动物、动物产品的托运人宣传动物防疫法,并采取联合检查行动,严防疫区动物、动物产品和私屠乱宰的动物产品运输。除此之外,应加大检疫执法力度,严防贩运动物尸体。

（二）合理运输

动物、动物产品运输不同于其他物资,活畜禽易掉膘死亡,肉类易腐败变质,禽蛋易碎。这样不仅给经营者造成损失,且会直接或间接引发疾病,造成环境污染。因此,运输动物、动物产品时要结合实际,选择合理的运载工具和运输线路,采用科学的装载方法和管理方法,减少途病、途亡,方便运输检疫,使整个运输过程符合卫生防疫要求。

## 任务三　运输检疫处理

・**知识目标**・
1. 掌握运输检疫的处理方法
2. 掌握运输检疫票证的种类、适用范围及开写规范
3. 了解动物检疫标志的基本样式

・**技能目标**・
1. 能根据具体情形合理进行运输检疫的处理
2. 会填写各种检疫票证
3. 能根据具体情形正确出具相应检疫票证

 **知识储备**

### 一、运输检疫的处理

（一）准运、放行或准卸

对持有合法有效检疫证明,动物佩戴有农业部规定的畜禽标识或动物产品附有检疫标志,证物相符,动物或动物产品无异常的,应准运或放行。

经检疫合格的动物、动物产品在规定时间内到达目的地,证明齐全,证物相符,动物经检查未发现病、死的,动物产品未发现异常的,应准卸。

（二）重检、补检

发现动物、动物产品异常的,隔离(封存)留验;检查发现畜禽标识、检疫标志、检疫证明等不全或不符合要求的,要依法补检或重检。

重检、补检后确系无疫病的畜禽及产品进行换（签）发出县境动物检疫合格证明、出具动物产品检疫合格证明,对运载工具消毒后出具动物及动物产品运载工具消毒证明,确认合格后予以准运或放行。

（三）处理、处罚

在检疫过程中检出病畜禽及其产品时,应根据疫病的性质,分别采取隔离、禁运、移

交、通报等防控措施和无害化处理,并做好详细的记录。

对于省外运入县(市)境内的动物及其产品的运载工具,应选用高效低毒的消毒药品进行严格消毒;县(市)境内如发生疫情,对运载工具在封锁期内通过该疫区的,应进行严格的消毒。

对涂改、伪造、转让检疫证明的,依照《中华人民共和国动物防疫法》等有关规定予以处理、处罚。

## 二、运输检疫的出证

运出县境的动物和动物产品,由当地县级以上动物防疫监督机构实施检疫,合格的出具检疫合格证明。

2010年农业部《关于印发动物检疫合格证明等样式及填写应用规范的通知》文件制定了动物检疫合格证明、检疫处理通知单、动物检疫申报书、动物检疫标志等样式以及动物卫生监督证章标志填写应用规范。原使用的动物检疫合格证明并行使用至2011年2月28日。

(一)动物检疫合格证明的样式

1. 动物检疫合格证明(动物A)

## 动物检疫合格证明（动物 A）

编号：

| 货　　主 | | 联系电话 | |
|---|---|---|---|
| 动物种类 | | 数量及单位 | |
| 启运地点 | 　　市(州)　　　县(市、区)　　　乡(镇)　　　村(养殖场、交易市场) | | |
| 到达地点 | 　　市(州)　　　县(市、区)　　　乡(镇)　　　村(养殖场、屠宰场、交易市场) | | |
| 用　　途 | | 承运人 | | 联系电话 | |
| 运载方式 | □公路　□铁路　□水路　□航空 | 运载工具牌号 | |
| 运载工具消毒情况 | 装运前经＿＿＿＿＿＿＿＿＿＿消毒 | | |

本批动物经检疫合格，应于＿＿＿＿＿＿日内到达有效。

　　　　　　　　　　　　　　　　　官方兽医签字：＿＿＿＿＿＿＿

　　　　　　　　　　　　　　　　　签发日期：　　　　年　　月　　日

　　　　　　　　　　　　　　　　　（动物卫生监督所检疫专用章）

| 牲畜耳标号 | |
|---|---|
| 动物卫生监督检查站签章 | |
| 备　　注 | |

第　　联　　共　　联

注：1. 本证书一式两联，第一联由动物卫生监督所留存，第二联随货同行。

　　2. 跨省调运动物到达目的地后，货主或承运人应在24h内向输入地动物卫生监督机构报告。

　　3. 牲畜耳标号只需填写后3位，可另附纸填写，需注明本检疫证明编号，同时加盖动物卫生监督机构检疫专用章。

　　4. 动物卫生监督所联系电话：

2. 动物检疫合格证明（动物 B）

详见项目七中的任务三。

3. 动物检疫合格证明(产品 A)

<h2 style="text-align:center">动 物 检 疫 合 格 证 明(产品 A)</h2>

编号：

| 货　　主 | | 联系电话 | |
|---|---|---|---|
| 产品名称 | 数量及单位 | | |
| 生产单位名称地址 | | | |
| 目的地 | 省　　　市(州)　　　县(市、区) | | |
| 承运人 | | 联系电话 | |
| 运载方式 | □公路　　□铁路　　□水路　　□航空 | | |
| 运载工具牌号 | | 装运前经＿＿＿＿＿＿＿消毒 | |
| 本批动物产品经检疫合格,应于＿＿＿＿＿＿日内到达有效。<br>　　　　　　　　　　　　　　官方兽医签字：＿＿＿＿＿＿<br>　　　　　　　　　　　　　签发日期：　　　年　月　日<br>　　　　　　　　　　　　　（动物卫生监督所检疫专用章） | | | |
| 动物卫生监督<br>检查站签章 | | | |
| 备注 | | | |

第　联　共　联

注：1. 本证书一式两联,第一联由动物卫生监督所留存,第二联随货同行。
　　2. 动物卫生监督所联系电话：

4. 动物检疫合格证明(产品 B)

详见项目七中的任务三。

5. 检疫处理通知单

# 检疫处理通知单

编号：_____

_____：
　　按照《中华人民共和国动物防疫法》和《动物检疫管理办法》有关规定，你（单位）的_____
_____经检疫不合格，根据_____
_____之规定，决定进行如下处理：
　　一、_____
　　二、_____
　　三、_____
　　四、_____

动物卫生监督所（公章）<br>年　　月　　日

官方兽医（签名）：

当事人签收：

备注：1. 本通知单一式二份，一份交当事人，一份由动物卫生监督所留存。
　　　2. 动物卫生监督所联系电话：
　　　3. 当事人联系电话：

6. 检疫申报单

详见项目七中的任务三。

7. 检疫申报受理单

详见项目七中的任务三。

（二）动物卫生监督证章标志填写及应用规范

1. 填写和使用基本要求

详见项目七中的任务三。

2.《动物检疫合格证明》（动物 A）

（1）适用范围：用于跨省境出售或者运输动物。

（2）项目填写：

① 货主：货主为个人的，填写个人姓名；货主为单位的，填写单位名称。联系电话：填写移动电话，无移动电话的，填写固定电话。

② 动物种类：填写动物的名称，如猪、牛、羊、马、骡、驴、鸭、鸡、鹅、兔等。

③ 数量及单位:数量和单位连写,不留空格。数量及单位以汉字填写,如叁头、肆只、陆匹、壹佰羽。

④ 启运地点:饲养场(养殖小区)、交易市场的动物填写生产地的省、市、县名和饲养场(养殖小区)、交易市场名称;散养动物填写生产地的省、市、县、乡、村名。

⑤ 到达地点:填写到达地的省、市、县名,以及饲养场(养殖小区)、屠宰场、交易市场或乡镇、村名。

⑥ 用途:视情况填写,如饲养、屠宰、种用、乳用、役用、宠用、试验、参展、演出、比赛等。

⑦ 承运人:填写动物承运者的名称或姓名;公路运输的,填写车辆行驶证上法定车主名称或名字。联系电话:填写承运人的移动电话或固定电话。

⑧ 运载方式:根据不同的运载方式,在相应的"□"内画"√"。

⑨ 运载工具牌号:填写车辆牌照号及船舶、飞机的编号。

⑩ 运载工具消毒情况:写明消毒药物名称。

⑪ 到达时效:视运抵到达地点所需时间填写,最长不得超过5天,用汉字填写。

⑫ 牲畜耳标号:由货主在申报检疫时提供,官方兽医实施现场检疫时进行核查。牲畜耳标号只需填写顺序号的后3位,可另附纸填写,并注明本检疫证明编号,同时加盖动物卫生监督所检疫专用章。

⑬ 动物卫生监督检查站签章:由途经的每个动物卫生监督检查站签章,并签署日期。

⑭ 签发日期:用简写汉字填写,如二○一二年四月十六日。

⑮ 备注:有需要说明的其他情况可在此栏填写。

3.《动物检疫合格证明》(动物B)。

详见项目七中的任务三。

4.《动物检疫合格证明》(产品A)。

(1)适用范围:用于跨省境出售或运输动物产品。

(2)项目填写:

① 货主:货主为个人的,填写个人姓名;货主为单位的,填写单位名称。联系电话:填写移动电话,无移动电话的,填写固定电话。

② 产品名称:填写动物产品的名称,如猪肉、牛皮、羊毛等,不得只填写为肉、皮、毛等。

③ 数量及单位:数量和单位连写,不留空格。数量及单位以汉字填写,如叁拾公斤、伍拾张、陆佰枚。

④ 生产单位名称地址:填写生产单位全称及生产场所详细地址。

⑤ 目的地:填写到达地的省、市、县名。
⑥ 承运人:填写动物承运者的名称或姓名;公路运输的,填写车辆行驶证上法定车主名称或名字。联系电话:填写承运人的移动电话或固定电话。
⑦ 运载方式:根据不同的运载方式,在相应的"□"内画"√"。
⑧ 运载工具牌号:填写车辆牌照号及船舶、飞机的编号。
⑨ 运载工具消毒情况:写明消毒药名称。
⑩ 到达时效:视运抵到达地点所需时间填写,最长不得超过7天,用汉字填写。
⑪ 动物卫生监督检查站签章:由途经的每个动物卫生监督检查站签章,并签署日期。
⑫ 签发日期:用简写汉字填写,如二○一二年四月十六日。
⑬ 备注:有需要说明的其他情况可在此栏填写,如作为分销换证用,应在此注明原检疫证明号码及必要的基本信息。

5.《动物检疫合格证明》(产品B)
详见项目七中的任务三。

6. 检疫处理通知单
(1) 适用范围:用于产地检疫、屠宰检疫发现不合格动物和动物产品的处理。
(2) 项目的填写:
① 编号:年号+6位数字顺序号,以县为单位自行编制。
② 检疫处理通知单应载明货主的姓名或单位。
③ 检疫处理通知单应载明动物和动物产品种类、名称、数量,数量应大写。
④ 引用国家有关法律法规应当具体到条、款、项。
⑤ 写明无害化处理方法。

7. 检疫申报单
详见项目七中的任务三。

(三) 动物检疫标志样式及说明
动物检疫标志分为检疫滚筒印章和检疫粘贴标志两种。

1. 检疫滚筒印章
用在带皮肉上的标志。沿用农业部1997年规定的原有的滚筒验讫章规格样式。

2. 检疫粘贴标志
(1) 用在动物产品包装箱上的大标签(图8-1):外圆规格为长64mm、高44mm漏白边的椭圆形,内圆规格为长60mm、高40mm的椭圆形,外周边缘蓝色线宽2mm,白边2mm,标签字体黑色,边缘靛蓝色。上沿文字为"动物产品检疫合格",字体为黑体,字号为19号,"检疫合格"字中有微缩的"ＪＹＨＧ"大写字母,中间插入动物卫生监督标志图案;

下沿为喷码各省简写字开头后加6位行政区域代码,字体为黑体四号;喷码下沿印制各省动物卫生监督所监制,字体为黑体,字号为9号,背景将"××动物卫生监督所"放入多层团花中制作的防伪版纹。

图8-1 大标签

（2）用在动物产品包装袋上的小标签(图8-2):外圆规格为长43mm、高27mm漏白边的椭圆形,内圆规格为长41mm、高25mm的椭圆形,外周边缘蓝色线宽1mm,白边1mm,标签字体黑色,边缘靛蓝色。上沿文字为"动物产品检疫合格",字体为黑体,字号为12号,"检疫合格"字中有微缩的"ＪＹＨＧ"大写字母,中间插入动物卫生监督标志图案;下沿为喷码各省简写字开头后加6位行政区域代码,字体为黑体,小5号;喷码下沿印制各省动物卫生监督所监制,字体为黑体,字号为8号,背景将"××动物卫生监督所"放入多层团花中制作的防伪版纹。

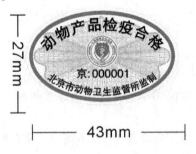

图8-2 小标签

## 实践体验

### 技能训练二十一 检疫票证的使用与填写

【训练目标】 正确使用各种检疫票证;正确填写各种检疫票证;能根据设计情境模拟出具检疫票证。

【训练形式】 分小组整理资料,讨论方案,上交书面材料,小组代表讲解。

【所需材料】 各种检疫票证复印件(模拟装订),复写纸,蓝色或黑色钢笔、签字笔。

【操作步骤】

(一)识别各种检疫票证

1. 检疫票证名称及样式

检疫票证名称及样式包括动物检疫合格证明(动物 A)、动物检疫合格证明(动物 B)、动物检疫合格证明(产品 A)、动物检疫合格证明(产品 B)、检疫处理通知单、检疫申报单等。

2. 适用范围与填写规范

详见本项目任务三。

(二)模拟出具检疫票证

1. [情境一] 张三,江苏沛县人,本地饲养 2 000 只肉鸭,即将出栏,欲运至南京销售。

张三要办理哪些手续?需补充哪些信息?你作为检疫工作人员应如何处理?出具什么检疫票证?尝试补充完成并开出相应票证。

2. [情境二] 张三,江苏沛县人,本地饲养 2 000 只肉鸭,即将出栏,欲运至北京销售。

张三要办理哪些手续?需补充哪些信息?你作为检疫工作人员应如何处理?出具什么检疫票证?尝试补充完成并开出相应票证。

3. 设计情境三(相互设计并处理、出证)

4. 设计情境四(相互设计并处理、出证)

5. 设计情境五(相互设计并处理、出证)

【考核评价】 小组考核,教师评价(表 8-1)。

表 8-1　项目考核评价表

项目名称_____　　　　　　　　小组_____成员姓名_____

| 考核点 | 考核内容与评分标准 | 得　分 | | |
|---|---|---|---|---|
| | | 小组评价 | 教师评价 | 综合得分 |
| 理论知识 | 检疫票证的种类有哪些？（5 分） | | | |
| | 适用范围与开写规范是什么？（5 分） | | | |
| | 有哪些注意事项？（10 分） | | | |
| 操作考核 | 识别各检疫票证（5 分） | | | |
| | 填写各检疫票证（5 分） | | | |
| | 做出检疫后的相应处理（10 分） | | | |
| | 根据情境开出相应票证（10 分） | | | |
| | 设计情境，并出证（15 分） | | | |
| | 违法行为的处理（10 分） | | | |
| | 检查与评价（10 分） | | | |
| 综合素质 | 团结协作（5 分） | | | |
| | 守法意识，正义感（10 分） | | | |
| 合计 | （100 分） | | | |

## 复习思考题

1. 运输检疫和运输检疫监督的概念分别是什么？
2. 运输检疫的程序如何？怎样组织运输检疫？
3. 简要概述运输性疾病的种类及临床特点。
4. 运输检疫后的处理方法有哪些？有何注意事项？
5. 常用的检疫票证有哪些？它们的格式和填写要求如何？
6. 假如你是一名检疫员，要执行运输检疫，应如何准备，如何组织，如何进行，如何处理？

# 项目九 屠宰检疫

 **项目概述**

屠宰检疫包括宰前检疫和宰后检疫。宰前、宰后检疫是应用兽医学的综合知识与技术,对畜禽及其屠体进行的卫生质量鉴定。其中,宰后检疫是宰前检疫的继续和补充,是兽医食品卫生检疫工作中必不可少的重要环节。在畜禽的宰后检疫中,除了根据畜体病变所提示的疾病按有关规定进行卫生处理外,还须对畜禽的一般性病理变化进行卫生处理。总而言之,屠宰检疫是保证肉品卫生质量和环境卫生,保障消费者食用安全的有效措施。

## 任务一 宰前检疫

·知识目标·
1. 了解动物宰前检疫的概念、目的和意义
2. 理解动物宰前检疫的对象及宰前管理
3. 掌握动物宰前检疫的对象、程序、方法及对宰前病畜的处理

·技能目标·
1. 能合理进行宰前管理
2. 会宰前临床检查
3. 能根据宰前检疫结果给出正确的处理措施

**知识储备**

## 一、宰前检疫的概念

宰前检疫是指对商品畜禽活体在屠宰以前所进行的检疫,是屠宰检疫的重要组成部分和不可或缺的环节。

## 二、宰前检疫的目的和意义

屠畜的宰前检疫与管理是保证肉品卫生质量的重要环节之一。它在贯彻执行病健隔离,病健分宰,防止肉品污染,提高肉品卫生质量,保障人民身体健康方面,起着重要的把关作用。屠畜通过宰前临床检查,可以初步确定其健康状况,尤其是能够发现许多在宰后难以发现的人畜共患传染病,从而做到早发现、早处理。此外,合理的宰前管理,不仅能使屠畜增重、长膘,降低病死率,减少亏损,而且也能获得优质耐藏肉品,是提高其合格率的重要措施。

然而,宰前检疫的重要意义常被一些人所忽视,认为有宰后检疫把关就可以万无一失。事实上,有不少疫病如破伤风、狂犬病、李氏杆菌病、脑包虫病、脑炎、胃肠炎、口蹄疫以及某些中毒性疾病,因宰后一般无特殊病理变化或因解剖部位的关系,在宰后检疫时常有被忽略和漏检的可能。相反地,对这些疾病,依据其宰前临床症状是不难作出诊断的。但由于忽视宰前检疫,也就放过了检出许多牲畜疫病的机会。这不但增加了宰后检疫的困难,而且还会导致肉品污染和牲畜疫病的扩散。因此,各屠宰加工场、站的领导人和卫检人员,应该把屠畜的宰前检疫与管理工作提到议事日程上来,认真贯彻有关规定,建立健全宰前检疫制度,进一步搞好兽医卫生检验工作。

## 三、宰前检疫的要求

(一) 宰前必须检疫

凡屠宰加工动物的单位和个人必须按照《肉品卫生检验试行规程》的规定,对动物进行宰前检疫。

(二) 应由动物防疫监督机构监督

动物防疫监督机构应对屠宰厂、肉类联合加工厂进行监督检查,根据监督检查发现的问题,可以向厂方或其上级主管部门提出建议或处理意见,制止不符合检疫要求的动物产品出厂。有自检权的屠宰厂和肉类联合加工厂的检疫工作,一般由厂方负责,但应接受动物防疫监督机构的监督检查。其他单位、个人屠宰的动物,必须由当地动物防疫监督机构或其委托单位进行检疫,并出具检疫证明,胴体加盖验讫印章。

## 四、宰前检疫对象

对即将屠宰的畜禽,主要检查下列疫病:
(1) 牛:检查口蹄疫、炭疽。
(2) 羊:检查口蹄疫、炭疽、羊痘。
(3) 猪:检查口蹄疫、猪水疱病、猪瘟、猪丹毒、猪肺疫、炭疽。
(4) 禽:检查禽流感、鸡新城疫、鸭瘟、鸡支原体病、白血病。
(5) 其他:检查由各省、自治区、直辖市规定的检疫对象。

畜禽宰前检疫除上述主要检疫对象外,还应注意鼻疽、牛瘟、恶性水肿、气肿疽、狂犬病、羊快疫、羊肠毒血症、马流行性淋巴管炎、马传染性贫血等烈性传染病。

## 五、屠畜的宰前管理及送宰

为了获得优质耐产存的肉品,使屠畜在宰前得到充分休息是极为必要的。因为牲畜经长途运输后,必然会产生疲劳,机体的某些生理过程变得迟缓或受到抑制,促使某些细菌由肠道进入血液,甚至随血液流动侵入肌肉组织和其他脏器。此外,牲畜在运输过程中,由于饲喂和饮水条件的限制以及精神上的紧张,往往使机体的新陈代谢物不能正常排除,从而也影响到肉品的卫生质量。所以,经长途运输的牲畜,应当在饲养场内至少饲养两天,使其得到充分的休息。试验证明,赶运距离越远,肌肉的形态变化越明显,首先是肌纤维直径变小,肌节较短,肌纤维呈波浪状。

经检查,凡来自非疫区、健康无病的牲畜,可允许进入饲养场。在留养期间,兽医人员应经常深入圈舍,配合饲养人员对牲畜进行巡回检查,发现问题及时处理。为了避免疫病的传播,对圈舍、饲槽、饮水器等应定期消毒。注意气候变化,及时做好防寒保暖、防暑降温工作。从实际出发,按照科学饲养的原理,做好饲料的搭配和调制工作。

按照调宰计划准备送宰的牲畜,在送宰前兽医人员应再做一次检查,必要时可重点进行测温,以便最大限度地检出新的病畜。经过送宰前复检,结合肥度评定,认为健康合格的牲畜,由兽医人员签发宰前检验证明单,送往候宰间屠宰。

候宰牲畜应施行断食管理(造成空腹),一般宰前断食;牛、羊为 24h,猪为 12h。断食期间必须供给足够的饮水至宰前 8h。

断食管理的好处是:①可以节约大量的饲草饲料;②可以促进胃肠内容空虚,既利于宰后解剖操作,又可减少肉尸被胃肠内容物污染的机会;③可适当冲淡血液浓度,保证放血良好;④能促进肝糖原分解生成葡萄糖和乳酸,并使其分布于全身,使运输中肌糖原的消耗得到补充,有利于肉的成熟,改善肉的品质。

## 六、宰前检疫的步骤、程序

屠宰畜禽由产地运到肉联厂、屠宰场后的宰前检疫,一般分为三个步骤。

### (一)进厂(场)验收

收购的畜禽到达目的地后,在卸车之前,检疫人员应查验产地检疫证明或运输检疫证明及运输工具消毒证明。核对证明中所列的全部项目,了解产地有无疫情,并亲临车、船,仔细查看畜禽,如果发现数目不符,或途中有生病、伤亡情况,必须查明原因。若发现疫情或有疫情可疑时,应立即将该批畜禽转入隔离圈内,进行仔细的检查和必要的实验室检疫,确诊后按规定处理。

经过上述检查认可的畜禽群,允许卸车、船,检疫人员应仔细观察畜禽行进的步态、姿势和精神状态,若发现异常者,在其背部或臀部涂以标记,以便下一步做重点检查。经上述检查后,凡属临床健康者转入健畜禽饲养圈;病畜禽和可疑病畜禽,则赶入隔离圈内。

### (二)住场检疫

进入健康饲养圈的畜禽,一般要经1~2天的休息,在此期间,检疫人员应经常深入圈(栏)指导饲养管理,巡回检查,发现问题及时处理。

### (三)宰前送检

在屠宰前再做一次以群体检查为主的健康检查,必要时可重点进行测温,这对控制急性传染病有着重要的意义,经过检查,认为健康合格者,准予屠宰。

## 七、宰前临床检疫的方法

畜禽的宰前检疫一般只作临诊检查,再结合肉联厂、屠宰场的实际情况灵活应用。由于进厂(场)的畜禽数量、批次较多,待宰时间不能拖长,而采取临诊方法、逐头检查是困难的,所以实践中常采取群体检查和个体检查相结合的方法进行,必要时进行实验室检查确诊。一般对猪、羊、兔、鸡、鸭、鹅的宰前检疫都采用群体检查为主,辅以个体检查;对牛、马等大家畜的宰前检疫以个体检查为主,辅以群体检查。

### (一)群体检查

群体检查是将来自同一地区或同批的牲畜作为一组,或以圈作为一个单位进行检查。检查时可以下列方式进行:

1. 静态观察

兽医人员深入到圈舍,在不惊扰牲畜使其保持自然安静的情况下,观察其精神状态、睡卧姿势、呼吸和反刍状态,有无咳嗽、气喘、战栗、呻吟、流涎、嗜睡和孤立一隅等反常现象。对有上述症状的屠畜标上记号。

2. 动态观察

经过静态观察后,可将屠畜轰起,观察其活动姿势,注意有无跛行、后腿麻痹、打晃踉跄、屈背弓腰和离群掉队等现象。发现异常时标上记号。

3. 饮食状态的观察

在牲畜进食时,观察其采食和饮水状态。注意有无停食、不饮、少食、不反刍和想食又不能吞咽等异常状态。发现异常亦标上记号。

(二) 个体检查

个体检查是对在群体检查中被剔出的病畜和可疑病畜,集中进行较详细的个体临床检查。即使已经群体检查判为健康无病的牲畜,必要时也可抽验10%做个体检查,如果发现传染病,可继续抽验10%,有时甚至全部进行个体检查。个体临床检查的方法,实践中总结为看、听、摸、检四个字。

1. 看

就是观察病畜的表现。这是一种既简便易行又非常重要的检查方法,要求检查者要有敏锐的观察能力和系统检查的习惯。

(1) 看精神、被毛和皮肤:健康牲畜一般精神活泼,膘肥体壮,耳目灵敏,对周围环境反应敏感,被毛整齐、光亮,皮肤颜色正常,弹性良好。病畜则表现兴奋不安或沉郁呆钝,被毛粗乱或成片脱落,皮肤变厚或弹性不良,颜色异常,出现肿胀、皮疹或溃烂等现象。

(2) 看运步姿态:牲畜运步姿态的异常,常给诊断某些疾病提供帮助。如家畜患破伤风、脑炎、脑包虫病、李氏杆菌病以及骨软症等病时,都表现出特殊的异常步态。

(3) 看鼻镜和呼吸动作:在牲畜处于安静状态下,查看其鼻镜或鼻盘(猪)的干湿程度,呼吸动作有无异常和困难等。

(4) 看可见黏膜:注意观察眼结膜、鼻黏膜和口黏膜有无苍白、潮红,发绀、黄染、肿胀以及分泌物流出等情况。

(5) 看排泄物:注意有无便秘、腹泻、血便、血尿及血红蛋白尿等。

2. 听

可以耳朵直接听取或用听诊器间接听取牲畜体内发出的各种声音。

(1) 听叫声:健康牲畜一般都有其独特的叫声,如马的欢叫声、牛的哞叫声、猪的哼哼声、羊的咩叫声等。当牲畜有病时则出现各种异常的叫声,如呻吟、磨牙、嘶哑、发吭等。

(2) 听咳嗽:咳嗽是上呼吸道和肺发生炎症时出现的一种症状,常见于鼻卡他、喉卡他、支气管炎、牛肺结核、牛肺疫、猪肺疫和肺丝虫病等。咳嗽从性质上可分为干咳与湿咳两种。干咳主要见于上呼吸道的炎症,如感冒咳嗽、慢性支气管炎等。湿咳见于支气管和肺部发生炎症的情况下,如牛肺疫、牛肺结核、猪肺疫和肺丝虫病等。

(3) 听呼吸音:一般借助听诊器进行。听诊可以比较准确地了解肺和胸膜的功能状态。肺区主要的病理呼吸音有:肺泡呼吸音增强、支气管呼吸音、干啰音、湿啰音和胸膜摩擦音等。

(4) 听胃肠音:听胃肠蠕动音对诊断消化器官的疾病很有帮助,主要适用于马属动物和牛、羊,猪不常采用。病理性胃肠音一般有增强、减弱和消失等。

(5) 听心音:是检查心脏的重要方法,注意心跳次数,心音的强弱、节律和有无杂音等,主要适用于马属动物、牛、羊。

3. 摸

用手触摸畜体各部,并结合看、听,进一步了解被检组织和器官的机能状态。

(1) 摸耳根、角根:可以大概判定其体温的高低。体温变化在诊断牲畜传染病上有重要的作用。

(2) 摸体表皮肤:注意胸前、颌下、腹下、四肢、阴鞘及会阴部等处有无肿胀、疹块或结节,并查明其性质,如软硬度、波动感、捻发音等。

(3) 摸体表淋巴结:主要是查其大小、形状、硬度、温度、敏感性及活动性。

(4) 摸胸廓和腹部:触摸时注意有无敏感或压痛。牛肺疫、猪肺疫胸廓往往表现敏感,腹膜炎则常有压痛。

4. 检

重点是检测体温,体温的升高或降低,是牲畜患病的重要标志。检测体温最常用的是体温表,有条件的可采用半导体点温计。后者的优点是反应灵敏、简便快速,但其读数较粗放,温度上有 ±0.2℃ 的误差,因此须经常用体温表进行校正。应用于人医临床的液晶测温表,也已经在兽医临床上使用。

表 9-1　屠畜正常体温、呼吸和脉搏变化

| 畜　别 | 体温/℃ | 呼吸次数/(次/分) | 脉搏次数/(次/分) |
|---|---|---|---|
| 猪 | 38.0~39.5 | 12~20 | 60~80 |
| 牛 | 37.5~39.5 | 10~30 | 40~80 |
| 绵羊、山羊 | 38.0~40.0 | 12~20 | 70~80 |
| 马 | 37.5~38.5 | 8~16 | 26~44 |
| 骆驼 | 36.5~38.5 | 5~12 | 32~52 |
| 鸡 | 40.0~42.0 | 15~30 | 140 |
| 兔 | 38.5~39.5 | 50~60 | 120~140 |

以上介绍的宰前检疫方法,实际上就是一般临床诊断方法。在具体检验时,对不同种类的屠畜,着眼点有所侧重。特别是对一些重要的疫病,必须给予包括特种检查在内的详细检查,如猪囊虫病的开口检查,牛羊布氏杆菌病的血清学检查,牛结核病的结核菌素试验和马鼻疽的鼻疽菌素点眼试验等。

## 八、宰前检疫后的处理

宰前检疫后对合格动物,即通过宰前检疫健康,符合卫生质量要求和商品规格的动物,均准予屠宰。对于患病动物,根据疫病的性质进行如下处理。

（一）准宰

经宰前检疫,凡是健康、符合卫生质量和商品规格的畜禽,准予屠宰。

（二）急宰

确诊为无碍肉食卫生的普通病患畜禽,以及一般性传染病畜禽而有死亡危险时,可随即签发急宰证明书,送往急宰。

（三）缓宰

经宰前检疫,确认为一般性传染病和其他普通病,且有治愈希望者,或患有疑似传染病而未确诊的畜禽应予以缓宰,但必须考虑有无隔离条件和消毒设备以及经济价值。

（四）禁宰

凡是危害性大而且目前防治困难的疫病,或急性、烈性疫病,或重要的人畜共患病,以及国外有而国内无或国内已经消灭的疫病,均按下述办法处理。

（1）经宰前检疫发现口蹄疫、猪水疱病、非洲猪瘟、非洲马瘟、牛瘟、牛传染性胸膜肺炎（牛肺疫）、牛海绵状脑病、痒病、高致病性禽流感时,禁止屠宰,禁止调运畜禽及其产品,采取紧急防疫措施,并向当地农牧主管部门报告疫情。病畜禽和同群畜禽用密闭运输工具送至指定地点,用不放血的方法扑杀,尸体销毁。病畜禽所污染的用具、器械、场地进行彻底消毒。

（2）经宰前检疫发现猪瘟、蓝舌病、绵羊痘/山羊痘、炭疽、鼻疽、恶性水肿、气肿疽、狂犬病、羊快疫、马传染性贫血、钩端螺旋体病、李氏杆菌病、布鲁氏菌病、急性猪丹毒、牛鼻气管炎、牛病毒性腹泻-黏膜病、鸡新城疫、马立克氏病、鸭瘟、小鹅瘟、兔出血病、野兔热（土拉杆菌病）、兔魏氏梭菌病（产气荚膜梭菌病）畜禽时,采取不放血的方法扑杀,尸体销毁或化制。

（3）在牛、羊、马、骡、驴群发现炭疽时,除对患畜采取上述不放血的方法处理外,还须立即对同群屠畜进行测温,体温正常者急宰,体温不正常者隔离,并注射有效药物观察3天,待无高温和临床症状时,方可屠宰。

(4) 凡经过炭疽疫苗预防注射的牲畜,须经过 14 天后方可屠宰。用于制造炭疽血清的牲畜不准屠宰食用。

(5) 在猪群中发现炭疽时,立即对同群猪全部测温,体温正常者急宰,体温不正常者隔离观察,确诊为非炭疽时方可屠宰。

(6) 在畜群中发现恶性水肿和气肿疽时,除对患畜采用不放血方法扑杀、尸体销毁外,还应对其同群牲畜逐头测温,体温正常者急宰,体温不正常者隔离观察,待确诊为非恶性水肿或气肿疽时,方可屠宰。

(7) 被狂犬病或疑似狂犬病患者咬伤的牲畜,在被咬伤后 8 天内未发现狂犬病症状者,准予屠宰,其胴体和内脏经高温处理后可出售;超过 8 天者不准屠宰,应采取不放血的方法扑杀,并将尸体化制或销毁。

宰前检疫的结果及处理情况应记录留档。发现新的传染病特别是烈性传染病时,检疫人员必须及时向当地和产地动物防疫监督机构报告疫情,以便及时采取防控措施。

(五) 物理性致死畜禽尸体的处理

畜禽因挤压、触电、跌跤、水淹、斗殴等纯物理性因素而暴死时,对其处理应持慎重态度。首先应查明是否是纯物理性致死,如被压死的猪往往是由于本身有病,体弱无力,或因发烧畏寒,钻入猪群,死后造成压死的假象。若有充分的证据证明为物理性致死的病畜,经检验肉质良好,并在死亡后 2h 内取出内脏者,其胴体经无害化处理后可供食用。否则,一律化制或销毁。

# 任务二　宰后检疫

· 知识目标 ·

1. 了解动物宰后检疫的目的和意义
2. 理解动物宰后检疫的方法和要求
3. 掌握动物宰后检疫的程序和对检疫结果的处理。

· 技能目标 ·

1. 能正确进行宰后检疫
2. 能准确找出宰后必检的淋巴结
3. 能根据宰后检疫结果给出正确处理措施

**知识储备**

## 一、宰后检疫的目的和意义

宰后检疫的目的在于发现妨碍人类健康或已丧失营养价值的胴体、脏器及组织,并对其可食性作出明确判定,以确保食肉的安全性。由于宰前检疫只能检出那些症状明显或有体温反应的病畜禽,而对那些缺乏明显症状,特别是处于发病初期或疾病潜伏期的病畜禽或可疑病畜禽,只有留待宰后对胴体、脏器作直接的病理学观察和必要的实验室检验,才能确诊。因此,宰后检疫是宰前检疫的继续和补充,它对于保证肉品卫生质量,保证食肉者安全,防止疫病扩散,具有重要的意义。

## 二、宰后检疫的要求

宰后检疫是在屠宰加工过程中进行和完成的,因此,对宰后检疫有严格的要求。

(一) 对检疫环节的要求

检疫环节应密切配合屠宰加工工艺流程,不能与生产的流水作业相冲突,所以宰后检疫常被分作若干环节安插在屠宰加工过程中。

(二) 对检疫内容的要求

应检内容必须检查,严格按国家规定的检疫内容、检查部位进行,不能人为地减少检疫内容或漏检。每一动物的肉尸、内脏、头、皮在分离时编记同一号码,以便查对。

(三) 对剖检的要求

为保证肉品的卫生质量和商品价值,剖检时只能在一定的部位,按一定的方向剖检,下刀快而准,切口小而齐,深浅适度。不能乱切和拉锯式地切割,以免造成切口过多、过大或切面模糊不清,造成组织人为变化,给检验带来困难。肌肉应顺着肌纤维方向切开。

(四) 对保护环境的要求

为防止肉品污染和环境污染,当切开脏器或组织的病变部位时,应采取措施,不沾染周围肉尸、不掉地。当发现恶性传染病和一类检疫对象时,应立即停宰,封锁现场,采取防疫措施。

(五) 对检疫人员的要求

检疫员每人应携带两套检疫工具,以便在检疫工具受到污染时能及时更换。被污染的工具要彻底消毒后方能使用。检疫人员要做好个人防护(穿戴洁白的工作衣帽、围裙、胶靴及线手套)。

## 三、宰后检疫的方法

宰后检疫以感官检疫为主,实验室检疫在必要时实施。

（一）感官检疫

动物检疫人员通过一般的观察,即可大体判断胴体、肉尸和内脏的好坏以及屠宰动物所患的疫病范围。具体方法如下：

1. 视检

视检即观察肉尸皮肤、肌肉、胸腹膜、脂肪、骨骼、关节、天然孔及各种脏器的外部色泽、形态大小、组织性状等是否正常。例如,上下颌骨膨大（特别是牛、羊）,注意检查放线菌病；喉颈部肿胀,应注意检查炭疽和巴氏杆菌病。

2. 剖检

剖检是指利用器械切开并观察肉尸或脏器的隐蔽部分或深层组织的变化。这对淋巴结、肌肉、脂肪、脏器疾病的诊断是非常必要的。

3. 触检

用手直接触摸,以判定组织、器官的弹性和软硬度有无变化。这对发现深部组织或器官内的硬结性病灶具有重要意义。例如,在肺叶内的病灶只有通过触摸才能发现。

4. 嗅检

对某些无明显病变的疾病或肉品开始腐败时,必须依靠嗅觉来判断。例如,屠宰动物生前患有尿毒症,肉中带有尿味；药物中毒时,肉中则带有特殊的药味；腐败变质的肉,则散发出腐臭味；等等。

（二）实验室检疫

凡在感官检疫中对某些疫病发生怀疑时,如已判定有腐败变质的肉品是否还有其利用价值,可用化验作辅助性检疫,然后作出综合性判断。

1. 病原检疫

采取有病变的器官、组织、血液用直接涂片法进行镜检,必要时再进行细菌分离、培养、动物接种以及生化反应来加以判定。

2. 理化检疫

肉的腐败程度完全依靠细菌学检疫是不够的,还需进行理化检疫。可用氨反应、联苯胺反应、硫化氢试验、球蛋白沉淀试验、pH 测定等综合判断其新鲜程度。

3. 血清学检疫

针对某种疫病的特殊需要,采取沉淀反应、补体结合反应、凝集试验和血液检查等方法来鉴定疫病的性质。

## 四、宰后检疫的程序

屠畜的宰后检验,为了不使其与生产的流水作业相冲突,被作为若干环节安插在屠宰加工过程中。一般分为头部、内脏、肉尸三个基本检验环节,但猪尚须增加皮肤和旋毛虫两个检验环节。

(一) 头部检验

牛头的检查,首先观察唇、齿龈及舌面,注意有无水疱、溃疡或烂斑(注意牛瘟、口蹄疫等),触摸舌体,观察上下颌骨的状态(注意放线菌肿)。接着顺舌骨枝内侧纵向剖开咽后内侧淋巴结和舌根侧方的颌下淋巴结,观察咽喉黏膜和扁桃体(注意结核病、出血性败血症、炭疽),并沿舌系带纵向剖开舌肌和内外咬肌(检查囊尾蚴,尚须注意舌肌上的住肉孢子虫)。如咽后外侧淋巴结留在头上,也一并检查之。

羊头,一般不剖检淋巴结,主要检查皮肤、唇及口腔黏膜,注意有无痘疮或溃疡等病变。

猪头的检查分两步进行:第一步,在放血之后、浸烫之前进行。通过放血孔顺长切开下颌区的皮肤和肌肉,剖检两侧颌下淋巴结。其主要目的是检查猪的局限性咽炭疽,而不是窥察整个头部状况。第二步,与肉尸检验一起进行。先剖检两侧外咬肌(检查囊尾蚴),然后检查咽喉黏膜、会厌软骨和扁桃体,必要时剖检颌下副淋巴结(注意炭疽),同时观察鼻盘、唇和齿龈的状态(注意口蹄疫、水疱病)。

剥皮猪的头部检验,于放血之后、剥皮之前一次进行。

马类家畜和骆驼的宰后检验与牛的检验基本雷同。唯这类动物可发生鼻疽,故对呼吸道必须严格检查。其头部检验,必须剖开鼻骨,仔细观察鼻中隔和鼻甲骨有无鼻疽结节、溃疡或星状斑痕,并沿气管剖检喉头以及颌下淋巴结、咽后淋巴结。因马不得囊尾蚴病,故不剖检咬肌。

(二) 皮肤检验

为了及早发现传染病,避免扩大污染范围,在屠尸解体之前,对带皮猪施行详细的皮肤检验很有必要。当发现有传染病可疑时,打上记号,不行解体,由岔道转到病猪检查点,进行全面的剖检和诊断。这对于检出和控制猪瘟、猪丹毒、猪肺疫等病有很大的实际意义。

(三) 内脏检验

内脏检验的方式和程序,可视开膛后脏器是否离体而有不同。非离体检查(目前主要用于猪),按照脏器在畜体内的自然位置,由后向前,分步进行。离体检查,可根据脏器摘出的顺序,一般由胃肠开始,依次检查脾、肺、心、肝、肾、乳房、子宫或睾丸。

1. 胃、肠、脾的检查

首先视检胃肠浆膜及肠系膜,并剖检肠系膜淋巴结(注意肠炭疽),必要时将胃肠移至特定地点,剖开检查黏膜的变化。注意色泽是否正常,有无充血、出血、水肿、胶样浸润、痈肿、糜烂、溃疡等病变。对于牛、羊,尚须检查食道,以发现住肉孢子虫。

胃肠检查之后,应相继检查脾脏(牛、羊的脾脏检查,可于开膛后首先进行),注意其形态、大小及色泽,触摸其弹性及硬度,必要时剖检脾髓。

2. 心、肝、肺的检查

从肺开始,先检查其外表,剖开支气管淋巴结及纵隔后淋巴结(牛、羊)。然后触摸两侧肺叶,剖开其中每一硬结的部分,必要时剖开支气管。注意有无结核、实变、寄生虫及各种炎症变化。检查马类家畜及骆驼的肺脏时,要特别注意气管并仔细剖检肺实质,因为可能有局限性鼻疽病灶和脓肿,而且往往位于肺的深层。

接着剖检心脏。首先仔细检查心包,然后剖开心包,观察心脏外形及心包腔、心外膜的状态,确定肌僵程度,并于左心室肌肉上作一纵斜切口(检查囊尾蚴),露出心腔,观察心肌、心内膜、心瓣膜及血液凝固状态。对于猪,应特别注意二尖瓣上菜花样赘生物(提示慢性猪丹毒)。

肝脏的检查,先检查其外表,触检其弹性和硬度,注意大小、色泽、表面损伤及胆管状态。然后剖检肝淋巴结,并以浅刀横断胆管,压出内容物(检查肝吸虫),必要时剖检肝实质和胆囊。当检查牛肝时,发现横膈膜与肝连在一起时,要小心剥离横膈膜,触摸结合部肝的质地,因为这个部位时常发现脓肿。

3. 肾脏的检查

一般连在肉尸上同肉尸检验一并进行。首先剥离肾包膜,然后观察其外表,触其弹性和硬度(不许切开)。如果发现肾脏有某些病理变化,或在其他脏器发现有某种传染过程(如结核等)时,可剖开检查。

4. 子宫、睾丸和乳房的检查

对于公畜和母畜,须剖检子宫和睾丸,特别是有布氏杆菌病嫌疑时。乳房的检验可与肉尸检验一起进行或单独进行,注意结核、放线菌肿和化脓性乳房炎。

(四)肉尸检验

首先确定其放血程度,因为这是评价肉品卫生质量的重要指标之一。放血不良的特征是:肌肉的颜色发暗,皮下静脉血液滞留,特别是穿行于背部结缔组织和脂肪沉积部位的微小血管,以及沿肋骨两侧分布的血管明晰可见,当切开肌肉时,切面上可见到暗红色区域,挤压切面有少量血滴流出。若肉尸的放血不良,卫检人员完全有理由怀疑该肉尸来自重病或宰前过于疲劳、衰弱的牲畜,因而需进行细菌学检查。

由于肉尸放血程度的好坏,还部分取决于健康牲畜屠宰击昏和放血方法的正确与否,因此需要与病理性原因引起的放血不良相区别。如果放血不良与牲畜的击昏和充分失血有关,则在下一道工序悬吊时,残留的血液会从肉尸中流出,这样可以判断,到第2天血液就能够流净,而且肉色也变得鲜艳。如果说放血不良是牲畜宰前的一种病理状态,那么,通常肉尸中的血液就不会流出,而且作为放血不良的一种特征,常常到第2天变得更为明显(由血红素的浸润扩散所致)。故在可疑的情况下,放血程度的判定最好延至屠宰的次日。

在判定肉尸放血程度的同时,尚须仔细检查皮肤、皮下组织、肌肉、脂肪、胸腹膜、骨骼(尤其是剖开的脊椎骨、骨盆及胸骨)、关节及腱鞘的状态,剖检具有代表性的主要肉尸淋巴结,注意可能发生的各种变化(如出血、皮下和肌肉水肿、脓肿、蜂窝织炎、肿瘤、外伤、肌肉色泽异常、四肢病变等)。剖开两侧腰肌,检查有无囊尾蚴。

如果在被检淋巴结发现可疑病变,或在检查头部和内脏时发现有某种传染病或疾病全身化可疑时,必须增检其他一些有关的淋巴结。

在检查腰肌或在检查头部和内脏时,如发现有囊尾蚴寄生,应进一步剖检肩胛部、腰部、股臀部及腹部肌肉,以期查明虫体的分布情况和感染强度。

如肾和乳房留在肉尸上,则一并检查之。

(五)旋毛虫检验

当开膛取出猪的内脏之后,照例由横膈膜脚肌采取小样品(两侧各重约15g),编上与肉尸相同的号码,送旋毛虫检验室检查。在获得肌肉中发现旋毛虫的报告后,再从该肉尸上采取第2份肉样作复核检查。当结果肯定时,即在肉尸上打上适当标记,并控制猪头和食道肌等,提出处理意见。这种做法可以防止报废时的差错。

为了最大限度地控制病肉出厂(场),肉尸经上述初步检验后,还须经过一道复检(即终点检验)。这项工作通常同肉尸的打等级、盖检印结合起来进行。

头部、内脏或肉尸的检验,时常会出现单凭感官检查不能作出确切诊断的情形。在这种情况下,细菌学检验或病理组织学检验的辅助诊断将是必要的,这在炭疽的确诊上更是必不可少的重要环节。为了不致混淆,凡确定进行细菌学检验或病理组织学检验的头部、内脏及其肉尸,都必须打上预定的标记,以便化验室人员采取适当的病料。

## 五、检疫结果的登记

在宰后检疫过程中,经常会发现各种各样的病料和病变。这些病料和病变是了解家畜疫病流行情况,进行兽医和卫检学术研究及教学的最好资料和教材,也是宰前、宰后对照检验所必需的。因此,对宰后检疫所发现的各种传染病、寄生虫病和病理材料进行详细的登记，不仅具有很大的科学实践意义，而且也有着家畜流行病学的意义。

当宰后检疫发现某种危害严重的家畜流行病或寄生虫病时，应及时通知畜产地的主管部门，并根据传播情况和危害大小，及早采取有效的兽医防治措施，必要时停止调运。动物卫生监督人员应认真填写"检疫处理通知单"（见项目八中的任务三），并让畜主进行签字确认。

## 六、宰后检疫的处理措施和盖检印

肉尸和脏器经过兽医卫生检验后，常有四种不同的情况，应作如下处理：

（1）适于食用：品质良好，可不受任何限制新鲜出厂（场）。

（2）有条件的食用：凡患有一般传染病、轻症寄生虫病和病理损伤的肉尸与脏器，根据病损性质和程度，经过各种无害化处理后，使传染性、毒性消失或寄生虫全部死亡者，可以有条件地食用。

（3）化制：凡患有严重传染病、寄生虫病、中毒和严重病理损伤的肉尸和脏器，不能在无害化处理后食用者，应炼制工业油或骨肉粉。

（4）销毁：凡患有炭疽、鼻疽、牛瘟等《肉品卫生检验试行规程》所列的烈性传染病的尸体、肉尸和脏器，必须用焚烧、深埋、湿化（通过湿化机）等方法予以销毁，但绝不能用土灶炼制代替湿化处理。

不管肉尸和脏器属于上述哪一种情况，都必须标以与判定结果相一致的印记。这在肉品的卫生管理上有很大的意义，可以防止混乱和不安全的肉品上市。

根据上述情况和处理，肉尸和脏器的盖检印，基本上分为三类：

第一类，认为品质良好适于食用的肉尸，盖以兽医验讫的印戳；

第二类，认为经过无害化处理后可供食用的肉尸和脏器，根据不同的处理要求，分别盖以产酸、高温、腌制、冷冻、炼食用油等印戳；

第三类，认为品质低劣不适于食用的肉尸和脏器，盖以炼工业油或销毁的印戳。

关于盖印的部位及数目，外销产品应根据合同办理。至于内销产品的盖印法，除第一类原则上规定在肉尸两侧臀部各盖一验讫印戳外，第二、三类无一定规定，各地区可根据具体情况办理，但原则上要求各个部位都应盖到。在验讫印戳上应刻有检验机关全称、畜别、检验日期、兽医验讫等项。

盖检印所用的颜料和化学药品要符合下列要求：对人体无害，易于印染在组织表面，颜色鲜艳，干得快且不起皱，烹调或加工时易于褪色。

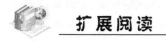
## 扩展阅读

### 一、检疫工具的规格及使用

屠宰加工企业的检疫人员,必须准备自用的两把检验刀、一把检验钩和一根磨刀棒。检验刀要锋利,刀刃长17cm,宽不超过3.5cm,刀柄长10cm。检验钩要求用不锈钢制成。检验工具应妥善保存和维修,检验刀要经常保持锋利,擦拭干净,防锈、防霉。检验时左手拿钩,右手持刀。若检验工具遭受污染,可用另一套替换。被污染的检验工具,在清除病变组织之后,应立即放入消毒液中(20℃热碱)或82℃热水中消毒。

### 二、被检器官和肉尸的准备

根据病原微生物最常侵入的门户和原发性受害器官,呼吸道、消化道和血液、淋巴循环系统以及母畜生殖道,应作为宰后检疫的重点。

为了保证检验和处理的正确性,对肉尸、离体头部及内脏必须编上同一号码。一般采用的编号方法有贴纸号法、挂牌法和变色铅笔涂写法。这些方法中以贴纸号法较为理想,经验证明,这样的小纸号可牢固地附贴于肉尸、内脏、头部和皮肤上而不脱落。尽管如此,上述各种编号方法仍有被摩擦掉号或模糊不清的缺点,尤其是加工剥皮猪时显得更为突出。为了克服上述缺点,防止漏检和减少污染的机会,国内外采用了同步检验法。这种方法,除猪的头部炭疽检验点仍在烫毛前、后进行之外,其余都是将胴体和各种脏器的检验控制在同一个生产进度上,这样便于检验人员在发现问题时及时交换情况,从而进行综合判定和处理。实行同步检验法的工艺设备有两种:一种是在载运胴体的传送带近旁设一条与之同步运行的传送带,装设许多长方形的金属盘,用以装运相应胴体的各种脏器;另一种是采用一条带有悬挂式脏器输送盘的自动传送线,其优点是内脏检验与胴体检验同在一个操作平台上进行,以便于在发现有病动物肉品或内脏后及时找出相应的内脏和胴体,并依照有关的规定进行无害化处理。

牛头应在第3、第4气管环之间从屠体上卸下,使甲状腺和咽后外侧淋巴结尽可能地留在头上。同时剥去头皮,在舌的两侧及软腭上各切一刀,使舌由下颌间隙中游离出来,暴露出舌根及两侧咽后内侧淋巴结。羊头也应做同样的准备,但不游离舌。

马头是在第1颈椎处卸下,剥去头皮,不游离舌,但需打开鼻腔,暴露出鼻中隔及鼻甲骨。为此,须将鼻骨作一横锯口和两侧的纵切口。

猪头或从颈部卸下,或以一侧颈部皮肤连在肉尸上。不管采用哪种分割方式,只能在检验颌下淋巴结未发现炭疽后方可进行。摘出内脏时,心、肝、肺应保持自然联系。为了保留相应的淋巴结,可随同部分胸主动脉一并摘出。在分离肝和胰脏时,务必保留肝淋巴结。脾脏可连在胃上待检。

## 三、宰后检疫点的设置

在我国现有的工艺设备与技术条件下,有自动或半自动传送装置的屠宰加工企业。宰后检疫点的设置如下:

（一）猪的宰后检疫点

1. 头部检验点

按《生猪屠宰产品品质检验规程》(GB/T 17996—1999)要求,此点设在放血和脱毛后吊上滑轨之后,这样既可减少污染,又可避免沥血过程中剖检时血液污染剖开的下颌淋巴结而造成错检的弊端。此检验点的任务是检验局限性咽炭疽及淋巴结结核病变。

2. 皮肤检验点

设在脱毛之后、开膛之前,检查皮肤的健康状况。

3. "白下水"检验点

设在开膛取出腹腔脏器之后。主要检验胃、肠、脾、胰(屠宰行业称之为"白下水")及相应的淋巴结。检验的方式分离体和不离体检验两种。

4. "红下水"检验点

设在开膛取出心、肝、肺(屠宰行业称之为"红下水")之后。检验心、肝、肺及相应的淋巴结。

5. 旋毛虫检验点

开膛之后,设横膈膜肌脚采样点,并将样品送旋毛虫检验室检验。

6. 胴体检验点

设在取出内脏之后劈半之前。检查胴体各重点部位、主要淋巴结和肾脏。

7. 头部咬肌检验点

设在机械或手工去头之前剖检咬肌,检查猪囊尾蚴。

8. 终末检验点

终末检验点也称复检点,上述各检验点发现的可疑病变或遇到疑难问题,送至这里作进一步的详细检查,必要时辅以实验室检验。此外,终末检验点还对胴体进行复检,以防出现漏检,同时还负有胴体质量评定与盖检印的责任。

上述这些检验点并非一成不变,工作人员可根据实际情况,在征得有关方面同意后,作适当调整。

（二）牛、羊的宰后检疫点

1. 头部检验点

检验头部淋巴结和咬肌。

2. "白下水"检验点

检验胃、肠、脾、胰等脏器及相应的淋巴结。

3. "红下水"检验点

检验心、肝、肺等脏器及相应的淋巴结。

4. 胴体检验点

检查胴体各重点部位、主要淋巴结和肾脏。

5. 终末检验点

同猪的检验。

（三）马属动物的宰后检疫点

1. 头部检验点

检验头部淋巴结和鼻腔。

2. "白下水"检验点

检验胃、肠、脾、胰等脏器及相应的淋巴结。

3. "红下水"检验点

检验心、肝、肺等脏器及相应的淋巴结。

4. 胴体检验点

检验胴体各重点部位、主要淋巴结与肾脏。

5. 终末检验点

同猪的检验。

（四）家禽的宰后检疫点

1. 内脏检验点

检验心、肝、肺、胃、肠、脾、胰和肾等脏器。

2. 胴体检验点

检验胴体的完整性、清洁度、放血程度、皮肤、鸡冠和肉髯、眼、鼻孔、口腔、咽喉、肛门等。

（五）家兔的宰后检疫点

1. 内脏检验点

检验心、肝、肺、胃、肠、脾、胰和肾等脏器。

2. 胴体检验点

检验胴体各部位肌肉和淋巴结。

在无传送装置的屠宰场，宰后检疫点可根据屠畜种类不同分别设置。

## 四、有条件利用肉的无害化处理

（一）冷冻处理

冷冻处理即利用低温的作用，使病原体细胞质里的水变成冰，细胞发生变性，导致病原体死亡而达到无害化的目的。这种方法通常用于感染少量囊尾蚴肉尸的处理。具体处理办法因病原体对低温抵抗力的不同而有差异。牛肉囊尾蚴肉尸，当肉内7~10cm深处温度达到-6℃，再于-9℃的冷藏室内保存24h，或将肉深层温度冷至-12℃，即可达到无害化处理。猪肉囊尾蚴肉尸，当肉内7~10cm深处温度达到-10℃，再于-12℃的冷藏室内保存10天，或将肉深层温度冷至-12℃，再于-13℃的冷藏室内保存4天，即可达到无害化处理。

为了安全起见，经过如上处理的肉尸，在发出利用之前，必须对囊尾蚴作生活力的测定，在证实虫体均已死亡后，方可供食用。

据国外报道，患有旋毛虫病的猪肉，经冷冻处理后也可达到杀死虫体的目的。美国、加拿大、意大利等国家用低温急冻来代替旋毛虫检验。但这种方法在第一届国际旋毛虫病会议上，没有得到各国学者的认可。《美国联邦法规》规定的旋毛虫病肉的处理温度和处理时间是：厚度不超过15cm者，在-15℃冷冻20天，在-23.3℃冷冻10天，在-29℃冷冻6天；厚度在15cm以上、不超过68cm者，在-15℃冷冻30天，在-23.3℃冷冻20天，在-29℃冷冻16天。

（二）产酸处理

产酸处理的机制是在一定温度下，由于肉中糖酵解酶的作用，致使糖原分解，产生大量乳酸，从而达到杀灭某些病原体的目的。

这种方法常用来处理体温正常的口蹄疫患畜及其体温升高的同群畜的肉尸。具体做法是：将肉尸剔骨，在0℃~6℃温度放置48h，或在6℃~10℃温度放置36h，或在10℃~12℃温度放置24h。

由于口蹄疫病毒在骨髓中能存活较长时间，加之产酸时乳酸在骨髓中的集聚是不明显的，所以用以上方法进行无害化处理的肉尸必须剔骨，骨必须经高温处理后方可出厂（场）。

（三）高温处理

这是杀灭一切病原体最有效、最彻底的方法，因此，对有条件利用肉均可采用高温处理。其处理方式有以下两种：

1. 高压蒸煮

在特制的高压锅内进行。将肉切成重约2kg、厚不超过8cm的肉块，在1.3个大气压力下蒸煮1.5~2h。

2. 常压烧煮

将肉切成上述同样大小的肉块,在普通铁锅内烧煮2~2.5h(以水沸腾时间为准),要求肉块深部的温度达到80℃以上。切开肉块,当深部肉色呈灰白色(猪肉)或灰色(牛、羊肉)且无血水残存者,即可认为已达到无害。

(四) 盐腌处理

盐腌法是针对有条件进行无害化处理的肉,其原理是基于食盐溶解时的高渗作用和细胞膜的半渗透性。在高浓度的盐溶液中,不但组织酶的活性和微生物产酶的能力受到抑制,而且肌细胞和微生物均发生脱水现象,从而导致微生物生长停滞以致死亡,某些寄生虫虫体,由于脱水的结果,最终也丧失其生命。

处理方法是:将肉切成不超过2.5kg的肉块,表面擦上食盐(食盐用量为肉重的15%),然后腌渍于18℃的盐水中。腌渍时间的长短,可因病原体对盐溶液的耐受力而有所不同。

本法常用于轻症囊尾蚴病肉的无害化处理,其处理时间不少于21天,食盐消耗量不少于肉重的12%。当肉中食盐含量达到5.5%~7.5%时,囊尾蚴即死亡。腌制宜在60℃的室温下进行。为了安全起见,这样的肉在发出之前,照例需进行囊尾蚴生活力的测定。

由于盐溶液很难渗入脂肪,位于猪皮下脂肪肌肉间层中的虫体不易死亡,故腌制时需剔除皮下脂肪以炼制食用油。

用本法处理布氏杆菌病患畜肉尸时,腌制需经60天,其毛皮也应进行同样的处理。

(五) 炼制食用油

凡患有重症旋毛虫病、囊尾蚴病和病情虽重但脂肪尚可食用的一般传染病(如猪瘟、猪丹毒、猪肺疫等),以及黄脂的屠畜肉尸和内脏,其脂肪组织均可炼制食用油。炼制时要求温度在100℃以上,时间需20min。

# 任务三 宰后病变组织器官的识别与处理

· 知识目标 ·

1. 了解动物宰后检疫的主要组织器官
2. 理解动物宰后主要组织器官的病变类型
3. 掌握动物组织器官的病变及进行正确的处理

·技能目标·
1. 能指出宰后检疫的主要组织器官
2. 能对主要组织器官的病变进行识别并进行合理的处理

 知识储备

## 一、淋巴结的检查

淋巴结是淋巴系统的重要组成部分。它的主要功能之一是将淋巴和血液内的各种有害物质及微生物阻留于淋巴管道、淋巴窦内的网状内皮细胞内。器官方面的局部淋巴结起着过滤作用,清除淋巴中的有毒、有害物质。与有毒、有害物质接触后,淋巴结受到刺激并发生特异性反应,引起淋巴结肿大、充血、出血、化脓、结节以及各种炎症等。病因不同,淋巴结的病理形态也不同。如炭疽痈性肿胀时,淋巴结就肿大 4~5 倍,切面多汁,呈淡黄色或砖红色,并有黑色的出血斑点,周围组织有胶样浸润;因外伤发生水肿时,淋巴结稍肿大,色泽正常,切面有时可见充血;屠畜表皮发生严重炎症时,则淋巴结多见灰色肿胀;因心脏衰弱引起慢性水肿时,淋巴结仅有水肿变化。因此,对全身淋巴结的剖检,可初步判断疫病的性质。

(一)肉尸中淋巴结的颜色、形态及大小

正常屠宰放血,淋巴结多呈灰白色或灰黄色,以豆形多见,其大小因动物种类不同有差异。牛的淋巴结较大,猪次之,马属动物及羊的较小,即使同一动物不同部位的淋巴结亦有大小差别。鸡、兔淋巴结数量少,个体小,故宰后不剖检淋巴结。

(二)应剖检的主要淋巴结

1. 头部

头部应剖检的主要淋巴结有颌下淋巴结、耳下腺淋巴结、咽后内侧淋巴结、咽后外侧淋巴结(图 9-1,图 9-2,图 9-7,图 9-8)。

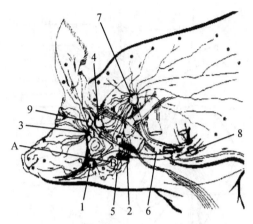

1. 颌下淋巴结  2. 颌下副淋巴结  3. 腮淋巴结  4. 咽后外侧淋巴结  5. 颈浅腹侧淋巴结
6. 颈浅中淋巴结  7. 颈浅背侧淋巴结  8. 颈后淋巴结  9. 咽后内侧淋巴结  AB. 头部设线

**图 9-1  猪头部被检淋巴结的分布**

（引自刘占杰、王惠霖，兽医卫生检验）

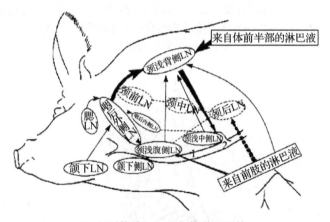

1. 左颈静脉  2. 左气管淋巴导管

实线表示浅在淋巴结及淋巴流向，虚线表示深层淋巴结及淋巴流向，LN 表示淋巴结

**图 9-2  猪体前半部淋巴结分布及淋巴循环示意图**

（引自刘占杰、王惠霖，兽医卫生检验）

2. 体躯

体躯的淋巴结检查主要包括颈浅淋巴结（肩前淋巴结）、颈深淋巴结、股前淋巴结（膝上淋巴结）、腹股沟浅淋巴结、腹股沟深淋巴结、髂内淋巴结、腘淋巴结（图 9-1-图 9-7）。

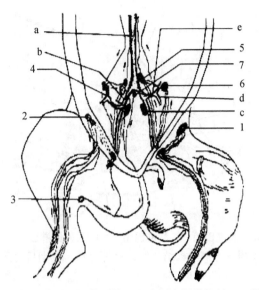

1. 髂下淋巴结　2. 腹股沟浅淋巴结　3. 腘淋巴结　4. 腹股沟深淋巴结　5. 髂内淋巴结
6. 髂外淋巴结　7. 荐淋巴结　a. 腹主动脉　b、e. 髂外动脉　c. 旋髂深动脉　d. 旋髂深动脉分支
右后肢为表层淋巴管，左后肢为深层淋巴管，左右两侧淋巴结分布和淋巴管走向相对称

**图 9-3　猪体后半部淋巴结分布及淋巴循环示意图**

（引自刘占杰、王惠霖，兽医卫生检验）

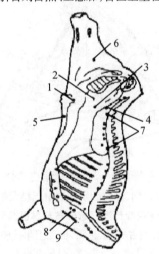

1. 腹股沟浅淋巴结　2. 股前淋巴结　3. 腹股沟深淋巴结　4. 髂内淋巴结
5. 髂外淋巴结　6. 腰淋巴结　7. 肾门淋巴结　8. 腘淋巴结　9. 颌下淋巴结

**图 9-4　猪的必检淋巴结的位置**

（引自毕玉霞，动物防疫与检疫技术）

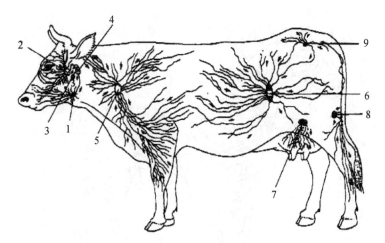

1. 颌下淋巴结 2. 腮淋巴结 3. 咽后内侧淋巴结 4. 咽后外侧淋巴结 5. 颈浅淋巴结 6. 髂下淋巴结 7. 乳房淋巴结 8. 腘淋巴结 9. 坐骨淋巴结

**图 9-5 牛体表淋巴结的分布**

（引自刘占杰、王惠霖，兽医卫生检验）

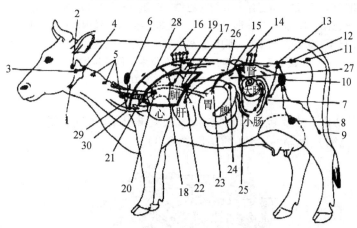

1. 颌下淋巴结 2. 腮淋巴结 3. 咽后内侧淋巴结 4. 咽后外侧淋巴结 5. 颈深淋巴结 6. 颈浅淋巴结 7. 髂下淋巴结 8. 腹股沟浅淋巴结 9. 腘淋巴结 10. 腹股沟深淋巴结 11. 坐骨淋巴结 12. 荐淋巴结 13. 髂内淋巴结 14. 腰淋巴结 15. 乳糜池 16. 肋间淋巴结 17. 纵隔淋巴结 18. 纵隔中淋巴结 19. 纵隔背淋巴结 20. 支气管淋巴结 21. 纵隔前淋巴结 22. 肝门淋巴结 23. 胃淋巴结 24. 脾淋巴结 25. 肠系膜淋巴结 26. 腹腔淋巴干 27. 肠淋巴干 28. 胸导管 29. 气管淋巴导管 30. 颈静脉

**图 9-6 牛全身淋巴结分布及淋巴循环示意图**

（引自刘占杰、王惠霖，兽医卫生检验）

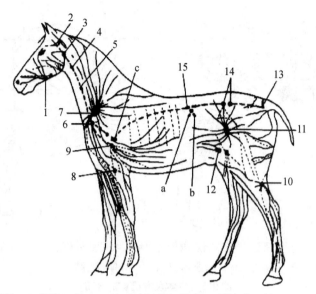

1. 颌下淋巴结　2. 腮淋巴结　3. 咽后外侧淋巴结　4. 颈前淋巴结　5. 颈中淋巴结
6. 颈后淋巴结　7. 颈浅淋巴结　8. 肘淋巴结　9. 腋淋巴结　10. 腘淋巴结
11. 髂下淋巴结　12. 腹股沟浅淋巴结　13. 荐淋巴结　14. 髂内淋巴结　15. 乳糜池
a. 腹腔淋巴干　b. 肠淋巴干　c. 胸导管与气管淋巴管汇入的颈静脉段

图 9-7　马全身淋巴结分布及淋巴循环示意图

（引自刘占杰、王惠霖，兽医卫生检验）

3. 内脏

内脏的淋巴结检查主要包括肠系膜淋巴结、胃淋巴结、支气管淋巴结（肺淋巴结）、肝淋巴结（肝门淋巴结）、纵隔淋巴结（图 9-8，图 9-9）。

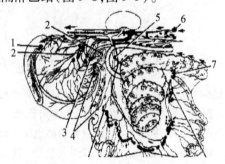

1. 脾淋巴结　2. 胃淋巴结　3. 肝淋巴结　4. 胰淋巴结　5. 盲肠淋巴结
6. 髂内淋巴结　7. 回、结肠淋巴结　8. 肠系膜淋巴结

图 9-8　猪腹腔各淋巴结分布图

（引自刘占杰、王惠霖，兽医卫生检验）

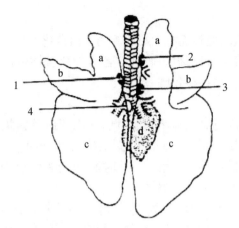

1. 左支气管淋巴结　2. 尖叶淋巴结　3. 右支气管淋巴结　4. 中支气管淋巴结
a. 尖叶　b. 心叶　c. 膈叶　d. 副叶

**图 9-9　猪支气管淋巴结分布图**

（引自刘占杰、王惠霖，兽医卫生检验）

（三）常见淋巴结的病变

1. 充血

淋巴结在炎症初期可发生变性和充血，淋巴结稍肿大，切面呈深红色或浅红色，按压时切面可见小血滴。

2. 水肿

淋巴结肿大，触之柔软，切面组织苍白而松软，按压切面有透明的淋巴液流出。多见于外伤时局部淋巴结单纯性水肿。

3. 出血与坏死

在淋巴结的渗出液中含大量红细胞，使淋巴结呈红色或深红色。多见于急性传染病，如炭疽、猪肺疫、猪丹毒、猪瘟等。但随疫病种类的不同，病变各具有一定的特征。猪患炭疽时，淋巴结出血呈砖红色，并散在有污灰色的坏死病灶，淋巴结变硬，淋巴结周围组织常有少量的胶样浸润；患猪肺疫、猪丹毒时，全身淋巴结出血呈红色，伴有明显的水肿，切面多汁，按压流出红黄色汁液；患猪瘟时，全身淋巴结充血肿胀，呈暗红色或黑红色，切面周边出血明显，呈红白相间的大理石样。

4. 浆液性渗出性炎

淋巴结体积呈急性增大、变软，切面暗红色，有时有出血小点，按压时流出混浊液体，淋巴结有时呈蔷薇色或黄色，多见于急性传染病且伴发有大量毒素形成时，如败血型猪丹毒的淋巴结。

5. 化脓性淋巴结炎

淋巴结肿大，柔软，表面或切面有大小不等的黄白色化脓灶。有时整个淋巴结形成一个脓包。这种变化多继发于淋巴结所属组织、器官的化脓性炎症和化脓疮。在马腺疫和马鼻疽等疾病过程中，淋巴结往往化脓。

6. 增生性淋巴结炎

以细胞增生为主时，淋巴结明显增大、变硬，切面灰白色脑髓样，称为淋巴结髓样变。多见于猪副伤寒等传染病。而当患有结核、副结核、鼻疽和布氏杆菌病时，增生的淋巴结有其特殊表现，即有特殊的肉芽组织增生。此时淋巴结肿大、坚硬，切面呈灰白色，可见粟粒至蚕豆大小的结节，中心坏死呈干酪样。

增生性淋巴结炎以结缔组织增生为主时，淋巴结不肿大且往往比正常淋巴结小，坚硬，切面见不到淋巴结固有结构，仅见增生的结缔组织交错存在。

（四）淋巴结的异常变化

淋巴结的异常变化多指淋巴结脂肪沉着和炭末沉着。前者多见于过于肥大的猪和长期饲喂含脂肪过多的饲料的猪，肠系膜淋巴结呈黄白色，触摸时有滑腻感，切开切面发黄。后者多见于工业区和矿区的猪，肺门淋巴结外观和切面变黑。

## 二、肌肉、骨组织的检查

肉品性状异常是指气味异常、色泽异常、肉尸消瘦和肉尸掺杂使假。

## 三、内脏器官的检查

（一）肺脏的检查

宰后检疫过程中肺脏的变化较多。多种传染病和寄生虫病都能在肺脏引起特定的病变，如发生兔病毒性出血症时，全肺出血和气管出血；猪、牛、羊肺丝虫寄生时，虫体可堵塞气管，引起肺炎、肺水肿、肺气肿、严重肺淤血等，还有呛水、呛血、呛食等异常现象。

1. 肺水肿与肺呛水的区别（猪）

肺水肿常由左心衰竭、肺坠积性充血、肺炎、农药中毒引起。肺肿大，重量增加，表面色变淡、有光泽，间质增宽透明。切开肺脏，流出多量白色泡沫样液体。伴有充血时，肺则呈暗红色，切面暗红，按压流出血样泡沫状液体。

肺呛水发生在猪时，多因屠宰加工带皮猪，猪进烫池前未死，挣扎呼吸时将水吸入肺。肺呛水多见于肺尖叶和心叶，呛水部肿大湿润，呈污灰色。肺间质无变化。切开后流出污水或带毛、带血的液体。支气管淋巴结无任何变化。

2. 肺炎与肺呛血的区别（牛、羊）

许多致病因素都能引起肺炎，最常见的是细菌性肺炎和支原体肺炎，如牛出血性败血症(亦称牛出败)、牛传染性胸膜肺炎。肺脏病变因炎症过程不同而不同,常见肺肿大,表面、切面暗红,肺组织较坚实,失去弹性。呛血由切断三管法放血造成,由于气管、血管、食管同时切断,血液易从气管断端进入气管进而到肺。瘤胃内容物也易进入肺。肺呛血多发生在膈叶背缘,呛血部大小不一,形状不一,颜色鲜红。肺组织有弹性,切开肺脏见到条索状游离的凝血块或流出血液。

(二) 心脏的检查

在检验肺的同时,察看心脏外表色泽、大小、硬度,有无炎症、变性、出血、囊虫、丹毒、心浆膜丝虫等病变,并触摸心肌有无异常,必要时剖切左心,检视二尖瓣有无花菜样疣状物。

(三) 肝脏的检查

1. 肝脂肪变性

外观肿大,呈黄褐色、灰黄色或黏土色,切面色变淡,触摸有油腻感。传染病、中毒性疾病、过度疲劳都能引起肝脂肪变性。

2. 饥饿肝

肝脏不肿大,呈黄褐色、黄色或泥土色。由长途运输、饥饿、惊恐等应激因素引起。

3. 肝硬变

肝脏体积缩小,坚实,表面粗糙不平呈细颗粒状或有结节、凹陷,呈灰红色、黄色或暗黄色。多由肝功能失常或疫病引起。

4. 肝坏死

肝表面或实质散在大小不一的灰色或灰黄色坏死灶。巴氏杆菌病、沙门氏菌病、大肠杆菌病、猪弓形虫病都能引起肝坏死。

除上述病变外,牛宰后可见到因肝毛细血管扩张所造成的"富脉斑",表现为肝表面和实质存在单个或多个大小不等的暗红色稍凹陷的病灶。

(四) 脾脏的检查

脾脏是动物体外周免疫器官,在动物发生传染病时多出现病变,宰后应特别注意急性炎性脾肿大和梗死。

1. 急性炎性脾肿大

见于炭疽、急性猪丹毒、马传染性贫血等传染病。脾肿大达到原来的3～5倍,呈暗红色,触摸柔软。切面脾髓界限不清,呈黑红色,如煤焦油,刀刮软如泥。

2. 脾脏出血性梗死

见于猪瘟。脾不肿大或略肿大,脾脏边缘有暗红色稍凸起的楔状梗死部,数量、大小不等。脾脏的这种变化是猪瘟定性的重要依据。

### （五）胃肠的检查

首先视检胃肠浆膜及肠系膜，并剖检肠系膜淋巴结（注意肠炭疽），必要时将胃肠移至特定地点，剖开检查黏膜的变化。注意色泽是否正常，有无充血、出血、水肿、胶样浸润、痈肿、糜烂、溃疡等病变。对于牛、羊，尚须检查食道，以发现住肉孢子虫。

### （六）肾脏的检查

猪发生猪瘟时肾脏肿大，皮质色泽变淡，有点状出血。发生急性猪丹毒时，肾淤血、肿大，表面和切面上有出血点。除特定的传染病引起的变化外，尚可见到肾囊肿、肾脓肿、肾结石等。

### （七）子宫、睾丸和乳房的检查

在公畜、母畜须剖检睾丸或子宫，注意其形态、大小，有无炎症变化。乳房的检验可与胴体检验一道进行或单独进行。

## 四、动物病害肉尸及其产品无害化处理

通过屠宰检疫，对猪、牛、羊、马、驴、骡、驼、禽、兔等动物因患传染病、寄生虫病和中毒性疾病死亡后的尸体、肉尸（除去皮毛、内脏和蹄）及其产品（内脏、血液、骨、蹄、角和皮毛）的无害化处理，按 GB 16548—2006 处理规程执行。本标准同样适用于产地、运输、市场检疫后的处理。

  扩展阅读

## 一、红膘肉

红膘肉是由充血、出血或血红蛋白浸润所致，仅见于猪的皮下脂肪，是生猪宰后检疫最为常见的病例。因诱发红膘的原因不同，大致可分为以下四种类型。

### （一）死猪冷宰引起的红膘

因各种原因导致生猪死亡后再屠宰放血。

### （二）疫病病原体引起的红膘

生猪在饲养管理不良、气候反常突变或长途运输疲劳的情况下，机体抵抗力降低，因病原体的侵入并大量繁殖为主要致病因素而引起的红膘，如猪丹毒、猪肺疫、猪副伤寒等。

### （三）生猪宰前缺乏休息引起的红膘

由于没有严格执行屠宰前的饲养管理制度，生猪宰前没有得到足够的休息与饮水，在尚未缓解疲劳的情况下进行的屠宰。

### （四）屠宰加工工艺不当引起的红膘

由于屠宰加工工艺掌握不妥，如电麻的方法、时间和放血的方法不对，造成放血不全所引起的皮下脂肪发红。

## 二、黄膘肉

黄膘是指皮下脂肪（肥肉）、胃网膜（网油）、肠系膜（因形似鸡冠，俗称鸡冠油）、腹部脂肪（俗称板油）等呈现不同程度的黄染。大致可分为黄脂肉和黄疸肉。

### （一）黄脂肉

黄脂肉的特点是皮下脂肪或腹腔脂肪发黄，稍混浊，变硬。全身其他组织不黄染。在吊挂24h后黄色变浅或消失。这种肉品的出现与饲料和体内维生素缺乏有关。动物生前采食过量的不饱和脂肪酸（鱼粉、蚕蛹等）和含天然色素的饲料（黄玉米、胡萝卜等），脂肪易发黄。

### （二）黄疸肉

黄疸肉的特点是除脂肪发黄外，全身皮肤、黏膜、脏器均染成不同程度的黄色，多见于马传染性贫血（简称马传贫）、钩端螺旋体病、锥虫病、梨形虫病及肝片吸虫病等。某些化学物质和饲料中毒后也能发生黄疸肉现象。黄疸肉品放置时间越久，颜色越深。

## 三、白肌肉

白肌肉又称PSE猪肉，指一种色泽苍白、质地松软缺乏弹性并有渗出液的猪肉，国外又称水煮样肉或热霉肉。其发生原因有以下三个方面：

（1）与品种及遗传性有直接关系，以瘦肉型品种猪发病率高，通常皮埃特拉猪、长白猪易发生。在检验中发现夏秋季节发病率高于冬春季节。

（2）PSE猪肉的发生和猪应激综合征（PSS）、猪恶性高热有关。这种猪对外来各种刺激敏感。例如，宰前由于受到强烈的刺激，猪体代谢增强，能量消耗、肌糖原酵解加快，乳酸增多，pH下降，宰后45min，pH降至5.7以下。引起肌蛋白变性，细胞持水能力下降，以致背最长肌、腰肌、后肢和前肢肌肉群颜色苍白，柔软多汁，像水浸样，切开有液体流出。

（3）宰前的高温和肌肉强直性痉挛收缩所产生的强直热，使胶原蛋白纤维膨胀软化，肌纤维蛋白中心的水分急速渗出，肌肉色泽变淡，质地变脆，保水性、保存性不良，失重大。

## 四、绿色肉

肉及肉制品变成绿色的原因主要有以下几种。

### （一）氧化性变绿

鲜肉可因细菌（具有氧化能力或产生硫化氢）的作用变为灰色或绿色，但并非是腐败性变化。肉糜表层往往由于鲜红色亚铁血红素氧化而变为灰色及绿色，或硫化氢与亚铁血红素结合而产生绿色色素。硫化氢与已还原的肌红蛋白反应生成淡紫色化合物，主要是由乳酸杆菌所致。

（二）病理性变绿

猪和牛有一种由变应性原因所引起的嗜伊红细胞性肌炎，以 6～12 月龄的猪和 1～3 岁的牛最为常见。

（三）腐败性变绿

野生动物的尸体常因不剥皮或拔去羽毛，体温不易发散而致腐败。又常因不除去内脏，肠道内腐败细菌产生的硫化氢易与肠壁及腹壁肌肉中的血红蛋白与肌红蛋白内的铁发生反应，致肠和腹壁肌肉变成灰绿色。也可见于夏季炎热天气急宰但开膛延缓的畜禽胴体，尤其是肥猪。肉在厌氧腐败时发绿，是由腐败可变单胞细菌所致。还有未经冷却而堆叠的胴体，肉堆可提高肉温，致肌肉中的组织蛋白酶活性增强而发生蛋白分解，释放出硫化氢，使肉呈现淡绿色。

## 五、蓝色肉

在肉品销售的流通环节中，由于违反食品卫生管理的规定，使肉体受到蓝色芽孢杆菌的污染，在肉的表面繁殖所致。

## 六、发光肉

发光肉是一种发光微生物（磷光发毛杆菌）在肉的表面繁殖所引起的一种发光现象。常见于在近海地点储藏的肉。该细菌原在海水中生存繁殖，多附着于海产品上。其污染肉后 7～8h 即可发生肉的发光现象，当有腐败细菌同时存在时磷光消失。

## 七、深暗色肉

造成深暗色肉的原因常常有以下两种：

（1）猪的深暗色肉又称为黑干肉（DFD）。常见于长途运输后的猪，发生率高。

（2）因屠宰前受到长久刺激，糖原的代谢增加，导致在死亡时肌肉内储存的糖原量低，当 pH 升高时，肌细胞微浆体的呼吸作用仍高。肌红蛋白被夺去了氧后使这部分的肉色变深。

## 八、黑色肉

引起黑色肉的原因有以下两种：

(1) 黑色素沉着引起黑色肉:与机体内多巴氧化酶(存在于哺乳动物的皮肤中)和酪氨酸酶的功能失常有关。

(2) 厌氧性腐败变黑:由于在不合理的条件下储藏和运输鲜肉,胴体压得紧而不透气,致使肉长时间不能冷却,使肉的组织蛋白酶和腐败性细菌活动增强,肉的蛋白质发生剧烈分解,导致腐败变黑,并产生强烈的氨臭味。

### 九、屠畜骨血色素沉着症

屠畜骨血色素沉着症见于猪和犊牛,为一种遗传性的血红蛋白代谢障碍,致骨质有含铁色素(卟啉)沉着。

### 十、羸肉与消瘦肉

羸肉皮下、体腔和肌肉间脂肪明显减少或消失,但组织器官无病变,多由饲料不足或饲喂不当引起。消瘦肉常因动物生前患慢性消耗性疾病引起,除肌肉间、皮下、体腔脂肪减少,肌肉缺乏弹性外,组织器官有病变。

## 实践体验

### 技能训练二十二　猪宰后常见病变组织器官识别与处理

【训练目标】　深刻理解猪宰后检疫的方法、步骤,对检疫结果进行的处理。

【训练形式】　到屠宰场现场检疫。

【重点提示】　首先认真学习猪的屠宰检疫的相关知识,熟知猪宰后要检疫的主要组织器官,能分辨正常与异常,能按照正常的程序和方法进行宰后检疫,并对检疫结果作出正确的处理。完成并上交实训报告。

(一) 实训材料

(1) 选择一个正规的屠宰场或肉类联合加工厂。

(2) 检验刀具每人一套;防水围裙、袖套及长筒靴每人一套;白色工作衣帽、口罩等。

(二) 方法与步骤

1. 内脏检查

(1) 胃、肠、脾的检查(白下水检查):有非离体检查和离体检查两种方式。

① 非离体检查:国内各屠宰场多数在开膛之后,胃、肠、脾未摘离肉尸之前进行检查。检查的顺序是:脾脏→肠系膜淋巴结→胃肠。

开膛后先检查脾脏(在胃的左侧,窄而长,紫红色,质较软),视检其大小、形态、颜色或触检其质地。必要时可切开脾脏,观察断面,然后提起空肠观察肠系膜淋巴结,并沿淋巴结纵轴(与小肠平行)纵行剖开淋巴结群,视检其内部变化(图9-10)。这对发现肠炭疽具有重要意义。

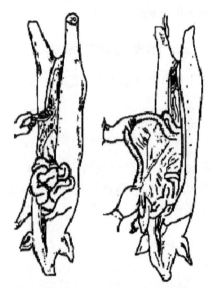

图9-10 猪的肠系膜淋巴结和脾脏检疫
(引自毕玉霞,动物防疫与检疫技术)

肠系膜淋巴结包括前肠系膜淋巴结(位于前肠系膜动脉根部附近)和后肠系膜淋巴结(位于结肠终袢系膜中),数量众多,称为肠系膜淋巴群。在猪的宰后检疫中,常剖检的是前肠系膜淋巴结。最后视检整个胃肠浆膜有无出血、梗死、溃疡、坏死、结节、寄生虫。

② 离体检查:如果将胃、肠、脾摘离肉尸后进行检查,要编记与肉尸相同的号码,并按要求放置在检验台上检查。首先视检脾、胃肠浆膜面(视检的内容同上),必要时切开脾脏。然后检查肠系膜淋巴结。把胃放置在检查者的左前方,把大肠圆盘放在检查者面前,再用手将此两者间肠管较细、弯曲较多的空肠部分提起,并使肠系膜在大肠圆盘上铺开,便可见一长串索状隆起,即肠系膜淋巴结群。用刀切开肠系膜淋巴结进行检查(图9-11)。

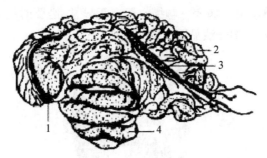

1. 胃　2. 小肠　3. 肠系膜淋巴结　4. 大肠圆盘

**图 9-11　胃肠放置方位**

（引自毕玉霞,动物防疫与检疫技术）

猪的寄生虫（猪蛔虫、猪棘头虫、结节虫、鞭虫等）有许多寄生在胃肠道。当猪蛔虫大量寄生时,从肠管外即可发现;猪结节虫在肠壁上形成结节。对寄生虫的检疫除观察病变外,还要结合胃肠整理,以有利于产地寄生虫普查和防治。

(2) 肺、心、肝的检查(红下水检查)：肺、心、肝的检查亦有非离体检查与离体检查两种方式。

① 非离体检查：当屠宰加工摘除胃、肠、脾后,割开胸腔,把肺、心、肝一起拉出胸腔、腹腔,使其自然悬垂于肉体下面,按肺→心→肝的顺序依次检查。

② 离体检查：离体检查的方式又有悬挂式和平案式两种。两种方式都应将被检脏器编记与肉尸相同的号码。悬挂式是将脏器悬挂在检验架上受检,这种方式为非离体检查;平案式是把脏器放置在检验台上受检,使脏器的纵隔面(两肺的内侧)向上,左肺叶在检验者的左侧,脏器的后端(膈叶端)与检验者接近。

不论是采取非离体还是离体检查,悬挂式还是平案式检查,都应按先视检、后触检、再剖检的顺序全面检查肺、心、肝,并且注意观察咽喉黏膜与心耳、胆囊等器官的状况综合判断。

a. 肺脏的检查：主要观察肺外表的色泽、大小,有无充血、气肿、水肿、出血、化脓、坏死、肺丝虫、肺吸虫或霉形体肺炎等病变,并触检其弹性。但必须与因电麻时间过长或电压过高所造成的散在性出血点相区别。此外,还必须注意屠宰放血时误伤气管而引起肺吸入血液和泡烫污水灌注(后者剖切后流出淡灰色污水带有温热感),必要时剖检支气管淋巴结和肺实质,观察有无局灶性炭疽、肿瘤以及小叶性或纤维素性肺炎等。

结核病可见淋巴结和肺实质中有小结节、化脓、干酪化等特征;肺丝虫病以突出表面白色小叶性气肿灶为特征;猪肺疫以纤维素性坏死性肺炎(肝变状)为特征;猪丹毒以卡他性肺炎和充血、水肿为特征;猪气喘病以对称性肺炎的炎性水肿肉变为特征。此外,猪肺常见到肺吸虫、肾虫、囊虫、细颈囊尾蚴、棘球蚴等。

b. 心脏的检查：在检验肺的同时,察看心脏外表色泽、大小、硬度,有无炎症、变性、出血、囊虫、丹毒、心浆膜丝虫等病变。触摸心肌有无异常,必要时剖切左心,检视二尖瓣有无花菜样疣状物。猪心脏剖开法见图9-12。

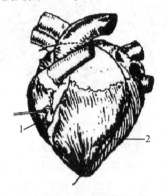

1. 左纵沟　2. 纵剖切开线
图9-12　猪心脏剖开法
(引自毕玉霞,动物防疫与检疫技术)

c. 肝脏的检查:首先,观察肝脏的形状、大小、色泽有无异常,触检其弹性;其次,剖检肝门淋巴结(图9-13)及左外叶肝胆管和肝实质,观察有无变性(在猪多见脂肪变性及颗粒变性)、淤血、出血、纤维素性炎、硬变或肿瘤等病变,以及有无肝片吸虫、华支睾吸虫等寄生虫,有无副伤寒性结节(呈粟状黄色结节)和淋巴结细胞肉瘤(呈白色或灰白色油亮结节)。猪心、肝、肺平案检验法见图9-14。

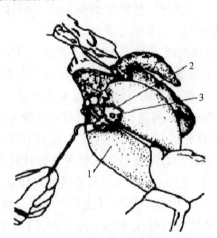

1. 肝的膈面　2. 肝门淋巴结周围的结缔组织　3. 切开的肝门淋巴结
图9-13　肝门淋巴结剖检法
(引自毕玉霞,动物防疫与检疫技术)

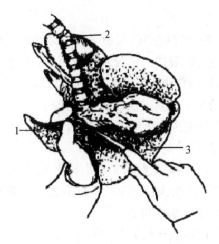

1. 右肺尖叶　2. 气管　3. 右肺膈叶
**图 9-14　心、肝、肺检验法**
（引自毕玉霞，动物防疫与检疫技术）

（3）肾脏的检查：一般附在胴体上检疫。先剥离肾包膜，用检疫钩钩住肾盂部，再用刀沿肾脏中间纵向轻轻一划，然后刀外倾以刀背将肾包膜挑开，用检疫钩拉开肾包膜肾脏即可外露。观察肾的形状、大小、弹性、色泽及病变。必要时再沿肾脏边缘纵向切开，对肾皮质、髓质、肾盂进行观察，摘除肾上腺。肾脏检查见图 9-15。

 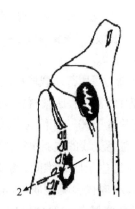

(a) 肾脏剥离肾包膜术式 1　　　　(b) 肾脏剥离肾包膜术式 2
1. 肉钩牵引及转动的方向　　　　1. 刀尖挑拨肾包膜切口的方向
2. 刀尖挑拨肾包膜切口的方向　　2. 钩子着钩部位和剥离时牵引方向
**图 9-15　肾脏检查**
（引自毕玉霞，动物防疫与检疫技术）

2. 肌肉、骨组织的检查

(1) 肌肉品质的检查:根据肉的颜色判断是否是红膘肉、黄膘肉、白肌肉、绿色肉、蓝色肉、发光肉、深暗色肉、黑色肉、羸肉与消瘦肉及骨是否有血色素沉着。

(2) 旋毛虫检验:在宰后检疫中,猪旋毛虫的检验非常必要,特别在本病流行的地区及有吃生肉习惯的地方更为必要。其方法有以下几种:

① 肉眼检察:这是提高旋毛虫检出率的关键,因为在可检面上挑取可疑点进行镜检,要比盲目剪取 24 个肉粒压片镜检的检出率高。

② 采样:旋毛虫的检验以横膈膜肌脚的检出率最高,尤其是横膈膜肌脚近肝脏部较高,其次是膈膜肌的近肋部。方法为:从肉尸左右膈肌脚采取重量不少于 30g 的肉样 2 块,编上与肉尸相同的号码,送实验室检查。

③ 视检:检查时的光线以自然光线较好,检出率高。按号取下肉样,先撕去肌膜,在良好的光线下,将肌肉拉平,仔细观察肌肉纤维的表面,或将肉样拉紧斜看,或将肉样左右摆动,使成斜方向才易发现。旋毛虫多表现为两种情况:一种是在肌纤维的表面看到一种稍凸出的卵圆形的针头大小发亮的小点,其颜色和肌纤维的颜色相似而稍呈结缔组织薄膜所具有的灰白色,折光良好;另一种,肉眼可见肌纤维上有一种灰白色或浅白色的小白点应可疑。另外,刚形成包囊的呈露点状,稍凸于肌肉表面,应将病灶剪下压片镜检。

④ 显微镜检查法(压片法):

a. 压片标本制作:用弓形剪刀,顺肌纤维从肉块的可疑部位或其他不同部位随机剪取麦粒大小的 24 个肉粒(两块肉共剪 24 块),使肉粒均匀地排列在夹压器的玻板上,每排12 粒。盖上另一块玻板,拧紧螺旋或用手掌适度地压迫玻板,使肉粒压成薄片(能透过肉片看清书报上的小字)。

无旋毛虫夹压器时可用普通载玻片代替。每份肉样则需要 4 块载玻片,才能检查 24 个肉粒。使用普通载玻片时需用手压紧两载玻片,两端用透明胶带缠固,方能使肉粒压薄。

b. 镜检:将压片置于 50~70 倍的显微镜下观察,检查由第一肉粒压片开始,不能遗漏每一个视野。镜检时应注意光线的强弱及检查的速度,如光线过强、速度过快,均易导致漏检。

旋毛虫的幼虫寄生于肌纤维间,典型的形态为:包囊呈梭形、椭圆形或圆形,囊内有螺旋形蜷曲的虫体。有时候会见到肌肉间未形成包囊的杆状幼虫、部分钙化或完全钙化的包囊(显微镜下见一些黑点)、部分机化或完全机化的包囊。

显微镜下应注意旋毛虫与猪住肉孢子虫的区别。猪住肉孢子虫寄生在膈肌等肌肉中,一般情况下比旋毛虫感染率高,往往在检查旋毛虫时发现住肉孢子虫,有时同一肉样内既有旋毛虫,也有住肉孢子虫,需注意鉴别(图 9-16)。对于钙化的包囊,滴加 10% 稀盐酸将钙盐溶解后,如果是旋毛虫包囊,可见到虫体或其痕迹;住肉孢子虫不见虫体;囊虫则能见到角质小钩和崩解的虫体团块。

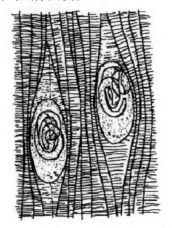

　　（a）旋毛虫幼虫包囊　　（b）住肉孢子虫包囊
**图 9-16　旋毛虫与住肉孢子虫的区别**
（引自毕玉霞，动物防疫与检疫技术）

**3. 检疫后的处理**

动物检疫员认定是健康无染疫的肉尸，应在胴体上加盖验讫印章，内脏加封检疫标志，出具动物产品检疫合格证明。有自检权的屠宰场、肉类联合加工厂，经厂内检疫人员检疫符合防设要求的胴体，加盖本厂的验讫印章和动物防疫监督机构使用的验讫印章，内脏加封检疫标志，并出具畜牧兽医行政管理部门统一规定的动物产品检疫合格证明。

对不合格的肉尸，在肉尸上加盖无害化处理验讫印章，并在防疫监督机构监督下进行无害化处理。

**4. 检疫结果的登记**

检疫后填写宰后常见病变组织器官检查记录表（表9-2）。

**表 9-2　宰后常见病变组织器官检查记录表（猪）**

检查地点：　　　　　　　　　　检查时间：

| 检查组织 | 检查结果 | 处理方法 |
| --- | --- | --- |
| 白下水 | | |
| 红下水 | | |
| 肾 | | |
| 肌肉、骨组织 | | |
| 总结论： | | |

5. 宰后检疫注意事项

(1) 在使用检疫工具时注意安全,不能伤害检验者及周围人员。

(2) 内脏器官暴露后,一般都应先视检外形,不要急于剖检。按要求剖检必要的器官,剖检要到位。

(3) 检疫人员要穿戴干净的工作服、帽、围裙、胶靴,离开工作岗位时必须脱换工作服,并注意个人消毒。

(4) 检疫人员在检疫过程中注意力要集中,并严禁吸烟和随地吐痰。

(三) 实训报告

1. 猪宰后需要检查哪些组织器官?
2. 猪组织器官常见有哪些病变?
3. 简述检疫结果的处理措施。
4. 猪宰后如何进行旋毛虫的检验?

【考核评价】 完成实训报告,教师评价(表9-3)。

表9-3 项目考核评价表

项目名称_____ 小组_____成员姓名_____

| 考核点 | 考核内容与评分标准 | 得分 | | |
|---|---|---|---|---|
| | | 小组评价 | 教师评价 | 综合得分 |
| 实训准备 | 个人防护措施(10分) | | | |
| | 组织器官检查器械的准备(10分) | | | |
| 实训过程 | 组织器官检查完整性(10分) | | | |
| | 组织器官检查程序(30分) | | | |
| | 组织器官检查病变判断的结果正确性(10分) | | | |
| 实训结果 | 对此猪检查结果的描述(10分) | | | |
| 综合素质 | 小组协作表现(10分) | | | |
| | 沟通与表达能力(10分) | | | |
| 合计 | (100分) | | | |

**复习思考题**

1. 简述宰前检疫的目的和意义。
2. 宰前检疫的对象有哪些?
3. 请叙述宰前检疫的步骤和程序。
4. 请叙述宰前检疫的具体方法。
5. 宰前检疫后的处理措施分为哪几类?
6. 简述宰后检疫的目的和意义。
7. 宰后检疫的方法有哪些?
8. 临床上猪宰后检疫的设置点有哪些?
9. 宰后检疫的处理措施有哪些?
10. 临床上主要检测的淋巴结有哪些?常见的淋巴结病理变化有哪些?
11. 简述常见的异常肉的类型和分辨方法。
12. 简述常见的内脏检查方法。

# 项目十

# 市场检疫

**项目概述**

市场检疫是政府行为,由农牧部门的畜禽防疫监督机构对进入牲畜交易市场、集贸市场进行交易的动物、动物产品所实施的监督检查。采取多种检测方法对动物源性食品进行检验,对发现的不合格产品采取相应措施,从而保护人体健康,促进贸易,防止疫病扩散。

## 任务一 市场检疫监督

· 知识目标 ·

1. 了解市场肉类卫生监督检验机构和相关法律法规
2. 理解市场检疫监督的概念
3. 掌握市场检疫监督的要求

**知识储备**

### 一、市场检疫监督的概念和意义

(一)市场检疫监督的概念

市场检疫监督是指进入市场的动物、动物产品在交易过程中进行的检疫。市场检疫监督的目的是发现依法应当检疫而未经检疫或检疫不合格的动物、动物产品,发现患病畜禽和病害肉尸及其他染疫动物产品。

（二）市场检疫监督的意义

市场检疫监督的主要意义在于保护人、畜,促进贸易。市场是动物及其产品集散的地方,动物集中时,接触机会多,来源复杂,容易互相传染疫病。动物及其产品分散到各个地方,容易造成动物传染病的扩散传播。做好市场检疫监督可以防止患有检疫对象的动物上市交易,确保动物产品无害,起到保护畜禽生产发展,保证消费者安全,促进经济贸易,促进产地检疫的作用。同时,市场采购检疫的好坏,可以直接影响中转、运输和屠宰动物的发病率、死亡率和经济效益。所以,必须做好市场检疫,管理好市场检疫工作。同时,应知道集贸市场检疫是产地检疫的延伸和补充,应努力做好产地检疫,把市场检疫变为监督管理,才是做好检疫工作的方向。

## 二、市场检疫监督管理

（一）市场肉类卫生管理的相关法律法规

市场肉类卫生管理主要依据的法律法规是《中华人民共和国动物防疫法》、《中华人民共和国食品安全法》、《肉品卫生检验试行规程》等,相关法律法规中规定为了杜绝病、死畜禽肉上市,应实行"定点屠宰,集中检验,市场监督,先检验后上市"的方针。凡屠宰单位及肉食品经营者必须持有当地食品卫生监督机构核发的卫生许可证、工商行政部门核发的营业执照及从业人员的健康合格证方可营业。

（二）市场肉类卫生监督检验机构

在中小城市,都应设立专门的市场肉类卫生监督检验机构。该监督检验机构应有病理学检验室、旋毛虫和细菌镜检实验室、理化检验实验室、废弃品的临时储藏室、洗涤消毒室、工作人员办公室和休息室。在大城市,各区都有市场肉类卫生监督检验机构,并另设有设备良好的中心化验室,包括病理学检验室、理化检验室和细菌学检验室三大部分;农牧地区较大的集镇,建有较简易的肉类卫生监督检验站,可进行病理剖检、简单的理化检验及细菌涂片镜检。

（三）市场肉类卫生监督检验对象

肉品卫生监督检验机构受理的检验对象,包括活畜禽、各种屠宰畜禽的鲜肉及其食用副产品(头、蹄、心、肝、胃肠等)、冻肉、鲜禽(光禽)、冻禽、肉类腌腊制品、动物生脂肪、野禽野味。凡上市的鲜肉、冻肉、光禽、冻禽必须经过屠宰检验,并应符合国家规定一级鲜度的质量标准,无病、无虫、无污染、无异味,色泽鲜亮,弹性良好。腌腊肉制品、动物脂肪、野禽野味也应保持新鲜,无肉眼可见的污染,感官性状良好。上市鲜肉和冻肉不得小于胴体的四分体,光禽、冻禽和野禽野味必须是整只。鲜肉须保留淋巴结,没有经过宰后检疫者,尚须携带头和全套内脏。牛、羊肉要求带有完整的脾,马属动物肉和骆驼肉要求带有完整的头和呼吸器官。

(四)市场肉类卫生监督检验专职人员的职责与要求

各级肉类卫生监督检验站应配备一定数量的训练有素的专职卫生监督检验员。其职责和要求如下:

(1)对上市的活畜禽进行个体检疫及处理,发现疫情及时上报兽医主管部门。

(2)查验畜禽屠宰单位和肉品商贩的证件,并对交易环境进行卫生监督。凡无"三证"或环境卫生不符合要求者,不得设点经营。

(3)监督上市肉品符合食品卫生规则。要求出售肉品的摊点要有防晒、防蝇、防尘设备,鲜肉应挂于镀锡的钩子上,分割肉品的台案、木砧应完整无损,每天营业前后应用热水刮洗干净,并定期进行消毒。

(4)按照《肉品卫生检验试行规程》及其他有关规定,对上市肉类进行卫生监督检验和处理。病死、毒死、死因不明的畜禽肉(包括野禽野味)以及未经检验或检验不合格的肉类,一律不准出售。

(5)禁止腐败变质、脂肪酸败、霉变、生虫、污秽不洁等性状异常的肉品,以及被农药、化肥污染的肉品的销售。

(6)利用演讲、广播、电视、座谈会及宣传画等形式,向农牧民、个体户、专业户及所有经销肉品者宣传屠宰畜禽的兽医卫生要求,各类肉品的卫生要求及检验,经肉传染于人的疾病,肉品的正确包装和保存,以及对外地运入的肉品提出报告的重要性,提高肉品经营者的卫生意识,保证肉品的安全卫生。

(7)肉类检验应坚持在站内集中检验,不得直接在交易地点进行,以免由于条件的限制和其他干扰不能保证充分地实施检查,而且在交易地点检验容易造成污染,增加消毒和控制传染的困难。

(8)必须与市场周围的畜牧兽医工作者保持经常联系,及时掌握周围地区及畜禽产地畜禽流行病动态及兽医卫生状况,协助当地兽医防疫部门搞好畜禽疾病的防治工作。

# 任务二　市场检疫实施

· 知识目标 ·

1. 理解市场肉类的卫生监督
2. 掌握市场肉类检查的程序

·技能目标·
1. 掌握胴体检验技术
2. 掌握旋毛虫及囊尾蚴检验
3. 掌握肉类的细菌学、血清学或物理化学的实验室检验

# 知识储备

## 一、市场肉类的卫生监督

市场中肉类来源广泛,有些已经过兽医卫生检验,也有些并未经过任何检验,市场的设备、环境也不一致,这给肉类的卫生监督与检验带来一定的困难。因此,必须加强市场肉类的兽医卫生监督,以保障居民的身体健康。

(1) 各种畜禽的肉类,必须由动物防疫监督机构统一管理,定点屠宰、集中检验,并做好卫生防护工作。

(2) 市场上的各种肉类,货主必须出具检疫证明。马属动物和骆驼肉尚需持有鼻疽检疫证明;犬肉需持有狂犬病免疫证。胴体上需要有验讫印章,无证无章的肉类不许上市销售。

(3) 卫生监督检验人员负责检查相关证件,核对证物,如证物不符或证明过期等不符合规定的,应进行重检、补检或消毒,并按规定进行处罚。

(4) 凡病死、毒死、死因不明、腐败变质、污秽不洁或掺假作伪的各种肉类,一律不许上市销售,并在有关人员的监督下进行处理。

(5) 市场肉类的包装容器和运输工具,必须清洁卫生,无毒无害。

(6) 肉类要定点销售,避开有碍肉类卫生的环境和场所,防止污染。对摊点要及时全面清扫,坚持定期消毒,污物要进行无害化处理。

## 二、市场肉类检查的程序要点

依据《中华人民共和国动物防疫法》,对市场肉类的卫生检验程序要点主要有以下七项。

### (一) 索验证件

证件是说明经营者的身份和肉类是否符合国家的法规规定的凭证。依照我国当前农贸集市管理规定,销售肉类摊点必须持有"四证",即营业执照、食品卫生许可证、健康检查合格证和动物防疫合格证。若是出售肉联厂的胴体猪肉,则要查看出具证明的时间。

## （二）被检肉的条件

上市的肉必须经过集中检验，包括连带头、蹄、内脏、肉类或分割包装肉来自定点的肉联厂，需要明示政府批准肉联厂的挂牌，并应具有"动物防疫合格证"等其他相关的证照。

## （三）询问疫情

调查询问畜禽产品的产地疫情、宰前健康状况、贮存运输办法、宰杀时间、屠宰点的卫生条件和设备等，对我们判别疾病性质、分析病理变化有着十分重要的意义；若屠猪购自旋毛虫疫区，检验时就要着重检验膈肌、腰肌；夏季炎热中暑急宰肥猪往往放血不良，但淋巴结无病理变化；宰前有病必然胴体消瘦，脂肪少。所有这些都为卫生检疫人员的分析判定提供了依据。另外，对光禽检验要求有完整的冠髯和内脏，牛、羊肉检验要有脾脏，马、驴肉要有完整的头和呼吸器官。

## （四）胴体检验

1. 胴体视检

凡胴体上已盖有"兽医验讫"印鉴时，要检验是否与证明日期相符，然后再根据查验情况进行相应的处理。凡证物不符、印戳不清、没有检验刀痕者一律按未检验肉处理。

检验时首先查看胴体皮肤、皮下脂肪色泽，胸膜、腹膜有无传染病的病理变化。若肌纤维粗且颜色发暗，往往是异常肉的象征。嗅检胴体气味和检查表面的黏手度，以判别是否腐败变质或注水。

活宰鸡胴体表有光泽，肌肉切面发光，有弹性，不黏手，具有鲜鸡肉正常气味。鲜牛、羊、兔肉有其特有气味。

2. 杀口状态与放血程度

放血程度标志畜禽在屠宰时的血液循环状态。放血良好的肉呈红色，肌间小血管紧缩，切割断面见有小血珠或没有，胸膜、腹膜小血管不显露，脂肪呈白色或黄白色，刀切小口插入滤纸片，插入部仅有轻微浸润。健康猪下颌杀口外翻，刀口处有血污，杀口周围有鲜血浸染。鸡、鹅、鸭除检验杀口有无鲜血浸染外，鸡冠肉髯应呈苍白色，眼球凸出，眼半闭，从食管内不流出黏稠、恶臭液体。

3. 头蹄检验

头蹄是鉴定炭疽、传染性水疱病、口蹄疫等的重要检验部位，猪患局部炭疽时颌下淋巴结肿大，切面有粉红色或深红色出血性浸润。猪患传染性水疱病时，传染迅速，不久全群发病，屠宰后在蹄冠、蹄叉、蹄底出现一至数个豆状大小水疱，猪蹄虽经烫毛加工，溃疡面仍清晰可辨。患口蹄疫时，口腔、蹄部出现水疱和烂斑，重者蹄壳脱落。

4. 淋巴结检验

淋巴系统是机体防御屏障，畜禽一旦有病，淋巴系统首先会出现相应的病理反应。所以,在评价肉品卫生质量时,淋巴结的病变是重要依据。上市猪的胴体应剖检颌下淋巴结(连带头)、颈浅背侧淋巴结、腹股沟浅淋巴结、腹股沟深淋巴结,看这些淋巴结有无水肿、充血和出血、化脓、坏死、粘连、干酪样变化等。

牛、羊胴体应剖检颌下淋巴结、肩前淋巴结、髂下淋巴结、腹股沟浅淋巴结,牛患结核时腹股沟浅淋巴结可触摸到无热无痛呈栗样的硬肿。上市销售肉尸虽较难寻找到上述淋巴结,但卫检人员要尽可能检验肉尸上残存的淋巴结。

5. 内脏检验

内脏检验指心、肝、肺、脾、胃肠的检验。在肉联厂要求同步检验,进入集市的肉品应要求和胴体连带,检验时主要观察颜色、大小、形状、质地、弹性是否正常,是否有肿胀、出血、坏死、化脓、肿瘤等病理变化,同时要剖检相关淋巴结有无异常,依据病变综合判别病变性质。

6. 肾脏检验

肾脏有多种病理变化,如肾水肿、肾浊肿、肾盂肾炎、肾囊肿、肾盂积水、肾色素沉着、肾淤血等,但这些屠猪在宰前未被发现临床症状,其原因可能是慢性新陈代谢疾病所致,或饲料种类不同或长途运输所致的应激性反应。

(五)旋毛虫及囊尾蚴检验

猪旋毛虫在某些地区发病率较高,其胴体也流入市场,极大地影响了人民身体健康。为了确保肉食品卫生质量,对疫区和受威胁区要加强肉食品的卫生检验。猪囊尾蚴肉也是一种严重威胁人体健康的人畜共患寄生虫病肉,市场检验时必须严格执行检验程序。猪除咬肌外,还应检验膈肌脚、心肌、腰肌和四肢肌肉;牛、羊除检验腰肌和膈肌外,也应剖检咬肌。

(六)实验室检验

在进行市场检验肉类时,出现可疑的异常肉类,感官检验难以判定,又有危害群众健康的可能,则可暂扣相关肉类,采样进行细菌学、血清学或物理化学的实验室检验。

(七)盖印、登记和处理

经过屠宰点检验,市场现场检验判定胴体合格者,从颈部至臀部盖印"兽医验讫"印章,盖印时应由卫检人员亲自滚印,不得交货主自盖。对不符合商品质量要求的胴体要责令经营者按规定无害化处理后始得销售,对被检出是恶性传染病的胴体或不符合卫生要求的肉类,要按国家法规有关规定进行处理,其处理费用由经营者负担。这一工作政策性很强,卫检人员一定要耐心细致,向经营者说明利弊。

对检验处理结果要登记造册,签署工作人员姓名,以示负责和便于查对,并定时向主管部门呈报。

# 任务三 市场检疫处理

· **知识目标** ·

1. 了解红膘、黄脂、黄疸、黑色素沉着、白肌肉、白肌病等概念
2. 掌握异常肉的处理措施

· **技能目标** ·

1. 能对异常肉进行检验
2. 能对公、母猪肉进行鉴别

 **知识储备**

## 一、气味和滋味异常肉的检验与处理

气味和滋味异常肉是在畜禽宰后或贮藏期间发现异味,其种类有饲料气味、性气味、病理性气味、特殊气味(如汽油味、油漆味、烂鱼虾味、消毒药味)等。

(一)气味和滋味异常肉的检验

目前,检验气味异常胴体仍然依靠人的嗅觉辨别,必要时也可切割小块肉煮沸嗅闻来判定。

1. 性气味

在老公猪、老母猪肉特别明显,公羊的膻味特别大,一般认为肉的性气味在去势后2~3周消失,实际上要晚得多,唾液腺的性气味则消失更慢。因此,检验上述腺体对发现异味肉有特殊意义。

2. 饲料气味

动物生前长期喂饲带有浓郁气味的饲料,会使肉带有特殊气味。如长期饲喂泔水的猪的脂肪易发出使人厌恶的废水气味。

3. 药物气味

畜禽在屠宰前内服或注射芳香类药物,可使肌肉带有药物气味,这种情况在畜禽急宰的动物最常见。

4. 病理气味

病理气味是指当畜禽患某种疾病时给肉带来的特殊气味。如患气肿疽和恶性水肿的

胴体有陈腐油脂气味；患蜂窝织炎、瘤胃臌气时，胴体有腥臭味；患创伤性脓性心包炎和腹膜炎时，肉有腐尸臭味；患尿毒症时，肉有尿味；砷中毒时，肉有大蒜味；患酮血症时，肉有怪甜味；家禽患卵黄性腹膜炎时，肉有恶臭味。

5. 附加气味

附加气味是胴体在贮运过程中，车、船原贮运物未清洗干净所致。如贮运猪肉的汽车上携带的汽油溢出导致汽油味；烂鱼虾味可使猪肉较长时间消散不掉；集市摊贩用旧塑料袋盛肉运输，亦会给肉带来异常附加气味。

6. 发酵性酸臭

新鲜胴体冷凉时，由于吊挂过密或堆放，胴体余热不能及时散失，引起自身产酸发酵，使肉质软化，色泽深暗，带酸臭气味。

(二) 气味和滋味异常肉的处理

异味肉的处理可依据不同情况分别对待。在排除禁忌证（如病理因素、毒物中毒）的情况下，将有异味肉放于通风处，经24h切块煮沸后嗅闻，如仍保持原有气味，则不得上市销售，胴体作工业用或销毁，如仅个别部分有气味，则将该部分割除，其余部分出售食用。

## 二、色泽异常肉的检验与处理

(一) 色泽异常肉的检验

在市场贸易中常见的色泽异常肉有红膘肉、黄脂肉、黄疸肉、黑色素沉着肉、白肌肉、白肌病肉等。

1. 红膘肉

红膘肉是指皮下脂肪由于充血、出血或血红素浸润而呈现红色。除某些传染病（如急性猪丹毒、猪肺疫）外，还可由于背部受到冷热空气刺激而引起，特别在烫猪水温超过68℃时常可见到皮下和皮肤发红。因此，规范屠宰加工工艺是减少红膘肉的重要措施。

2. 黄脂肉

黄脂肉是指皮下或腹腔脂肪发黄，质地较硬，而其他组织器官无异常的一种色泽异常肉。一般认为，黄脂是饲料中黄色素沉积于脂肪组织所发生的一种非正常黄染现象，发生的原因是长期饲喂黄玉米、棉籽饼、胡萝卜等饲料，或喂饲鱼粉、蚕蛹、鱼肝油下脚料等所致。有人认为，某些品种猪易发黄脂肉与遗传有关。它们都仅仅是脂肪有黄色素沉着，脂肪组织呈黄色乃至黄褐色，尤以背部和腹部皮下脂肪最明显。黄脂肉放置后颜色会逐渐减轻或消失。

3. 黄疸肉

黄疸肉是胆红素形成过多或排除障碍所致。大量溶血或胆汁排除受阻，导致大量胆红素进入血液,把全身各组织染成黄色,除脂肪组织发黄外,全身皮肤(白皮猪)、黏膜、浆膜、结膜、巩膜、关节囊液、腱鞘及内脏器官均染成不同程度的黄色,以关节囊液、组织液、皮肤和肌腱黄染对黄疸和黄脂的鉴别具有重要意义。此外,绝大多数黄疸病例(80%以上)的肝脏和胆道都呈现病变;与传染病并发的黄疸,肝、肾等器官有病变。黄疸肉存放时间愈长,其颜色愈黄,这也是区别黄脂的重要特征(表10-1)。

表10-1 黄脂肉和黄疸肉的鉴别

| 项 目 | 黄脂肉 | 黄疸肉 |
| --- | --- | --- |
| 着色部位 | 皮下、腹腔脂肪 | 全身各部皮肤、脂肪、可视黏膜、巩膜、关节液、肌腱、实质器官等 |
| 发生原因 | 与饲料及猪的品种有关 | 溶血或胆汁排泄受阻 |
| 放置后变化 | 放置时间稍长,颜色变淡或消退 | 放置时间愈长,颜色愈黄愈深 |
| 氢氧化钠鉴别法 | 上层乙醚为黄色,下层液无色 | 上层乙醚为无色,下层液黄色或黄绿色 |
| 硫酸鉴别法 | 滤液呈阴性反应 | 滤液呈绿色,加入硫酸,适当加热变成淡蓝色 |

4. 白肌肉

白肌肉又叫PSE肉,也称水煮样肉。主要特征是肉的颜色苍白,质地柔软,有液体渗出,病变多发生于半腱肌、半膜肌和背最长肌。发生的原因多是猪在宰前应激所致,即宰前机体受到强烈刺激(如驱赶、冲淋、电击)后,肾上腺分泌增多,导致肌肉中肌糖原的磷酸化酶活性增强,在缺氧状态下糖酵解过程加速,产生大量乳酸,使肉的pH下降(pH降到5.7以下,健康动物新鲜肉的pH为5.8~6.4),再加上宰前高温和僵直热使肌纤维膜变性,肌浆蛋白凝固收缩,肌肉游离水增多而渗出,从而使肌肉色泽变淡,质地变脆,切面多汁。

5. 白肌病肉

白肌病肉主要发生于幼年动物,特征是心肌和骨骼肌发生变性和坏死,病变常发生于负重较大的肌肉,主要是后腿的半腱肌、半膜肌和股二头肌,其次是背最长肌。发生病变的骨骼肌呈白色条纹或斑块,严重的整个肌肉呈弥漫性黄色,切面干燥,似鱼肉样外观,左右两侧肌肉常呈对称性发生。一般认为,白肌病肉是缺乏维生素E和微量元素硒,或维生素E利用障碍而引起的一种营养代谢病。

(二)色泽异常肉的处理

红膘肉如果是由传染病引起,应结合该传染病处理规定处理;如果是内脏淋巴结没有明显病理变化的红膘肉,将胴体及内脏高温处理后才能出厂。

黄脂肉胴体放置24h颜色变淡或无色时,肉可食用,可上市销售。放置24h色素消退或有异味不允许上市,其胴体、内脏可经高温处理后销售。

黄疸肉确诊后一律不得上市,其胴体如膘情良好,肌肉无异味,可进行腌制或熬油;胴体消瘦,放置 24h 黄色退化不显著,肉尸内脏一律销毁;怀疑是由传染病引起的黄疸应进一步送检,胴体和内脏按动物防疫法规定处理。

白肌肉味道不佳,加热烹调时损失很大,口感粗硬,不宜鲜销。如果感官上变化轻微,在切除病变部位后,胴体和内脏可不受限制出厂;病变严重,有全身变化时,在切除病变部位后,胴体和内脏可做复制品出售,但不宜做腌腊制品的原料。白肌病全身肌肉有变化时,胴体作工业用或销毁;病变轻微而局限的,经修割后可食用。

## 三、公、母猪肉的鉴别与处理

(一)公、母猪肉的鉴别

老公猪肉、老母猪肉、育肥猪肉的鉴别依据如表 10-2。

表 10-2 公、母猪肉的鉴别

| 项目 | 育肥猪肉 | 老母猪肉 | 老公猪肉 |
| --- | --- | --- | --- |
| 皮肤 | 皮肤薄嫩,毛孔细小而致密 | 皮厚,有黑色素及皱襞,毛孔粗大 | 背部、肩胛部皮肤角化层厚,有黑色素及皱襞,毛孔粗大 |
| 肌肉 | 颜色鲜红或淡红色,切面有光泽,肉质鲜嫩,肌纤维细软,断面细嫩 | 肌肉呈深红色,肉质粗硬,纤维粗糙,不易煮烂 | 比老母猪肉更红,肉质坚硬,肌纤维粗糙,断面颗粒大,毛糙不整 |
| 脂肪 | 白色,较软,切面均匀,肌间有薄脂肪,断面呈大理石样花纹 | 淡白色,质较硬,肌间脂肪少,断面看不到大理石样花纹 | 色淡,皮下脂肪少,肌间脂肪几乎没有,断面粗糙 |
| 气味 | 具有固有的香味 | 有难闻的臊气味 | 臊气味特浓,肉块及唾液腺煮汤后味更浓烈,消退很慢 |

(二)卫生处理

处理方法如下:

(1)第一胎母猪去势后育肥 4 个月屠宰,其胴体允许上市销售。

(2)老母猪肉需修割掉乳腺、生殖器等,允许上市销售或作肉食品加工原料。

(3)老公猪肉、特老母猪肉修割掉唾液腺,剔除筋腱、公母生殖器,割除乳腺后,胴体绞碎作灌肠等复制品原料,鲜肉销售时应以注明。

## 四、注水肉的检验与处理

近几年来,随着生活水平的提高,人们对猪肉的消费量日趋增加,对猪肉质量的要求也越来越高。有些不法商贩为了牟取暴利,坑害消费者,在生猪屠宰过程中对生猪注水,以增加猪肉的重量。这造成猪肉的肉质变差,严重影响食用价值,给消费者的健康带来危害,严重损害了消费者的利益。因此,必须对市场肉类的注水行为进行严格检验,坚决打击这种不法行为。

（一）畜禽肉注水的途径与方法

1. 宰前活体注水灌食法

（1）强行固定猪体灌水姿势,用皮管塞入口腔或肛门注入水,注水量可占体重的20%以上,最高可达30%,严重者造成肠道系统错位,由于水压过大致使肠管从肛门脱出。

（2）采用上述手段灌稠状饲料或泥浆土、粪、黄沙等物,充堵猪的胃肠道和禽的嗉囊等达到增加体重的目的。

（3）腹腔皮下注水,用大号注射器对腹股内侧皮肤松软组织注射水分,对猪、兔切开股动脉或颈动脉放血,用压缩泵按一定比例由原放血口压缩注水。

（4）注水多在畜禽屠宰前的2~3h,此种注水方法多见于冬季。

2. 宰后注水法

（1）在丰满的前后腿部、胸部用注射器直接注入水分。

（2）在开膛的鸡、鸭胸腹腔空隙处塞入冰块或其他杂物。

（二）注水肉的特征

1. 外观特性

（1）活体注水后,明显可见腹部膨胀,体态臃肿,步履蹒跚,行动困难,生猪肛门可见有水和肠管流出。

（2）注水的畜禽肉色较正常的淡,有一种水样光泽,切面呈淡红色或玫瑰色,用手指按压,有水滴流出,指压后凹陷恢复较慢。

2. 剖检特征

（1）宰后畜禽胴体的表皮在通风环境下不易形成风干膜,但失重较快。经注水后畜体的一些内脏器官呈水肿样。

（2）光禽（鸡、鸭）胴体肌肉（颈、胸、腿、肩肌）因注入水分,手指触之即可见这些部位肌肉层有水分流出,肌肉的色泽变淡,猪肉、牛肉色泽鲜红亮泽,切面呈浅红色。

（3）肝体积增大,包膜紧张,肝叶边缘钝圆,切面隆突、有水分渗出。

（4）肺肿胀,各叶胀满水分,手提肺沉重,用手压之,气管中有泡沫状的液体流出,切开肺叶即可流出多量液体。

（5）肾水肿,剖之可见肾盂部积液。

（6）胃肠浆膜外观明显湿润肿胀。

（三）注水肉的处理

（1）凡注水肉,不论注入的水质如何,不论注入何种物质,均予以没收,作化制处理。

（2）对经营者予以经济处罚，直至追究刑事责任。

## 五、病、死畜禽肉的检验与处理

（一）病、死畜禽肉的检验

市场病死畜禽肉的检验常从询问和现场观察开始，结合肉品感官检验就能查出疑点。一般病死畜禽肉上市时多数抽走头蹄和内脏，为了检验确实，故除现场感官检验外，必须结合实验室的快速检验（涂片镜检和理化检验）。其感官检验的内容可归纳如下：

1. 询问和现场观察

临时上市销售的病死畜禽肉易于识别，如经营者没有"四证"，销售点和台案工具也是临时的，把询问和胴体感官检验进行综合分析就能正确判断。不法商贩虽属少数，但也确实存在，用病死畜禽肉低价销售诱骗群众，各地市场均有发生。故检验时除询问屠畜禽来源、宰杀时间及贮运情况外，还应结合胴体感官检验和理化检验，一般都能正确判别。

2. 放血程度

有病急宰、中暑、横死、电死等畜禽胴体都有放血不良现象，在自然光线下观察肌肉组织呈暗红色或黑红色，肌肉切面可见多处暗红色血液浸润区，有的有暗红色小血珠，脂肪不洁白，呈淡红色；剥皮的胴体表面有血珠，个别微细血管内充满黑红色血液，胸膜、腹膜上小血管充盈。检验方法：刀切小口放入滤纸，浸润超出插入部分 2～5mm 则为放血不良。

3. 杀口状况

杀口状况是判别病死畜禽肉的客观标准。健康猪杀口外翻，切面整齐，周围浸染鲜血。病死畜禽由于死前血液循环变慢或已有部分凝固，放血时杀口就比较平整不外翻，附近也不污染鲜血。惟急宰胴体除杀口状态外，还要依据其他感官检验项目判别。

4. 血液坠积情况

畜禽濒死或刚刚死亡，由于重力作用，血液流向胴体最低体位引起坠积性充血，结果畜禽尸体的卧侧皮下及肌肉组织由于血液坠积而色暗，尤其是对称性器官（如肾脏）尤为明显。肺、肾暗红淤血，胸膜、腹膜血管充盈暴露，红褐色，这是急宰胴体或冷宰胴体的标志。

5. 疫病特异性

因传染病而死亡的胴体，可在体表或皮下观察到特有的病理变化。猪瘟在颈部和腹部皮肤上有小而密布的出血点，淋巴结和内脏有固有的病变；喘气病猪胴体消瘦呈恶病质，肌间脂肪少，肺有肺气肿病变。

6. 胴体淋巴结病变

病死畜禽的淋巴结呈现水肿、充血、出血等。不同性质的疾病于淋巴结上还会出现特有变化，中暑濒死的猪屠宰后也表现轻度的放血不良现象，但淋巴结切面仍呈灰白色。这种肉也可食用,在市场检验时应慎重判别。

7. 横死肉痕迹检验

横死亦即物理致死,如电击、摔死、勒死等。凡横死畜禽在胴体上均可观察到致死痕迹:电击有灼伤,摔死有骨折性出血损伤,勒死有勒痕,撞死有挫伤等。

8. 病死家禽肉尸鉴别

病死家禽鸡冠、肉髯呈紫黑色,眼球下陷,眼全闭且污秽不洁,皮下充血,体表铁青,表面无光、不湿润,毛孔突出,拔毛不净,翅下小血管淤血,肌肉不丰满,外观干瘪,胴体一侧有沉积性充血,肛门松弛,周围污秽不洁,嗉囊空虚,内有恶臭液体。

(二) 病、死畜禽肉的处理

对于病、死动物的处理,应按国家标准 GB 16548 的规定,不同疫病采取不同方法处理。

1. 高温煮热处理法

将肉尸分割成重 2kg、厚度 8cm 的肉块,放在大铁锅内(有条件的可用蒸汽锅),煮沸 2~2.5h,煮到猪的深层肌肉切开为灰白色,牛的深层肌肉为灰色,肉汁无血色时即可。适用对象为猪肺疫、结核病、弓形虫病等。

2. 化制处理法

化制处理法即炼制法,可分土灶炼制法、湿炼法和干炼法三种。

(1) 土灶炼制法:土灶炼制是最简单的炼制方法。炼制时锅内先放入 1/3 清水煮沸,再加入用作化制的脂肪和肥膘小块,边搅拌边将浮油撇出,最后剩下渣子,用压榨机压出油渣内的油脂,但这种方法不适用患有烈性传染病的患病动物肉尸。

(2) 湿炼法:湿炼法是用湿压机或高压锅对患病动物和废弃物进行处理的炼制法。炼制时将高压蒸汽通入机内炼制,用这种方法可以处理烈性传染病患病动物肉尸。

(3) 干炼法:干炼法使用的是卧式带搅拌器的夹层真空锅。炼制时,将肉尸切割成小块,放入锅内,蒸汽通过夹层,使锅内压力增高,升至一定温度,以破坏炼制物结构,使脂肪液化从肉中析出,同时也杀灭细菌。

湿炼法和干炼法均需要有一定设备,在大的肉类联合加工厂多采用。一般可用土灶炼制法,适用对象为炭疽、口蹄疫、猪瘟、布鲁氏杆菌病等。

3. 尸体掩埋法

在较大的动物交易场所,装卸动物较多的车站、码头、屠宰场、养猪场、畜牧场,要有传染病隔离圈和死亡动物掩埋地点。掩埋地点应选择离住宅、道路、放牧地、池塘、河流等较远的地方,地下水位要低,土质干燥。掩埋大牲畜,应该挖长 2m、宽 1.5m、深 2~2.5m 的坑,在掩埋时先向坑内撒布一层新鲜石灰,尸体投入后,再撒一层石灰,然后掩埋。在一般较小的屠宰场或动物检疫部门可设一定规模的生物热尸体处理坑,利用生物热发酵将病原微生物杀死。尸坑为井式,深度为8~10m,坑宽为1.5~2.5m,坑口有一木盖,周围加高,在距坑口木盖的上面0.5~1m处再盖一严密的盖子,隔绝坑外空气进入坑内,可促使尸体很快腐烂发酵。一般2~3个月即可完全腐烂。此法适用非烈性传染疫病死亡动物。

4. 尸体焚烧法

焚烧大牲畜尸体的方法是将患病动物尸体、内脏、病变部分投入焚化炉中烧毁炭化。还可用长方形坑焚烧法:挖一长方形坑,坑长2.5m、宽1.5m、深0.6m,将挖出的土堆放在坑的四周成为土埂。坑内装满木柴,在坑口放上3根用水泡湿的横木,将尸体放在横木上,在尸体和木柴上浇煤油点燃,直至将尸体烧成黑炭为止。最后就地埋在坑内。搬运尸体的时候,要用消毒药液浸湿的棉花或破布把死畜的肛门、阴门、鼻孔、嘴、耳朵堵塞严,用密封车辆运到烧埋场地,应防止血水等流在地上。适用对象为国家规定的烈性传染病。

## 六、中毒畜禽肉的检验与处理

(一) 中毒畜禽肉的检验

畜禽中毒致死有农药中毒、化学药品中毒、工业毒物污染中毒、毒蛇毒虫咬伤中毒等。畜禽中毒后其临床表现和死后病理变化多种多样,在农贸集市销售此类肉多不带头蹄、内脏,胴体上的病理变化常不完整,检验中正确判别是何种药物中毒在技术上存在一定的困难,所以许多情况需要兽医卫检人员有较丰富的业务知识和临床经验,如对畜禽中毒机制、常发多见的中毒症状及死后特有的病理变化有较详细的了解,再结合分析,一般就可得到正确的结论。中毒畜禽肉的检验可依据下列四方面程序进行:

1. 收集情况

了解疫情,掌握畜禽中毒后的临床表现,进行综合分析。

2. 调查询问

询问货主肉尸来源、屠宰时间、头蹄和内脏去向。在现场调查询问时,对货主的回答要进行分析,因货主回答不一定完全真实,还需要卫检人员用丰富的业务知识来判别。

3. 感观检验

畜禽中毒多突然死亡,其肉尸多不见病理形态学变化,但胃肠内脏常常为诊断中毒病提供可靠依据,故检验时要尽可能追踪内脏检查。中毒畜禽肉的放血程度、杀口状况及血液沉积现象等和病死畜禽肉基本相同。某些毒物致死畜禽后也有特征性病理变化,如食盐中毒表现为脑灰质软化、脑膜充血水肿;氰化物中毒,血液呈樱红色;亚硝酸盐中毒,血液呈紫黑色、不凝固;砷、磷化锌中毒,消化道黏膜潮红、出血、糜烂,黏膜脱落,胃肠穿孔;

敌鼠钠中毒,胸腹腔及子宫内有大量血液;有机磷中毒,肝、肾呈颗粒变性和脂肪变性;毒蛇咬伤中毒时有咬伤伤口、局部肿胀等。

不论何种毒物中毒,畜禽一般都有特征性临床表现,这些现象不可能在现场观察到,可通过询问推理,作为中毒肉的一项判别依据。

4. 毒物检验

中毒动物肉检验通常可按常规方法采取肉样、脏器、血液、洗胃液、淋巴结和胃肠内容物等进行病原检查,以排除病原微生物,然后结合临床症状、病理剖检特征及毒物检测结果综合分析,得出最后检验结论。

(1)检样的采取和包装:对中毒的畜禽,可采取胃内容物、粪便、血液、尿液作为检样。如动物已死亡,可剖检采取胃和肠内容物、肠组织、心、肝、肾、膀胱、淋巴结、血液、尿液等作为检样,必要时还可采取可疑的剩余饲料。检样应无菌采取,样品采取应具有代表性,应多点采取,并采取足够数量。液体样品如血液、尿液采集量50~200mL,固体或半固体采集50~200g。检样应用玻璃瓶或塑料袋无菌密封包装,并详细填写标签,注明采集样品名称、采集人、采集地点、采集时间等备查资料。

(2)样品的保存和送检:样品采取后,应冷藏,尽快送至检验单位检验。一般不应加防腐剂,如一定要加防腐剂,只可加酒精,并注明。送检时最好将病志和剖检记录一同送检,以便参考。

(3)毒物的检验方法:

① 预试验:预试验的目的是利用简单的方法,如观察毒物的颜色、嗅闻毒物的气味、测酸性、灼烧试验及化学预试验等,做初步检查,明确检验的方向,决定检验的方法和步骤。

② 确证试验:根据预试验提供的线索,有目的地检验可能引起中毒的毒物。如果是无机化合物毒物,检验它的阳离子和阴离子;如果是有机物,则检验其官能团。最后经过分析,得出结论。

③ 定性检验:根据被检毒物的特殊化学反应,判断某种毒物是否存在。因此,使用的化学反应必须容易辨认,如溶液颜色的改变、沉淀的生成与溶解、气体的生成等。

④ 毒物含量测定:一般情况下,只要确定是什么毒物引起的中毒就达到了检验的目的,但在某些情况下对某些毒物的含量进行测定具有重要意义,如确定某种毒物是否达到中毒剂量等。

(二)中毒畜禽肉的处理

中毒畜禽肉的处理要点如下:

(1)检验确认中毒致死(包括毒死的鸟及野兽)或病因不明的中毒畜禽肉,禁止上市销售,胴体及全部内脏、头蹄销毁。

(2)若发现中毒濒死急宰胴体及被食物中毒性微生物污染的肉尸,禁止上市销售,其肉尸、内脏全部销毁。

(3)某些饲料中毒如食盐中毒、酒精中毒、尿素中毒、棉籽饼中毒、霉玉米中毒、甘薯黑斑病中毒等,内脏和头蹄作工业用,胴体经高温处理后利用。

(4)被毒蛇、毒虫咬伤而急宰的肉尸,将咬伤局部和病变组织修割后,胴体高温处理后利用,头蹄、内脏全部废弃。

## 实践体验

### 技能训练二十三　注水肉的检验

【训练目标】　掌握注水肉的感官检查方法和理化检验技术。

【所需材料】　天平、镊子、手术剪、手术刀、塑料纸、5kg 以上重物、烘箱、干燥器、分析天平、称量瓶、吸水纸、橡皮手套等。

【操作步骤】

(一)感官检查

见本项目任务三中的"注水肉的检验与处理"。

(二)理化检验

1. 加压检验法

取 1kg 以上待检精肉块,用塑料纸包裹,加压 5kg 以上重物 10min 以后观察,注水肉会有水被挤压出来,正常肉则干燥或仅有几滴血水流出。

2. 刀切检验法

将待检肉品用手术刀将肌纤维切一深口,注水肉在切口可见渗水。

3. 实验室常压水分干燥法

常压水分干燥法虽简单,但耗时较长,且结果受所注水水质的影响。由于注水中含电解质等物质,而且在种类、数量上有很大差异,所以对肉类注水程度的判定难以掌握,该方法只粗略判定,方法如下:

(1)将称量瓶置于 105℃烘箱烘 1~2h 至恒重,盖好,取出并置于干燥器内冷却,分析天平称重量为 $W_1$。

(2)取待检肉样 3g 左右于称量瓶中,摊平,加盖,精密称重为 $W_2$,并置入 105℃烘箱烘 4h 以上至恒重(两次重复烘,重量之差小于 2mg 即为恒重),经干燥器冷却后称重

为 $W_3$。

(3) 结果计算与评价：肉品水分 = $(W_2 - W_3)/(W_2 - W_1) \times 100\%$

正常鲜精肉水分含量为 67.3% ~ 74%，注水猪肉大于此范围。

4. 吸水纸检验法

用干净吸水纸附在肉的新切面上，若是正常肉，吸水纸可完整揭下，点燃，完全燃烧，而若是注水肉，则不能完整揭下吸水纸，揭下的吸水纸不能用火点燃，或不能完全燃烧。

## 技能训练二十四 病死畜禽肉的检验

【训练目标】 掌握病死动物肉的感官检查方法和细菌学及理化检验技术。

【所需材料】 天平、显微镜、水浴锅、剖检用瓷盘、检验刀、灭菌手术刀片、灭菌镊子、剪子、酒精灯、染色缸、染色架、洗瓶、载玻片、白色小器皿、200mL 烧杯、试管、滴管、锥形瓶、刻度吸管、试管架、吸水纸、擦镜纸、滤纸、滤纸条、生理盐水、蒸馏水、甲醇、碱性美蓝染料、草酸铵结晶紫、卢戈碘液、95% 酒精、石炭酸复红、香柏油、二甲苯、愈创木酯酊、1% 过氧化氢溶液、0.2% 联苯胺酒溶液、5% 硫酸铜溶液。

【操作步骤】

(一) 感官检查

见本项目任务三中的"病死畜禽肉的检验与处理"。

(二) 细菌学检查

(1) 无菌操作取有病理变化的淋巴结、实质器官和组织做触片(每个检样制备2个以上的触片)。

(2) 将经干燥、固定的触片根据具体情况选择革兰染色法、美蓝染色法或瑞特氏染色法进行染色。当怀疑为结核病时，可采用抗酸染色。用普通光学显微镜的油镜进行检查。

(3) 根据常见细菌的染色镜检特征判定病死畜禽的感染情况。

(三) 理化检验

1. 放血程度检验

(1) 滤纸浸润法：

① 方法：取干滤纸条(宽0.5cm，长5cm)将其插入被检肉的新切口处 1 ~ 2cm 深，经 2 ~ 3min 后观察浸润情况。

② 判定标准：

放血不良：滤纸条被血样浸润且超出插入部分 2 ~ 3mm；严重放血不良：滤纸条被血样浸润且超出插入部分 5mm 以上。

(2) 愈创木酯酊反应法：

①方法:检验者用镊子固定肉,用检验刀切取前肢或后肢瘦肉(片状)1~2g,置于小瓷皿中;用吸管吸取愈创木酯酊5~10mL,注入瓷皿中,此时肌肉不发生任何变化;加入3%过氧化氢溶液数滴,此时肉片周围产生泡沫。

②判定标准:

放血良好:肉片不变色,肉片周围溶液呈淡蓝色环或无变化;放血不良:数秒钟内肉片变为深蓝色,全部溶液也呈深蓝色。

2. 过氧化物酶反应

(1) 原理:过氧化物酶只存在于健康动物的新鲜肉中,有病动物的肉中无过氧化物酶或者含量甚微。当肉浸液中有过氧化物酶存在时,可使过氧化氢分解,产生新生态氧,将指示剂联苯胺氧化成为蓝绿色化合物,经过一定时间则变成褐色。

(2) 方法:

①称取样品精肉10g,剪碎,置于200mL烧杯内,加入蒸馏水100mL,浸泡15min,期间振摇数次,过滤,滤液即为肉浸液,待检。

②取2支试管,一支加入2mL肉浸液(检样),另一支加入2mL蒸馏水作为对照。

③用滴管向各试管中分别加入0.2%联苯胺酒精溶液5滴,充分振荡。

④用滴管向上述各试管分别滴加1%过氧化氢溶液2滴,稍加振荡,立即在3min内观察颜色变化的速度与程度。

(3) 判定标准:

健康新鲜肉:肉浸液在0.5~1.5min内呈蓝绿色,以后变褐色;病死畜禽肉:颜色不变化,但有时较迟出现蓝淡绿色,却很快变为褐色。感官检验无变化,但过氧化氢酶试验呈阴性反应,且pH为6.5~6.6,说明来自病畜或过劳和衰弱的牲畜。本法也可简化操作,即在肉的新鲜切面上,加1%过氧化氢溶液2滴和0.2%联苯胺酒精溶液5滴。若出现蓝绿色斑点,继而变成褐色的为新鲜健康肉;若无斑点的为病死畜禽肉。

3. 硫酸铜肉汤反应

(1) 原理:由于患病动物生前体内组织蛋白质已发生不同程度的分解,形成初期分解产物——蛋白胨及多肽类,在加热被检肉汤中,蛋白质发生凝固,可用滤纸过滤清除,其分解产物仍留在滤液中。蛋白质分解产物可与硫酸铜试剂中的铜离子结合,生成难溶于水的蛋白质盐而沉淀,依此可判定是否为患病动物肉。

(2) 操作方法:称取20g精肉样品,绞碎后置于250mL锥形瓶中,加入60mL蒸馏水,混合后加塞置于沸水浴中10min取出,冷却后将肉汤用滤纸过滤,备用。取2mL肉汤滤液于试管中,加入5%硫酸铜溶液,用力振荡2~3次,置于试管架上,5min后观察结果,同时做空白对照实验。

(3) 评定标准：如出现絮状沉淀或呈胶冻状，即为阳性反应，证明该肉来自病畜或死畜；肉汤澄清透明、无絮状沉淀者为阴性反应。

4. 细菌内毒素呈色反应

(1) 原理：多数病原微生物具有内毒素，其成分是一种多糖类，具有氧化还原能力，这些内毒素都能降低肉浸液的氧化还原的势能。根据这种特性，用呈色氧化反应检出肉中食物中毒性的细菌，较细菌学检验简便易行。

如果在除去蛋白质的肉浸液中（含半抗原）加入硝酸银溶液，则形成毒素的氧化型，这种氧化型毒素具有阻止氧化还原指示剂退色的特性。本反应用甲酚蓝作氧化还原指示剂，其氧化型为蓝色，还原型为无色，当肉浸液中有毒素存在时，加入硝酸银使毒素成氧化型，这种氧化型的肉毒素能使加入的高锰酸钾红色退掉，呈现蓝色，表明肉中有毒素；如果肉浸液没有毒素存在，指示剂就被加入的高锰酸钾中和并呈现红色，表明肉浸液是新鲜的。

本方法能检出肉中的沙门氏菌、大肠杆菌、变形杆菌、分支杆菌和炭疽杆菌（荚膜型）的毒物物质，呈色反应为阳性。当存在猪丹毒杆菌和炭疽杆菌（芽胞型）时，呈色反应为阴性。所以，应用呈色氧化反应可检出引起食物中毒的细菌所污染的肉尸（主要是沙门氏菌）。

(2) 器材和试剂：乳钵、镊子、剪刀、玻璃棒、三角烧瓶、玻璃漏斗、吸管、1%甲酚蓝酒精溶液、0.1%美蓝溶液、1:1.5盐酸溶液、0.5%硝酸银溶液、5%草酸溶液、0.1mol/L氢氧化钠溶液、灭菌生理盐水。

(3) 毒素提取液的制备：称取剔除脂肪、结缔组织的肌肉10g绞碎，放入乳钵内，加10mL灭菌生理盐水和0.1mol/L氢氧化钠溶液10滴，混匀，使肉彻底碾碎成粥状，移入100mL三角瓶中加热，使蛋白质凝固沉淀，置冷却水中冷却，然后再加入5%草酸铵溶液5滴以中和，用滤纸过滤，滤液要求透明。

(4) 操作方法：取灭菌试管3支，编号，按表10-3顺序操作。混匀后观察，做初步判定。10～15min后再观察反应，做最终判定。

表10-3 细菌内毒素呈色反应的检验程序

| 溶液 | 试管 | 对照管1 | 对照管2 |
| --- | --- | --- | --- |
| 肉样提取液/mL | 2.0 | — | — |
| 已知毒素提取液/mL | — | — | 2.0 |
| 灭菌生理盐水/mL | — | 2.0 | — |
| 1%甲酚蓝酒精溶液/滴 | 1.0 | 1.0 | 1.0 |
| 0.5%硝酸银溶液/滴 | 3.0 | 3.0 | 3.0 |
| 1:1.5盐酸溶液/滴 | 1.0 | 1.0 | 1.0 |
| 1%高锰酸钾溶液/滴 | 0.15 | 0.15 | 0.15 |

(5) 评定标准：

① 肉样提取液中细菌毒素含量少时，初步判定往往不显色，最终判定时才出现阳性。

② 病、死畜禽肉或变质肉，呈阳性反应(＋)，即提取液显蓝色或蓝绿色，表明含有细菌毒素。

③ 健康畜禽新鲜肉，呈阴性反应(－)，即显红紫色或红褐色，经 30～40min 后变为无色，表明提取液中无细菌毒素存在。

【考核评价】 小组互评，教师考核(表 10-3)。

表 10-3　项目考核评价表

项目名称_____　　　　　　　　　　　小组_____成员姓名_____

| 考核点 | 考核内容与评分标准 | 得分 | | |
|---|---|---|---|---|
| | | 小组评价 | 教师评价 | 综合得分 |
| 理论知识 | 红膘肉、黄脂肉、黄疸肉、黑色素沉着肉、白肌肉、白肌病肉的概念(15 分) | | | |
| 操作考核 | 注水肉的感官检查(5 分) | | | |
| | 注水肉的理化检验(20 分) | | | |
| | 注水肉的处理(5 分) | | | |
| | 病死畜禽肉的感官检查(10 分) | | | |
| | 病死畜禽肉的细菌学检查(10 分) | | | |
| | 病死畜禽肉的理化检查(20 分) | | | |
| | 病死畜禽肉的处理(5 分) | | | |
| 综合素质 | 团结协作(5 分) | | | |
| | 安全防范(5 分) | | | |
| 合　计 | (100 分) | | | |

## 复习思考题

1. 简述市场检疫监督的概念。
2. 简述市场检疫监督的意义。
3. 简述市场检疫监督的要求。
4. 简述市场肉类检查的程序要点。
5. 简述气味和滋味异常肉的检验方法。
6. 简述色泽异常肉的检验方法。
7. 简述注水肉的检验方法。
8. 简述病死畜禽肉的检验方法。

# 附录一

## 中华人民共和国动物防疫法

(1997年7月3日第八届全国人民代表大会常务委员会第二十六次会议通过,2007年8月30日第十届全国人民代表大会常务委员会第二十九次会议修订)

### 第一章 总 则

第一条 为了加强对动物防疫活动的管理,预防、控制和扑灭动物疫病,促进养殖业发展,保护人体健康,维护公共卫生安全,制定本法。

第二条 本法适用于在中华人民共和国领域内的动物防疫及其监督管理活动。

进出境动物、动物产品的检疫,适用《中华人民共和国进出境动植物检疫法》。

第三条 本法所称动物,是指家畜家禽和人工饲养、合法捕获的其他动物。

本法所称动物产品,是指动物的肉、生皮、原毛、绒、脏器、脂、血液、精液、卵、胚胎、骨、蹄、头、角、筋以及可能传播动物疫病的奶、蛋等。

本法所称动物疫病,是指动物传染病、寄生虫病。

本法所称动物防疫,是指动物疫病的预防、控制、扑灭和动物、动物产品的检疫。

第四条 根据动物疫病对养殖业生产和人体健康的危害程度,本法规定管理的动物疫病分为下列三类:

(一)一类疫病,是指对人与动物危害严重,需要采取紧急、严厉的强制预防、控制、扑灭等措施的;

(二)二类疫病,是指可能造成重大经济损失,需要采取严格控制、扑灭等措施,防止扩散的;

(三)三类疫病,是指常见多发、可能造成重大经济损失,需要控制和净化的。

前款一、二、三类动物疫病具体病种名录由国务院兽医主管部门制定并公布。

第五条 国家对动物疫病实行预防为主的方针。

第六条 县级以上人民政府应当加强对动物防疫工作的统一领导,加强基层动物防疫队伍建设,建立健全动物防疫体系,制定并组织实施动物疫病防治规划。

乡级人民政府、城市街道办事处应当组织群众协助做好本管辖区域内的动物疫病预防与控制工作。

第七条　国务院兽医主管部门主管全国的动物防疫工作。

县级以上地方人民政府兽医主管部门主管本行政区域内的动物防疫工作。

县级以上人民政府其他部门在各自的职责范围内做好动物防疫工作。

军队和武装警察部队动物卫生监督职能部门分别负责军队和武装警察部队现役动物及饲养自用动物的防疫工作。

第八条　县级以上地方人民政府设立的动物卫生监督机构依照本法规定,负责动物、动物产品的检疫工作和其他有关动物防疫的监督管理执法工作。

第九条　县级以上人民政府按照国务院的规定,根据统筹规划、合理布局、综合设置的原则建立动物疫病预防控制机构,承担动物疫病的监测、检测、诊断、流行病学调查、疫情报告以及其他预防、控制等技术工作。

第十条　国家支持和鼓励开展动物疫病的科学研究以及国际合作与交流,推广先进适用的科学研究成果,普及动物防疫科学知识,提高动物疫病防治的科学技术水平。

第十一条　对在动物防疫工作、动物防疫科学研究中做出成绩和贡献的单位和个人,各级人民政府及有关部门给予奖励。

## 第二章　动物疫病的预防

第十二条　国务院兽医主管部门对动物疫病状况进行风险评估,根据评估结果制定相应的动物疫病预防、控制措施。

国务院兽医主管部门根据国内外动物疫情和保护养殖业生产及人体健康的需要,及时制定并公布动物疫病预防、控制技术规范。

第十三条　国家对严重危害养殖业生产和人体健康的动物疫病实施强制免疫。国务院兽医主管部门确定强制免疫的动物疫病病种和区域,并会同国务院有关部门制定国家动物疫病强制免疫计划。

省、自治区、直辖市人民政府兽医主管部门根据国家动物疫病强制免疫计划,制订本行政区域的强制免疫计划;并可以根据本行政区域内动物疫病流行情况增加实施强制免疫的动物疫病病种和区域,报本级人民政府批准后执行,并报国务院兽医主管部门备案。

第十四条　县级以上地方人民政府兽医主管部门组织实施动物疫病强制免疫计划。乡级人民政府、城市街道办事处应当组织本管辖区域内饲养动物的单位和个人做好强制免疫工作。

饲养动物的单位和个人应当依法履行动物疫病强制免疫义务，按照兽医主管部门的要求做好强制免疫工作。

经强制免疫的动物，应当按照国务院兽医主管部门的规定建立免疫档案，加施畜禽标识，实施可追溯管理。

第十五条　县级以上人民政府应当建立健全动物疫情监测网络，加强动物疫情监测。

国务院兽医主管部门应当制定国家动物疫病监测计划。省、自治区、直辖市人民政府兽医主管部门应当根据国家动物疫病监测计划，制订本行政区域的动物疫病监测计划。

动物疫病预防控制机构应当按照国务院兽医主管部门的规定，对动物疫病的发生、流行等情况进行监测；从事动物饲养、屠宰、经营、隔离、运输以及动物产品生产、经营、加工、贮藏等活动的单位和个人不得拒绝或者阻碍。

第十六条　国务院兽医主管部门和省、自治区、直辖市人民政府兽医主管部门应当根据对动物疫病发生、流行趋势的预测，及时发出动物疫情预警。地方各级人民政府接到动物疫情预警后，应当采取相应的预防、控制措施。

第十七条　从事动物饲养、屠宰、经营、隔离、运输以及动物产品生产、经营、加工、贮藏等活动的单位和个人，应当依照本法和国务院兽医主管部门的规定，做好免疫、消毒等动物疫病预防工作。

第十八条　种用、乳用动物和宠物应当符合国务院兽医主管部门规定的健康标准。

种用、乳用动物应当接受动物疫病预防控制机构的定期检测；检测不合格的，应当按照国务院兽医主管部门的规定予以处理。

第十九条　动物饲养场（养殖小区）和隔离场所，动物屠宰加工场所，以及动物和动物产品无害化处理场所，应当符合下列动物防疫条件：

（一）场所的位置与居民生活区、生活饮用水源地、学校、医院等公共场所的距离符合国务院兽医主管部门规定的标准；

（二）生产区封闭隔离，工程设计和工艺流程符合动物防疫要求；

（三）有相应的污水、污物、病死动物、染疫动物产品的无害化处理设施设备和清洗消毒设施设备；

（四）有为其服务的动物防疫技术人员；

（五）有完善的动物防疫制度；

（六）具备国务院兽医主管部门规定的其他动物防疫条件。

第二十条　兴办动物饲养场（养殖小区）和隔离场所，动物屠宰加工场所，以及动物和动物产品无害化处理场所，应当向县级以上地方人民政府兽医主管部门提出申请，并附具相关材料。受理申请的兽医主管部门应当依照本法和《中华人民共和国行政许可法》

的规定进行审查。经审查合格的,发给动物防疫条件合格证;不合格的,应当通知申请人并说明理由。需要办理工商登记的,申请人凭动物防疫条件合格证向工商行政管理部门申请办理登记注册手续。

动物防疫条件合格证应当载明申请人的名称、场(厂)址等事项。

经营动物、动物产品的集贸市场应当具备国务院兽医主管部门规定的动物防疫条件,并接受动物卫生监督机构的监督检查。

第二十一条　动物、动物产品的运载工具、垫料、包装物、容器等应当符合国务院兽医主管部门规定的动物防疫要求。

染疫动物及其排泄物、染疫动物产品,病死或者死因不明的动物尸体,运载工具中的动物排泄物以及垫料、包装物、容器等污染物,应当按照国务院兽医主管部门的规定处理,不得随意处置。

第二十二条　采集、保存、运输动物病料或者病原微生物以及从事病原微生物研究、教学、检测、诊断等活动,应当遵守国家有关病原微生物实验室管理的规定。

第二十三条　患有人畜共患传染病的人员不得直接从事动物诊疗以及易感染动物的饲养、屠宰、经营、隔离、运输等活动。

人畜共患传染病名录由国务院兽医主管部门会同国务院卫生主管部门制定并公布。

第二十四条　国家对动物疫病实行区域化管理,逐步建立无规定动物疫病区。无规定动物疫病区应当符合国务院兽医主管部门规定的标准,经国务院兽医主管部门验收合格予以公布。

本法所称无规定动物疫病区,是指具有天然屏障或者采取人工措施,在一定期限内没有发生规定的一种或者几种动物疫病,并经验收合格的区域。

第二十五条　禁止屠宰、经营、运输下列动物和生产、经营、加工、贮藏、运输下列动物产品:

(一)封锁疫区内与所发生动物疫病有关的;

(二)疫区内易感染的;

(三)依法应当检疫而未经检疫或者检疫不合格的;

(四)染疫或者疑似染疫的;

(五)病死或者死因不明的;

(六)其他不符合国务院兽医主管部门有关动物防疫规定的。

## 第三章　动物疫情的报告、通报和公布

第二十六条　从事动物疫情监测、检验检疫、疫病研究与诊疗以及动物饲养、屠宰、经

营、隔离、运输等活动的单位和个人,发现动物染疫或者疑似染疫的,应当立即向当地兽医主管部门、动物卫生监督机构或者动物疫病预防控制机构报告,并采取隔离等控制措施,防止动物疫情扩散。其他单位和个人发现动物染疫或者疑似染疫的,应当及时报告。

接到动物疫情报告的单位,应当及时采取必要的控制处理措施,并按照国家规定的程序上报。

第二十七条　动物疫情由县级以上人民政府兽医主管部门认定;其中重大动物疫情由省、自治区、直辖市人民政府兽医主管部门认定,必要时报国务院兽医主管部门认定。

第二十八条　国务院兽医主管部门应当及时向国务院有关部门和军队有关部门以及省、自治区、直辖市人民政府兽医主管部门通报重大动物疫情的发生和处理情况;发生人畜共患传染病的,县级以上人民政府兽医主管部门与同级卫生主管部门应当及时相互通报。

国务院兽医主管部门应当依照我国缔结或者参加的条约、协定,及时向有关国际组织或者贸易方通报重大动物疫情的发生和处理情况。

第二十九条　国务院兽医主管部门负责向社会及时公布全国动物疫情,也可以根据需要授权省、自治区、直辖市人民政府兽医主管部门公布本行政区域内的动物疫情。其他单位和个人不得发布动物疫情。

第三十条　任何单位和个人不得瞒报、谎报、迟报、漏报动物疫情,不得授意他人瞒报、谎报、迟报动物疫情,不得阻碍他人报告动物疫情。

## 第四章　动物疫病的控制和扑灭

第三十一条　发生一类动物疫病时,应当采取下列控制和扑灭措施:

(一)当地县级以上地方人民政府兽医主管部门应当立即派人到现场,划定疫点、疫区、受威胁区,调查疫源,及时报请本级人民政府对疫区实行封锁。疫区范围涉及两个以上行政区域的,由有关行政区域共同的上一级人民政府对疫区实行封锁,或者由各有关行政区域的上一级人民政府共同对疫区实行封锁。必要时,上级人民政府可以责成下级人民政府对疫区实行封锁。

(二)县级以上地方人民政府应当立即组织有关部门和单位采取封锁、隔离、扑杀、销毁、消毒、无害化处理、紧急免疫接种等强制性措施,迅速扑灭疫病。

(三)在封锁期间,禁止染疫、疑似染疫和易感染的动物、动物产品流出疫区,禁止非疫区的易感染动物进入疫区,并根据扑灭动物疫病的需要对出入疫区的人员、运输工具及有关物品采取消毒和其他限制性措施。

第三十二条　发生二类动物疫病时,应当采取下列控制和扑灭措施:

(一)当地县级以上地方人民政府兽医主管部门应当划定疫点、疫区、受威胁区。

（二）县级以上地方人民政府根据需要组织有关部门和单位采取隔离、扑杀、销毁、消毒、无害化处理、紧急免疫接种、限制易感染的动物和动物产品及有关物品出入等控制、扑灭措施。

第三十三条　疫点、疫区、受威胁区的撤销和疫区封锁的解除，按照国务院兽医主管部门规定的标准和程序评估后，由原决定机关决定并宣布。

第三十四条　发生三类动物疫病时，当地县级、乡级人民政府应当按照国务院兽医主管部门的规定组织防治和净化。

第三十五条　二、三类动物疫病呈暴发性流行时，按照一类动物疫病处理。

第三十六条　为控制、扑灭动物疫病，动物卫生监督机构应当派人在当地依法设立的现有检查站执行监督检查任务；必要时，经省、自治区、直辖市人民政府批准，可以设立临时性的动物卫生监督检查站，执行监督检查任务。

第三十七条　发生人畜共患传染病时，卫生主管部门应当组织对疫区易感染的人群进行监测，并采取相应的预防、控制措施。

第三十八条　疫区内有关单位和个人，应当遵守县级以上人民政府及其兽医主管部门依法作出的有关控制、扑灭动物疫病的规定。

任何单位和个人不得藏匿、转移、盗掘已被依法隔离、封存、处理的动物和动物产品。

第三十九条　发生动物疫情时，航空、铁路、公路、水路等运输部门应当优先组织运送控制、扑灭疫病的人员和有关物资。

第四十条　一、二、三类动物疫病突然发生，迅速传播，给养殖业生产安全造成严重威胁、危害，以及可能对公众身体健康与生命安全造成危害，构成重大动物疫情的，依照法律和国务院的规定采取应急处理措施。

## 第五章　动物和动物产品的检疫

第四十一条　动物卫生监督机构依照本法和国务院兽医主管部门的规定对动物、动物产品实施检疫。

动物卫生监督机构的官方兽医具体实施动物、动物产品检疫。官方兽医应当具备规定的资格条件，取得国务院兽医主管部门颁发的资格证书，具体办法由国务院兽医主管部门会同国务院人事行政部门制定。

本法所称官方兽医，是指具备规定的资格条件并经兽医主管部门任命的，负责出具检疫等证明的国家兽医工作人员。

第四十二条　屠宰、出售或者运输动物以及出售或者运输动物产品前，货主应当按照国务院兽医主管部门的规定向当地动物卫生监督机构申报检疫。

动物卫生监督机构接到检疫申报后,应当及时指派官方兽医对动物、动物产品实施现场检疫;检疫合格的,出具检疫证明、加施检疫标志。实施现场检疫的官方兽医应当在检疫证明、检疫标志上签字或者盖章,并对检疫结论负责。

第四十三条  屠宰、经营、运输以及参加展览、演出和比赛的动物,应当附有检疫证明;经营和运输的动物产品,应当附有检疫证明、检疫标志。

对前款规定的动物、动物产品,动物卫生监督机构可以查验检疫证明、检疫标志,进行监督抽查,但不得重复检疫收费。

第四十四条  经铁路、公路、水路、航空运输动物和动物产品的,托运人托运时应当提供检疫证明;没有检疫证明的,承运人不得承运。

运载工具在装载前和卸载后应当及时清洗、消毒。

第四十五条  输入到无规定动物疫病区的动物、动物产品,货主应当按照国务院兽医主管部门的规定向无规定动物疫病区所在地动物卫生监督机构申报检疫,经检疫合格的,方可进入;检疫所需费用纳入无规定动物疫病区所在地地方人民政府财政预算。

第四十六条  跨省、自治区、直辖市引进乳用动物、种用动物及其精液、胚胎、种蛋的,应当向输入地省、自治区、直辖市动物卫生监督机构申请办理审批手续,并依照本法第四十二条的规定取得检疫证明。

跨省、自治区、直辖市引进的乳用动物、种用动物到达输入地后,货主应当按照国务院兽医主管部门的规定对引进的乳用动物、种用动物进行隔离观察。

第四十七条  人工捕获的可能传播动物疫病的野生动物,应当报经捕获地动物卫生监督机构检疫,经检疫合格的,方可饲养、经营和运输。

第四十八条  经检疫不合格的动物、动物产品,货主应当在动物卫生监督机构监督下按照国务院兽医主管部门的规定处理,处理费用由货主承担。

第四十九条  依法进行检疫需要收取费用的,其项目和标准由国务院财政部门、物价主管部门规定。

## 第六章  动物诊疗

第五十条  从事动物诊疗活动的机构,应当具备下列条件:

(一)有与动物诊疗活动相适应并符合动物防疫条件的场所;

(二)有与动物诊疗活动相适应的执业兽医;

(三)有与动物诊疗活动相适应的兽医器械和设备;

(四)有完善的管理制度。

第五十一条  设立从事动物诊疗活动的机构,应当向县级以上地方人民政府兽医主管部门申请动物诊疗许可证。受理申请的兽医主管部门应当依照本法和《中华人民共和国行政许可法》的规定进行审查。经审查合格的,发给动物诊疗许可证;不合格的,应当通知申请人并说明理由。申请人凭动物诊疗许可证向工商行政管理部门申请办理登记注册手续,取得营业执照后,方可从事动物诊疗活动。

第五十二条 动物诊疗许可证应当载明诊疗机构名称、诊疗活动范围、从业地点和法定代表人(负责人)等事项。

动物诊疗许可证载明事项变更的,应当申请变更或者换发动物诊疗许可证,并依法办理工商变更登记手续。

第五十三条 动物诊疗机构应当按照国务院兽医主管部门的规定,做好诊疗活动中的卫生安全防护、消毒、隔离和诊疗废弃物处置等工作。

第五十四条 国家实行执业兽医资格考试制度。具有兽医相关专业大学专科以上学历的,可以申请参加执业兽医资格考试;考试合格的,由国务院兽医主管部门颁发执业兽医资格证书;从事动物诊疗的,还应当向当地县级人民政府兽医主管部门申请注册。执业兽医资格考试和注册办法由国务院兽医主管部门商国务院人事行政部门制定。

本法所称执业兽医,是指从事动物诊疗和动物保健等经营活动的兽医。

第五十五条 经注册的执业兽医,方可从事动物诊疗、开具兽药处方等活动。但是,本法第五十七条对乡村兽医服务人员另有规定的,从其规定。

执业兽医、乡村兽医服务人员应当按照当地人民政府或者兽医主管部门的要求,参加预防、控制和扑灭动物疫病的活动。

第五十六条 从事动物诊疗活动,应当遵守有关动物诊疗的操作技术规范,使用符合国家规定的兽药和兽医器械。

第五十七条 乡村兽医服务人员可以在乡村从事动物诊疗服务活动,具体管理办法由国务院兽医主管部门制定。

## 第七章 监督管理

第五十八条 动物卫生监督机构依照本法规定,对动物饲养、屠宰、经营、隔离、运输以及动物产品生产、经营、加工、贮藏、运输等活动中的动物防疫实施监督管理。

第五十九条 动物卫生监督机构执行监督检查任务,可以采取下列措施,有关单位和个人不得拒绝或者阻碍:

(一)对动物、动物产品按照规定采样、留验、抽检;

(二)对染疫或者疑似染疫的动物、动物产品及相关物品进行隔离、查封、扣押和处理;

（三）对依法应当检疫而未经检疫的动物实施补检；

（四）对依法应当检疫而未经检疫的动物产品，具备补检条件的实施补检，不具备补检条件的予以没收销毁；

（五）查验检疫证明、检疫标志和畜禽标识；

（六）进入有关场所调查取证，查阅、复制与动物防疫有关的资料。

动物卫生监督机构根据动物疫病预防、控制需要，经当地县级以上地方人民政府批准，可以在车站、港口、机场等相关场所派驻官方兽医。

第六十条　官方兽医执行动物防疫监督检查任务，应当出示行政执法证件，佩带统一标志。

动物卫生监督机构及其工作人员不得从事与动物防疫有关的经营性活动，进行监督检查不得收取任何费用。

第六十一条　禁止转让、伪造或者变造检疫证明、检疫标志或者畜禽标识。

检疫证明、检疫标志的管理办法，由国务院兽医主管部门制定。

## 第八章　保障措施

第六十二条　县级以上人民政府应当将动物防疫纳入本级国民经济和社会发展规划及年度计划。

第六十三条　县级人民政府和乡级人民政府应当采取有效措施，加强村级防疫员队伍建设。

县级人民政府兽医主管部门可以根据动物防疫工作需要，向乡、镇或者特定区域派驻兽医机构。

第六十四条　县级以上人民政府按照本级政府职责，将动物疫病预防、控制、扑灭、检疫和监督管理所需经费纳入本级财政预算。

第六十五条　县级以上人民政府应当储备动物疫情应急处理工作所需的防疫物资。

第六十六条　对在动物疫病预防和控制、扑灭过程中强制扑杀的动物、销毁的动物产品和相关物品，县级以上人民政府应当给予补偿。具体补偿标准和办法由国务院财政部门会同有关部门制定。

因依法实施强制免疫造成动物应激死亡的，给予补偿。具体补偿标准和办法由国务院财政部门会同有关部门制定。

第六十七条　对从事动物疫病预防、检疫、监督检查、现场处理疫情以及在工作中接触动物疫病病原体的人员，有关单位应当按照国家规定采取有效的卫生防护措施和医疗保健措施。

## 第九章 法律责任

第六十八条 地方各级人民政府及其工作人员未依照本法规定履行职责的,对直接负责的主管人员和其他直接责任人员依法给予处分。

第六十九条 县级以上人民政府兽医主管部门及其工作人员违反本法规定,有下列行为之一的,由本级人民政府责令改正,通报批评;对直接负责的主管人员和其他直接责任人员依法给予处分:

(一)未及时采取预防、控制、扑灭等措施的;

(二)对不符合条件的颁发动物防疫条件合格证、动物诊疗许可证,或者对符合条件的拒不颁发动物防疫条件合格证、动物诊疗许可证的;

(三)其他未依照本法规定履行职责的行为。

第七十条 动物卫生监督机构及其工作人员违反本法规定,有下列行为之一的,由本级人民政府或者兽医主管部门责令改正,通报批评;对直接负责的主管人员和其他直接责任人员依法给予处分:

(一)对未经现场检疫或者检疫不合格的动物、动物产品出具检疫证明、加施检疫标志,或者对检疫合格的动物、动物产品拒不出具检疫证明、加施检疫标志的;

(二)对附有检疫证明、检疫标志的动物、动物产品重复检疫的;

(三)从事与动物防疫有关的经营性活动,或者在国务院财政部门、物价主管部门规定外加收费用、重复收费的;

(四)其他未依照本法规定履行职责的行为。

第七十一条 动物疫病预防控制机构及其工作人员违反本法规定,有下列行为之一的,由本级人民政府或者兽医主管部门责令改正,通报批评;对直接负责的主管人员和其他直接责任人员依法给予处分:

(一)未履行动物疫病监测、检测职责或者伪造监测、检测结果的;

(二)发生动物疫情时未及时进行诊断、调查的;

(三)其他未依照本法规定履行职责的行为。

第七十二条 地方各级人民政府、有关部门及其工作人员瞒报、谎报、迟报、漏报或者授意他人瞒报、谎报、迟报动物疫情,或者阻碍他人报告动物疫情的,由上级人民政府或者有关部门责令改正,通报批评;对直接负责的主管人员和其他直接责任人员依法给予处分。

第七十三条 违反本法规定,有下列行为之一的,由动物卫生监督机构责令改正,给予警告;拒不改正的,由动物卫生监督机构代作处理,所需处理费用由违法行为人承担,可以处一千元以下罚款：

（一）对饲养的动物不按照动物疫病强制免疫计划进行免疫接种的；

（二）种用、乳用动物未经检测或者经检测不合格而不按照规定处理的；

（三）动物、动物产品的运载工具在装载前和卸载后没有及时清洗、消毒的。

第七十四条　违反本法规定,对经强制免疫的动物未按照国务院兽医主管部门规定建立免疫档案、加施畜禽标识的,依照《中华人民共和国畜牧法》的有关规定处罚。

第七十五条　违反本法规定,不按照国务院兽医主管部门规定处置染疫动物及其排泄物,染疫动物产品,病死或者死因不明的动物尸体,运载工具中的动物排泄物以及垫料、包装物、容器等污染物以及其他经检疫不合格的动物、动物产品的,由动物卫生监督机构责令无害化处理,所需处理费用由违法行为人承担,可以处三千元以下罚款。

第七十六条　违反本法第二十五条规定,屠宰、经营、运输动物或者生产、经营、加工、贮藏、运输动物产品的,由动物卫生监督机构责令改正、采取补救措施,没收违法所得和动物、动物产品,并处同类检疫合格动物、动物产品货值金额一倍以上五倍以下罚款；其中依法应当检疫而未检疫的,依照本法第七十八条的规定处罚。

第七十七条　违反本法规定,有下列行为之一的,由动物卫生监督机构责令改正,处一千元以上一万元以下罚款；情节严重的,处一万元以上十万元以下罚款：

（一）兴办动物饲养场(养殖小区)和隔离场所,动物屠宰加工场所,以及动物和动物产品无害化处理场所,未取得动物防疫条件合格证的；

（二）未办理审批手续,跨省、自治区、直辖市引进乳用动物、种用动物及其精液、胚胎、种蛋的；

（三）未经检疫,向无规定动物疫病区输入动物、动物产品的。

第七十八条　违反本法规定,屠宰、经营、运输的动物未附有检疫证明,经营和运输的动物产品未附有检疫证明、检疫标志的,由动物卫生监督机构责令改正,处同类检疫合格动物、动物产品货值金额百分之十以上百分之五十以下罚款；对货主以外的承运人处运输费用一倍以上三倍以下罚款。

违反本法规定,参加展览、演出和比赛的动物未附有检疫证明的,由动物卫生监督机构责令改正,处一千元以上三千元以下罚款。

第七十九条　违反本法规定,转让、伪造或者变造检疫证明、检疫标志或者畜禽标识的,由动物卫生监督机构没收违法所得,收缴检疫证明、检疫标志或者畜禽标识,并处三千元以上三万元以下罚款。

第八十条　违反本法规定,有下列行为之一的,由动物卫生监督机构责令改正,处一千元以上一万元以下罚款：

(一)不遵守县级以上人民政府及其兽医主管部门依法作出的有关控制、扑灭动物疫病规定的;

(二)藏匿、转移、盗掘已被依法隔离、封存、处理的动物和动物产品的;

(三)发布动物疫情的。

第八十一条  违反本法规定,未取得动物诊疗许可证从事动物诊疗活动的,由动物卫生监督机构责令停止诊疗活动,没收违法所得;违法所得在三万元以上的,并处违法所得一倍以上三倍以下罚款;没有违法所得或者违法所得不足三万元的,并处三千元以上三万元以下罚款。

动物诊疗机构违反本法规定,造成动物疫病扩散的,由动物卫生监督机构责令改正,处一万元以上五万元以下罚款;情节严重的,由发证机关吊销动物诊疗许可证。

第八十二条  违反本法规定,未经兽医执业注册从事动物诊疗活动的,由动物卫生监督机构责令停止动物诊疗活动,没收违法所得,并处一千元以上一万元以下罚款。

执业兽医有下列行为之一的,由动物卫生监督机构给予警告,责令暂停六个月以上一年以下动物诊疗活动;情节严重的,由发证机关吊销注册证书:

(一)违反有关动物诊疗的操作技术规范,造成或者可能造成动物疫病传播、流行的;

(二)使用不符合国家规定的兽药和兽医器械的;

(三)不按照当地人民政府或者兽医主管部门要求参加动物疫病预防、控制和扑灭活动的。

第八十三条  违反本法规定,从事动物疫病研究与诊疗和动物饲养、屠宰、经营、隔离、运输,以及动物产品生产、经营、加工、贮藏等活动的单位和个人,有下列行为之一的,由动物卫生监督机构责令改正;拒不改正的,对违法行为单位处一千元以上一万元以下罚款,对违法行为个人可以处五百元以下罚款:

(一)不履行动物疫情报告义务的;

(二)不如实提供与动物防疫活动有关资料的;

(三)拒绝动物卫生监督机构进行监督检查的;

(四)拒绝动物疫病预防控制机构进行动物疫病监测、检测的。

第八十四条  违反本法规定,构成犯罪的,依法追究刑事责任。

违反本法规定,导致动物疫病传播、流行等,给他人人身、财产造成损害的,依法承担民事责任。

## 第十章  附  则

第八十五条  本法自 2008 年 1 月 1 日起施行。

# 附录二

## 重大动物疫情应急条例

(2005年11月16日国务院第113次常务会议通过，2005年11月18日以国务院第50号令公布，自公布之日起施行)

### 第一章 总 则

**第一条** 为了迅速控制、扑灭重大动物疫情，保障养殖业生产安全，保护公众身体健康与生命安全，维护正常的社会秩序，根据《中华人民共和国动物防疫法》，制定本条例。

**第二条** 本条例所称重大动物疫情，是指高致病性禽流感等发病率或者死亡率高的动物疫病突然发生，迅速传播，给养殖业生产安全造成严重威胁、危害，以及可能对公众身体健康与生命安全造成危害的情形，包括特别重大动物疫情。

**第三条** 重大动物疫情应急工作应当坚持加强领导、密切配合、依靠科学、依法防治、群防群控、果断处置的方针，及时发现，快速反应，严格处理，减少损失。

**第四条** 重大动物疫情应急工作按照属地管理的原则，实行政府统一领导、部门分工负责，逐级建立责任制。

县级以上人民政府兽医主管部门具体负责组织重大动物疫情的监测、调查、控制、扑灭等应急工作。

县级以上人民政府林业主管部门、兽医主管部门按照职责分工，加强对陆生野生动物疫源疫病的监测。

县级以上人民政府其他有关部门在各自的职责范围内，做好重大动物疫情的应急工作。

**第五条** 出入境检验检疫机关应当及时收集境外重大动物疫情信息，加强进出境动物及其产品的检验检疫工作，防止动物疫病传入和传出。兽医主管部门要及时向出入境检验检疫机关通报国内重大动物疫情。

**第六条** 国家鼓励、支持开展重大动物疫情监测、预防、应急处理等有关技术的科学研究和国际交流与合作。

**第七条** 县级以上人民政府应当对参加重大动物疫情应急处理的人员给予适当补助,对作出贡献的人员给予表彰和奖励。

**第八条** 对不履行或者不按照规定履行重大动物疫情应急处理职责的行为,任何单位和个人有权检举控告。

## 第二章 应急准备

**第九条** 国务院兽医主管部门应当制定全国重大动物疫情应急预案,报国务院批准,并按照不同动物疫病病种及其流行特点和危害程度,分别制定实施方案,报国务院备案。

县级以上地方人民政府根据本地区的实际情况,制定本行政区域的重大动物疫情应急预案,报上一级人民政府兽医主管部门备案。县级以上地方人民政府兽医主管部门,应当按照不同动物疫病病种及其流行特点和危害程度,分别制定实施方案。

重大动物疫情应急预案及其实施方案应当根据疫情的发展变化和实施情况,及时修改、完善。

**第十条** 重大动物疫情应急预案主要包括下列内容:

(一)应急指挥部的职责、组成以及成员单位的分工;
(二)重大动物疫情的监测、信息收集、报告和通报;
(三)动物疫病的确认、重大动物疫情的分级和相应的应急处理工作方案;
(四)重大动物疫情疫源的追踪和流行病学调查分析;
(五)预防、控制、扑灭重大动物疫情所需资金的来源、物资和技术的储备与调度;
(六)重大动物疫情应急处理设施和专业队伍建设。

**第十一条** 国务院有关部门和县级以上地方人民政府及其有关部门,应当根据重大动物疫情应急预案的要求,确保应急处理所需的疫苗、药品、设施设备和防护用品等物资的储备。

**第十二条** 县级以上人民政府应当建立和完善重大动物疫情监测网络和预防控制体系,加强动物防疫基础设施和乡镇动物防疫组织建设,并保证其正常运行,提高对重大动物疫情的应急处理能力。

**第十三条** 县级以上地方人民政府根据重大动物疫情应急需要,可以成立应急预备队,在重大动物疫情应急指挥部的指挥下,具体承担疫情的控制和扑灭任务。

应急预备队由当地兽医行政管理人员、动物防疫工作人员、有关专家、执业兽医等组成;必要时,可以组织动员社会上有一定专业知识的人员参加。公安机关、中国人民武装警察部队应当依法协助其执行任务。

应急预备队应当定期进行技术培训和应急演练。

**第十四条** 县级以上人民政府及其兽医主管部门应当加强对重大动物疫情应急知识和重大动物疫病科普知识的宣传，增强全社会的重大动物疫情防范意识。

## 第三章 监测、报告和公布

**第十五条** 动物防疫监督机构负责重大动物疫情的监测，饲养、经营动物和生产、经营动物产品的单位和个人应当配合，不得拒绝和阻碍。

**第十六条** 从事动物隔离、疫情监测、疫病研究与诊疗、检验检疫以及动物饲养、屠宰加工、运输、经营等活动的有关单位和个人，发现动物出现群体发病或者死亡的，应当立即向所在地的县(市)动物防疫监督机构报告。

**第十七条** 县(市)动物防疫监督机构接到报告后，应当立即赶赴现场调查核实。初步认为属于重大动物疫情的，应当在2h内将情况逐级报省、自治区、直辖市动物防疫监督机构，并同时报所在地人民政府兽医主管部门；兽医主管部门应当及时通报同级卫生主管部门。

省、自治区、直辖市动物防疫监督机构应当在接到报告后1h内，向省、自治区、直辖市人民政府兽医主管部门和国务院兽医主管部门所属的动物防疫监督机构报告。省、自治区、直辖市人民政府兽医主管部门应当在接到报告后1h内报本级人民政府和国务院兽医主管部门。

重大动物疫情发生后，省、自治区、直辖市人民政府和国务院兽医主管部门应当在4h内向国务院报告。

**第十八条** 重大动物疫情报告包括下列内容：

（一）疫情发生的时间、地点；

（二）染疫、疑似染疫动物种类和数量、同群动物数量、免疫情况、死亡数量、临床症状、病理变化、诊断情况；

（三）流行病学和疫源追踪情况；

（四）已采取的控制措施；

（五）疫情报告的单位、负责人、报告人及联系方式。

**第十九条** 重大动物疫情由省、自治区、直辖市人民政府兽医主管部门认定；必要时，由国务院兽医主管部门认定。

**第二十条** 重大动物疫情由国务院兽医主管部门按照国家规定的程序，及时准确公布；其他任何单位和个人不得公布重大动物疫情。

**第二十一条** 重大动物疫病应当由动物防疫监督机构采集病料，未经国务院兽医主管部门或者省、自治区、直辖市人民政府兽医主管部门批准,其他单位和个人不得擅自采集病料。从事重大动物疫病病原分离的,应当遵守国家有关生物安全管理规定,防止病原扩散。

第二十二条　国务院兽医主管部门应当及时向国务院有关部门和军队有关部门以及各省、自治区、直辖市人民政府兽医主管部门通报重大动物疫情的发生和处理情况。

第二十三条　发生重大动物疫情可能感染人群时,卫生主管部门应当对疫区内易受感染的人群进行监测,并采取相应的预防、控制措施。卫生主管部门和兽医主管部门应当及时相互通报情况。

第二十四条　有关单位和个人对重大动物疫情不得瞒报、谎报、迟报,不得授意他人瞒报、谎报、迟报,不得阻碍他人报告。

第二十五条　在重大动物疫情报告期间,有关动物防疫监督机构应当立即采取临时隔离控制措施;必要时,当地县级以上地方人民政府可以作出封锁决定并采取扑杀、销毁等措施。有关单位和个人应当执行。

## 第四章　应急处理

第二十六条　重大动物疫情发生后,国务院和有关地方人民政府设立的重大动物疫情应急指挥部统一领导、指挥重大动物疫情应急工作。

第二十七条　重大动物疫情发生后,县级以上地方人民政府兽医主管部门应当立即划定疫点、疫区和受威胁区,调查疫源,向本级人民政府提出启动重大动物疫情应急指挥系统、应急预案和对疫区实行封锁的建议,有关人民政府应当立即作出决定。

疫点、疫区和受威胁区的范围应当按照不同动物疫病病种及其流行特点和危害程度划定,具体划定标准由国务院兽医主管部门制定。

第二十八条　国家对重大动物疫情应急处理实行分级管理,按照应急预案确定的疫情等级,由有关人民政府采取相应的应急控制措施。

第二十九条　对疫点应当采取下列措施:

(一)扑杀并销毁染疫动物和易感染的动物及其产品;

(二)对病死的动物、动物排泄物、被污染饲料、垫料、污水进行无害化处理;

(三)对被污染的物品、用具、动物圈舍、场地进行严格消毒。

第三十条　对疫区应当采取下列措施:

(一)在疫区周围设置警示标志,在出入疫区的交通路口设置临时动物检疫消毒站,对出入的人员和车辆进行消毒;

(二)扑杀并销毁染疫和疑似染疫动物及其同群动物,销毁染疫和疑似染疫的动物产

品,对其他易感染的动物实行圈养或者在指定地点放养,役用动物限制在疫区内使役;

（三）对易感染的动物进行监测,并按照国务院兽医主管部门的规定实施紧急免疫接种,必要时对易感染的动物进行扑杀;

（四）关闭动物及动物产品交易市场,禁止动物进出疫区和动物产品运出疫区;

（五）对动物圈舍、动物排泄物、垫料、污水和其他可能受污染的物品、场地,进行消毒或者无害化处理。

第三十一条　对受威胁区应当采取下列措施:

（一）对易感染的动物进行监测;

（二）对易感染的动物根据需要实施紧急免疫接种。

第三十二条　重大动物疫情应急处理中设置临时动物检疫消毒站以及采取隔离、扑杀、销毁、消毒、紧急免疫接种等控制、扑灭措施的,由有关重大动物疫情应急指挥部决定,有关单位和个人必须服从;拒不服从的,由公安机关协助执行。

第三十三条　国家对疫区、受威胁区内易感染的动物免费实施紧急免疫接种;对因采取扑杀、销毁等措施给当事人造成的已经证实的损失,给予合理补偿。紧急免疫接种和补偿所需费用,由中央财政和地方财政分担。

第三十四条　重大动物疫情应急指挥部根据应急处理需要,有权紧急调集人员、物资、运输工具以及相关设施、设备。

单位和个人的物资、运输工具以及相关设施、设备被征集使用的,有关人民政府应当及时归还并给予合理补偿。

第三十五条　重大动物疫情发生后,县级以上人民政府兽医主管部门应当及时提出疫点、疫区、受威胁区的处理方案,加强疫情监测、流行病学调查、疫源追踪工作,对染疫和疑似染疫动物及其同群动物和其他易感染动物的扑杀、销毁进行技术指导,并组织实施检验检疫、消毒、无害化处理和紧急免疫接种。

第三十六条　重大动物疫情应急处理中,县级以上人民政府有关部门应当在各自的职责范围内,做好重大动物疫情应急所需的物资紧急调度和运输、应急经费安排、疫区群众救济、人的疫病防治、肉食品供应、动物及其产品市场监管、出入境检验检疫和社会治安维护等工作。

中国人民解放军、中国人民武装警察部队应当支持配合驻地人民政府做好重大动物疫情的应急工作。

第三十七条　重大动物疫情应急处理中,乡镇人民政府、村民委员会、居民委员会应当组织力量,向村民、居民宣传动物疫病防治的相关知识,协助做好疫情信息的收集、报告和各项应急处理措施的落实工作。

第三十八条　重大动物疫情发生地的人民政府和毗邻地区的人民政府应当通力合作,相互配合,做好重大动物疫情的控制、扑灭工作。

第三十九条　有关人民政府及其有关部门对参加重大动物疫情应急处理的人员,应当采取必要的卫生防护和技术指导等措施。

第四十条　自疫区内最后一头(只)发病动物及其同群动物处理完毕起,经过一个潜伏期以上的监测,未出现新的病例的,彻底消毒后,经上一级动物防疫监督机构验收合格,由原发布封锁令的人民政府宣布解除封锁,撤销疫区;由原批准机关撤销在该疫区设立的临时动物检疫消毒站。

第四十一条　县级以上人民政府应当将重大动物疫情确认、疫区封锁、扑杀及其补偿、消毒、无害化处理、疫源追踪、疫情监测以及应急物资储备等应急经费列入本级财政预算。

## 第五章　法律责任

第四十二条　违反本条例规定,兽医主管部门及其所属的动物防疫监督机构有下列行为之一的,由本级人民政府或者上级人民政府有关部门责令立即改正、通报批评、给予警告;对主要负责人、负有责任的主管人员和其他责任人员,依法给予记大过、降级、撤职直至开除的行政处分;构成犯罪的,依法追究刑事责任:

(一)不履行疫情报告职责,瞒报、谎报、迟报或者授意他人瞒报、谎报、迟报,阻碍他人报告重大动物疫情的;

(二)在重大动物疫情报告期间,不采取临时隔离控制措施,导致动物疫情的;

(三)不及时划定疫点、疫区和受威胁区,不及时向本级人民政府提出应急处理建议,或者不按照规定对疫点、疫区和受威胁区采取预防、控制、扑灭措施的;

(四)不向本级人民政府提出启动应急指挥系统、应急预案和对疫区的封锁建议的;

(五)对动物扑杀、销毁不进行技术指导或者指导不力,或者不组织实施检验检疫、消毒、无害化处理和紧急免疫接种的;

(六)其他不履行本条例规定的职责,导致动物疫病传播、流行,或者对养殖业生产安全和公众身体健康与生命安全造成严重危害的。

第四十三条　违反本条例规定,县级以上人民政府有关部门不履行应急处理职责,不执行对疫点、疫区和受威胁区采取的措施,或者对上级人民政府有关部门的疫情调查不予配合或者阻碍、拒绝的,由本级人民政府或者上级人民政府有关部门责令立即改正、通报批评、给予警告;对主要负责人、负有责任的主管人员和其他责任人员,依法给予记大过、降级、撤职直至开除的行政处分;构成犯罪的,依法追究刑事责任。

第四十四条　违反本条例规定,有关地方人民政府阻碍报告重大动物疫情,不履行应急处理职责,不按照规定对疫点、疫区和受威胁区采取预防、控制、扑灭措施,或者对上级人民政府有关部门的疫情调查不予配合或者阻碍、拒绝的,由上级人民政府责令立即改正、通报批评、给予警告;对政府主要领导人依法给予记大过、降级、撤职直至开除的行政处分;构成犯罪的,依法追究刑事责任。

第四十五条　截留、挪用重大动物疫情应急经费,或者侵占、挪用应急储备物资的,按照《财政违法行为处罚处分条例》的规定处理;构成犯罪的,依法追究刑事责任。

第四十六条　违反本条例规定,拒绝、阻碍动物防疫监督机构进行重大动物疫情监测,或者发现动物出现群体发病或者死亡,不向当地动物防疫监督机构报告的,由动物防疫监督机构给予警告,并处二千元以上五千元以下的罚款;构成犯罪的,依法追究刑事责任。

第四十七条　违反本条例规定,擅自采集重大动物疫病病料,或者在重大动物疫病病原分离时不遵守国家有关生物安全管理规定的,由动物防疫监督机构给予警告,并处五千元以下的罚款;构成犯罪的,依法追究刑事责任。

第四十八条　在重大动物疫情发生期间,哄抬物价、欺骗消费者,散布谣言、扰乱社会秩序和市场秩序的,由价格主管部门、工商行政管理部门或者公安机关依法给予行政处罚;构成犯罪的,依法追究刑事责任。

## 第六章　附　则

第四十九条　本条例自公布之日起施行。

# 附录三

## 动物检疫管理办法

(2010年1月4日农业部第一次常务会议审议通过,2010年3月1日农业部2010年第6号令公布,自公布之日起实施)

### 第一章 总 则

第一条 为加强动物检疫活动管理,预防、控制和扑灭动物疫病,保障动物及动物产品安全,保护人体健康,维护公共卫生安全,根据《中华人民共和国动物防疫法》(以下简称《动物防疫法》),制定本办法。

第二条 本办法适用于中华人民共和国领域内的动物检疫活动。

第三条 农业部主管全国动物检疫工作。县级以上地方人民政府兽医主管部门主管本行政区域内的动物检疫工作。县级以上地方人民政府设立的动物卫生监督机构负责本行政区域内动物、动物产品的检疫及其监督管理工作。

第四条 动物检疫的范围、对象和规程由农业部制定、调整并公布。

第五条 动物卫生监督机构指派官方兽医按照《动物防疫法》和本办法的规定对动物、动物产品实施检疫,出具检疫证明,加施检疫标志。动物卫生监督机构可以根据检疫工作需要,指定兽医专业人员协助官方兽医实施动物检疫。

第六条 动物检疫遵循过程监管、风险控制、区域化和可追溯管理相结合的原则。

### 第二章 检疫申报

第七条 国家实行动物检疫申报制度。动物卫生监督机构应当根据检疫工作需要,合理设置动物检疫申报点,并向社会公布动物检疫申报点、检疫范围和检疫对象。县级以上人民政府兽医主管部门应当加强动物检疫申报点的建设和管理。

第八条 下列动物、动物产品在离开产地前,货主应当按规定时限向所在地动物卫生监督机构申报检疫:

（一）出售、运输动物产品和供屠宰、继续饲养的动物，应当提前3d申报检疫。

（二）出售、运输乳用动物、种用动物及其精液、卵、胚胎、种蛋，以及参加展览、演出和比赛的动物，应当提前15天申报检疫。

（三）向无规定动物疫病区输入相关易感动物、易感动物产品的，货主除按规定向输出地动物卫生监督机构申报检疫外，还应当在起运3天前向输入地省级动物卫生监督机构申报检疫。

第九条　合法捕获野生动物的，应当在捕获后3天内向捕获地县级动物卫生监督机构申报检疫。

第十条　屠宰动物的，应当提前6h向所在地动物卫生监督机构申报检疫；急宰动物的，可以随时申报。

第十一条　申报检疫的，应当提交检疫申报单；跨省、自治区、直辖市调运乳用动物、种用动物及其精液、胚胎、种蛋的，还应当同时提交输入地省、自治区、直辖市动物卫生监督机构批准的《跨省引进乳用种用动物检疫审批表》。申报检疫采取申报点填报、传真、电话等方式申报。采用电话申报的，需在现场补填检疫申报单。

第十二条　动物卫生监督机构受理检疫申报后，应当派出官方兽医到现场或指定地点实施检疫；不予受理的，应当说明理由。

## 第三章　产地检疫

第十三条　出售或者运输的动物、动物产品经所在地县级动物卫生监督机构的官方兽医检疫合格，并取得《动物检疫合格证明》后，方可离开产地。

第十四条　出售或者运输的动物，经检疫符合下列条件，由官方兽医出具《动物检疫合格证明》：

（一）来自非封锁区或者未发生相关动物疫情的饲养场（户）；

（二）按照国家规定进行了强制免疫，并在有效保护期内；

（三）临床检查健康；

（四）农业部规定需要进行实验室疫病检测的，检测结果符合要求；

（五）养殖档案相关记录和畜禽标识符合农业部规定。

乳用、种用动物和宠物，还应当符合农业部规定的健康标准。

第十五条　合法捕获的野生动物，经检疫符合下列条件，由官方兽医出具《动物检疫合格证明》后，方可饲养、经营和运输：

（一）来自非封锁区；

（二）临床检查健康；

（三）农业部规定需要进行实验室疫病检测的,检测结果符合要求。

第十六条　出售、运输的种用动物精液、卵、胚胎、种蛋,经检疫符合下列条件,由官方兽医出具《动物检疫合格证明》：

（一）来自非封锁区,或者未发生相关动物疫情的种用动物饲养场；

（二）供体动物按照国家规定进行了强制免疫,并在有效保护期内；

（三）供体动物符合动物健康标准；

（四）农业部规定需要进行实验室疫病检测的,检测结果符合要求；

（五）供体动物的养殖档案相关记录和畜禽标识符合农业部规定。

第十七条　出售、运输的骨、角、生皮、原毛、绒等产品,经检疫符合下列条件,由官方兽医出具《动物检疫合格证明》：

（一）来自非封锁区,或者未发生相关动物疫情的饲养场(户)；

（二）按有关规定消毒合格；

（三）农业部规定需要进行实验室疫病检测的,检测结果符合要求。

第十八条　经检疫不合格的动物、动物产品,由官方兽医出具检疫处理通知单,并监督货主按照农业部规定的技术规范处理。

第十九条　跨省、自治区、直辖市引进用于饲养的非乳用、非种用动物到达目的地后,货主或者承运人应当在24h内向所在地县级动物卫生监督机构报告,并接受监督检查。

第二十条　跨省、自治区、直辖市引进的乳用、种用动物到达输入地后,在所在地动物卫生监督机构的监督下,应当在隔离场或饲养场(养殖小区)内的隔离舍进行隔离观察,大中型动物隔离期为45天,小型动物隔离期为30天。经隔离观察合格的方可混群饲养；不合格的,按照有关规定进行处理。隔离观察合格后需继续在省内运输的,货主应当申请更换《动物检疫合格证明》。动物卫生监督机构更换《动物检疫合格证明》不得收费。

## 第四章　屠宰检疫

第二十一条　县级动物卫生监督机构依法向屠宰场(厂、点)派驻(出)官方兽医实施检疫。屠宰场(厂、点)应当提供与屠宰规模相适应的官方兽医驻场检疫室和检疫操作台等设施。出场(厂、点)的动物产品应当经官方兽医检疫合格,加施检疫标志,并附有《动物检疫合格证明》。

第二十二条　进入屠宰场(厂、点)的动物应当附有《动物检疫合格证明》,并佩戴有农业部规定的畜禽标识。官方兽医应当查验进场动物附具的《动物检疫合格证明》和佩戴的畜禽标识,检查待宰动物健康状况,对疑似染疫的动物进行隔离观察。官方兽医应当按照农业部规定,在动物屠宰过程中实施全流程同步检疫和必要的实验室疫病检测。

第二十三条　经检疫符合下列条件的,由官方兽医出具《动物检疫合格证明》,对胴体及分割、包装的动物产品加盖检疫验讫印章或者加施其他检疫标志:

(一) 无规定的传染病和寄生虫病;

(二) 符合农业部规定的相关屠宰检疫规程要求;

(三) 需要进行实验室疫病检测的,检测结果符合要求。

骨、角、生皮、原毛、绒的检疫还应当符合本办法第十七条有关规定。

第二十四条　经检疫不合格的动物、动物产品,由官方兽医出具检疫处理通知单,并监督屠宰场(厂、点)或者货主按照农业部规定的技术规范处理。

第二十五条　官方兽医应当回收进入屠宰场(厂、点)动物附具的《动物检疫合格证明》,填写屠宰检疫记录。回收的《动物检疫合格证明》应当保存12个月以上。

第二十六条　经检疫合格的动物产品到达目的地后,需要直接在当地分销的,货主可以向输入地动物卫生监督机构申请换证,换证不得收费。换证应当符合下列条件:

(一) 提供原始有效《动物检疫合格证明》,检疫标志完整,且证物相符;

(二) 在有关国家标准规定的保质期内,且无腐败变质。

第二十七条　经检疫合格的动物产品到达目的地,贮藏后需继续调运或者分销的,货主可以向输入地动物卫生监督机构重新申报检疫。输入地县级以上动物卫生监督机构对符合下列条件的动物产品,出具《动物检疫合格证明》。

(一) 提供原始有效《动物检疫合格证明》,检疫标志完整,且证物相符;

(二) 在有关国家标准规定的保质期内,无腐败变质;

(三) 有健全的出入库登记记录;

(四) 农业部规定进行必要的实验室疫病检测的,检测结果符合要求。

## 第五章　水产苗种产地检疫

第二十八条　出售或者运输水生动物的亲本、稚体、幼体、受精卵、发眼卵及其他遗传育种材料等水产苗种的,货主应当提前20天向所在地县级动物卫生监督机构申报检疫;经检疫合格,并取得《动物检疫合格证明》后,方可离开产地。

第二十九条　养殖、出售或者运输合法捕获的野生水产苗种的,货主应当在捕获野生水产苗种后2天内向所在地县级动物卫生监督机构申报检疫;经检疫合格,并取得《动物检疫合格证明》后,方可投放养殖场所、出售或者运输。合法捕获的野生水产苗种实施检疫前,货主应当将其隔离在符合下列条件的临时检疫场地:

(一) 与其他养殖场所有物理隔离设施;

(二) 具有独立的进排水和废水无害化处理设施以及专用渔具;

（三）农业部规定的其他防疫条件。

第三十条　水产苗种经检疫符合下列条件的,由官方兽医出具《动物检疫合格证明》：

（一）该苗种生产场近期未发生相关水生动物疫情；

（二）临床健康检查合格；

（三）农业部规定需要经水生动物疫病诊断实验室检验的,检验结果符合要求。

检疫不合格的,动物卫生监督机构应当监督货主按照农业部规定的技术规范处理。

第三十一条　跨省、自治区、直辖市引进水产苗种到达目的地后,货主或承运人应当在24h内按照有关规定报告,并接受当地动物卫生监督机构的监督检查。

## 第六章　无规定动物疫病区动物检疫

第三十二条　向无规定动物疫病区运输相关易感动物、动物产品的,除附有输出地动物卫生监督机构出具的《动物检疫合格证明》外,还应当向输入地省、自治区、直辖市动物卫生监督机构申报检疫,并按照本办法第三十三条、第三十四条规定取得输入地《动物检疫合格证明》。

第三十三条　输入到无规定动物疫病区的相关易感动物,应当在输入地省、自治区、直辖市动物卫生监督机构指定的隔离场所,按照农业部规定的无规定动物疫病区有关检疫要求隔离检疫。大中型动物隔离检疫期为45天,小型动物隔离检疫期为30天。隔离检疫合格的,由输入地省、自治区、直辖市动物卫生监督机构的官方兽医出具《动物检疫合格证明》；不合格的,不准进入,并依法处理。

第三十四条　输入到无规定动物疫病区的相关易感动物产品,应当在输入地省、自治区、直辖市动物卫生监督机构指定的地点,按照农业部规定的无规定动物疫病区有关检疫要求进行检疫。检疫合格的,由输入地省、自治区、直辖市动物卫生监督机构的官方兽医出具《动物检疫合格证明》；不合格的,不准进入,并依法处理。

## 第七章　乳用种用动物检疫审批

第三十五条　跨省、自治区、直辖市引进乳用动物、种用动物及其精液、胚胎、种蛋的,货主应当填写《跨省引进乳用种用动物检疫审批表》,向输入地省、自治区、直辖市动物卫生监督机构申请办理审批手续。

第三十六条　输入地省、自治区、直辖市动物卫生监督机构应当自受理申请之日起10个工作日内,做出是否同意引进的决定。符合下列条件的,签发《跨省引进乳用种用动物检疫审批表》；不符合下列条件的,书面告知申请人,并说明理由。

（一）输出和输入饲养场、养殖小区取得《动物防疫条件合格证》；
（二）输入饲养场、养殖小区存栏的动物符合动物健康标准；
（三）输出的乳用、种用动物养殖档案相关记录符合农业部规定；
（四）输出的精液、胚胎、种蛋的供体符合动物健康标准。

第三十七条　货主凭输入地省、自治区、直辖市动物卫生监督机构签发的《跨省引进乳用种用动物检疫审批表》，按照本办法规定向输出地县级动物卫生监督机构申报检疫。输出地县级动物卫生监督机构应当按照本办法的规定实施检疫。

第三十八条　跨省引进乳用种用动物应当在《跨省引进乳用种用动物检疫审批表》有效期内运输。逾期引进的，货主应当重新办理审批手续。

## 第八章　检疫监督

第三十九条　屠宰、经营、运输以及参加展览、演出和比赛的动物，应当附有《动物检疫合格证明》；经营、运输的动物产品应当附有《动物检疫合格证明》和检疫标志。

对符合前款规定的动物、动物产品，动物卫生监督机构可以查验检疫证明、检疫标志，对动物、动物产品进行采样、留验、抽检，但不得重复检疫收费。

第四十条　依法应当检疫而未经检疫的动物，由动物卫生监督机构依照本条第二款规定补检，并依照《动物防疫法》处理处罚。符合下列条件的，由动物卫生监督机构出具《动物检疫合格证明》；不符合的，按照农业部有关规定进行处理。
（一）畜禽标识符合农业部规定；
（二）临床检查健康；
（三）农业部规定需要进行实验室疫病检测的，检测结果符合要求。

第四十一条　依法应当检疫而未经检疫的骨、角、生皮、原毛、绒等产品，符合下列条件的，由动物卫生监督机构出具《动物检疫合格证明》；不符合的，予以没收销毁。同时，依照《动物防疫法》处理处罚。
（一）货主在5天内提供输出地动物卫生监督机构出具的来自非封锁区的证明；
（二）经外观检查无腐烂变质；
（三）按有关规定重新消毒；
（四）农业部规定需要进行实验室疫病检测的，检测结果符合要求。

第四十二条　依法应当检疫而未经检疫的精液、胚胎、种蛋等，符合下列条件的，由动物卫生监督机构出具《动物检疫合格证明》；不符合的，予以没收销毁。同时，依照《动物防疫法》处理处罚。
（一）货主在5天内提供输出地动物卫生监督机构出具的来自非封锁区的证明和供

体动物符合健康标准的证明；

（二）在规定的保质期内，并经外观检查无腐败变质；

（三）农业部规定需要进行实验室疫病检测的，检测结果符合要求。

第四十三条 依法应当检疫而未经检疫的肉、脏器、脂、头、蹄、血液、筋等，符合下列条件的，由动物卫生监督机构出具《动物检疫合格证明》，并依照《动物防疫法》第七十八条的规定进行处罚；不符合下列条件的，予以没收销毁，并依照《动物防疫法》第七十六条的规定进行处罚：

（一）货主在5天内提供输出地动物卫生监督机构出具的来自非封锁区的证明；

（二）经外观检查无病变、无腐败变质；

（三）农业部规定需要进行实验室疫病检测的，检测结果符合要求。

第四十四条 经铁路、公路、水路、航空运输依法应当检疫的动物、动物产品的，托运人托运时应当提供《动物检疫合格证明》。没有《动物检疫合格证明》的，承运人不得承运。

第四十五条 货主或者承运人应当在装载前和卸载后，对动物、动物产品的运载工具以及饲养用具、装载用具等，按照农业部规定的技术规范进行消毒，并对清除的垫料、粪便、污物等进行无害化处理。

第四十六条 封锁区内的商品蛋、生鲜奶的运输监管按照《重大动物疫情应急条例》实施。

第四十七条 经检疫合格的动物、动物产品应当在规定时间内到达目的地。经检疫合格的动物在运输途中发生疫情，应按有关规定报告并处置。

## 第九章 罚 则

第四十八条 违反本办法第十九条、第三十一条规定，跨省、自治区、直辖市引进用于饲养的非乳用、非种用动物和水产苗种到达目的地后，未向所在地动物卫生监督机构报告的，由动物卫生监督机构处五百元以上二千元以下罚款。

第四十九条 违反本办法第二十条规定，跨省、自治区、直辖市引进的乳用、种用动物到达输入地后，未按规定进行隔离观察的，由动物卫生监督机构责令改正，处二千元以上一万元以下罚款。

第五十条 其他违反本办法规定的行为，依照《动物防疫法》有关规定予以处罚。

## 第十章 附 则

第五十一条 动物卫生监督证章标志格式或样式由农业部统一制定。

第五十二条 水产苗种产地检疫,由地方动物卫生监督机构委托同级渔业主管部门实施。水产苗种以外的其他水生动物及其产品不实施检疫。

第五十三条 本办法自 2010 年 3 月 1 日起施行。农业部 2002 年 5 月 24 日发布的《动物检疫管理办法》(农业部令第 14 号)自本办法施行之日起废止。

# 附录四

## 乡村兽医管理办法

（2008年11月4日农业部第8次常务会议审议通过，农业部2008年第17号令公布，2009年1月1日起施行）

第一条 为了加强乡村兽医从业管理，提高乡村兽医业务素质和职业道德水平，保障乡村兽医合法权益，保护动物健康和公共卫生安全，根据《中华人民共和国动物防疫法》，制定本办法。

第二条 乡村兽医在乡村从事动物诊疗服务活动的，应当遵守本办法。

第三条 本办法所称乡村兽医，是指尚未取得执业兽医资格，经登记在乡村从事动物诊疗服务活动的人员。

第四条 农业部主管全国乡村兽医管理工作。

县级以上地方人民政府兽医主管部门主管本行政区域内乡村兽医管理工作。

县级以上地方人民政府设立的动物卫生监督机构负责本行政区域内乡村兽医监督执法工作。

第五条 国家鼓励符合条件的乡村兽医参加执业兽医资格考试，鼓励取得执业兽医资格的人员到乡村从事动物诊疗服务活动。

第六条 国家实行乡村兽医登记制度。符合下列条件之一的，可以向县级人民政府兽医主管部门申请乡村兽医登记：

（一）取得中等以上兽医、畜牧（畜牧兽医）、中兽医（民族兽医）或水产养殖专业学历的；

（二）取得中级以上动物疫病防治员、水生动物病害防治员职业技能鉴定证书的；

（三）在乡村从事动物诊疗服务连续5年以上的；

（四）经县级人民政府兽医主管部门培训合格的。

第七条 申请乡村兽医登记的，应当提交下列材料：

（一）乡村兽医登记申请表；

（二）学历证明、职业技能鉴定证书、培训合格证书或者乡镇畜牧兽医站出具的从业年限证明；

（三）申请人身份证明和复印件。

第八条　县级人民政府兽医主管部门应当在收到申请材料之日起20个工作日内完成审核。审核合格的，予以登记，并颁发乡村兽医登记证；不合格的，书面通知申请人，并说明理由。

乡村兽医登记证应当载明乡村兽医姓名、从业区域、有效期等事项。

乡村兽医登记证有效期5年，有效期届满需要继续从事动物诊疗服务活动的，应当在有效期届满三个月前申请续展。

第九条　乡村兽医登记证格式由农业部规定，各省、自治区、直辖市人民政府兽医主管部门统一印制。

县级人民政府兽医主管部门办理乡村兽医登记，不得收取任何费用。

第十条　县级人民政府兽医主管部门应当将登记的乡村兽医名单逐级汇总报省、自治区、直辖市人民政府兽医主管部门备案。

第十一条　乡村兽医只能在本乡镇从事动物诊疗服务活动，不得在城区从业。

第十二条　乡村兽医在乡村从事动物诊疗服务活动的，应当有固定的从业场所和必要的兽医器械。

第十三条　乡村兽医应当按照《兽药管理条例》和农业部的规定使用兽药，并如实记录用药情况。

第十四条　乡村兽医在动物诊疗服务活动中，应当按照规定处理使用过的兽医器械和医疗废弃物。

第十五条　乡村兽医在动物诊疗服务活动中发现动物染疫或者疑似染疫的，应当按照国家规定立即报告，并采取隔离等控制措施，防止动物疫情扩散。

乡村兽医在动物诊疗服务活动中发现动物患有或者疑似患有国家规定应当扑杀的疫病时，不得擅自进行治疗。

第十六条　发生突发动物疫情时，乡村兽医应当参加当地人民政府或者有关部门组织的预防、控制和扑灭工作，不得拒绝和阻碍。

第十七条　省、自治区、直辖市人民政府兽医主管部门应当制定乡村兽医培训规划，保证乡村兽医至少每两年接受一次培训。县级人民政府兽医主管部门应当根据培训规划制定本地区乡村兽医培训计划。

第十八条　县级人民政府兽医主管部门和乡（镇）人民政府应当按照《中华人民共和国动物防疫法》的规定，优先确定乡村兽医作为村级动物防疫员。

第十九条　乡村兽医有下列行为之一的,由动物卫生监督机构给予警告,责令暂停6个月以上1年以下动物诊疗服务活动;情节严重的,由原登记机关收回、注销乡村兽医登记证:

（一）不按照规定区域从业的;

（二）不按照当地人民政府或者有关部门的要求参加动物疫病预防、控制和扑灭活动的。

第二十条　乡村兽医有下列情形之一的,原登记机关应当收回、注销乡村兽医登记证:

（一）死亡或者被宣告失踪的;

（二）中止兽医服务活动满2年的。

第二十一条　乡村兽医在动物诊疗服务活动中,违法使用兽药的,依照有关法律、行政法规的规定予以处罚。

第二十二条　从事水生动物疫病防治的乡村兽医由县级人民政府渔业行政主管部门依照本办法的规定进行登记和监管。

县级人民政府渔业行政主管部门应当将登记的从事水生动物疫病防治的乡村兽医信息汇总通报同级兽医主管部门。

第二十三条　本办法自2009年1月1日起施行。

# 附录五

## 动物诊疗机构管理办法

（2008年11月4日农业部第8次常务会议审议通过,农业部2008年第19号令公布,2009年1月1日施行）

### 第一章 总 则

第一条 为了加强动物诊疗机构管理,规范动物诊疗行为,保障公共卫生安全,根据《中华人民共和国动物防疫法》,制定本办法。

第二条 在中华人民共和国境内从事动物诊疗活动的机构,应当遵守本办法。

本办法所称动物诊疗,是指动物疾病的预防、诊断、治疗和动物绝育手术等经营性活动。

第三条 农业部负责全国动物诊疗机构的监督管理。

县级以上地方人民政府兽医主管部门负责本行政区域内动物诊疗机构的管理。

县级以上地方人民政府设立的动物卫生监督机构负责本行政区域内动物诊疗机构的监督执法工作。

### 第二章 诊疗许可

第四条 国家实行动物诊疗许可制度。从事动物诊疗活动的机构,应当取得动物诊疗许可证,并在规定的诊疗活动范围内开展动物诊疗活动。

第五条 申请设立动物诊疗机构的,应当具备下列条件：

（一）有固定的动物诊疗场所,且动物诊疗场所使用面积符合省、自治区、直辖市人民政府兽医主管部门的规定；

（二）动物诊疗场所选址距离畜禽养殖场、屠宰加工场、动物交易场所不少于200m；

（三）动物诊疗场所设有独立的出入口,出入口不得设在居民住宅楼内或者院内,不得与同一建筑物的其他用户共用通道；

（四）具有布局合理的诊疗室、手术室、药房等设施；

（五）具有诊断、手术、消毒、冷藏、常规化验、污水处理等器械设备；

（六）具有 1 名以上取得执业兽医师资格证书的人员；

（七）具有完善的诊疗服务、疫情报告、卫生消毒、兽药处方、药物和无害化处理等管理制度。

第六条　动物诊疗机构从事动物颅腔、胸腔和腹腔手术的，除具备本办法第五条规定的条件外，还应当具备以下条件：

（一）具有手术台、X 光机或者 B 超等器械设备；

（二）具有 3 名以上取得执业兽医师资格证书的人员。

第七条　设立动物诊疗机构，应当向动物诊疗场所所在地的发证机关提出申请，并提交下列材料：

（一）动物诊疗许可证申请表；

（二）动物诊疗场所地理方位图、室内平面图和各功能区布局图；

（三）动物诊疗场所使用权证明；

（四）法定代表人（负责人）身份证明；

（五）执业兽医师资格证书原件及复印件；

（六）设施设备清单；

（七）管理制度文本；

（八）执业兽医和服务人员的健康证明材料。

申请材料不齐全或者不符合规定条件的，发证机关应当自收到申请材料之日起 5 个工作日内一次告知申请人需补正的内容。

第八条　动物诊疗机构应当使用规范的名称。不具备从事动物颅腔、胸腔和腹腔手术能力的，不得使用"动物医院"的名称。

动物诊疗机构名称应当经工商行政管理机关预先核准。

第九条　发证机关受理申请后，应当在 20 个工作日内完成对申请材料的审核和对动物诊疗场所的实地考查。符合规定条件的，发证机关应当向申请人颁发动物诊疗许可证；不符合条件的，书面通知申请人，并说明理由。

专门从事水生动物疫病诊疗的，发证机关在核发动物诊疗许可证时，应当征求同级渔业行政主管部门的意见。

第十条　动物诊疗许可证应当载明诊疗机构名称、诊疗活动范围、从业地点和法定代表人（负责人）等事项。

动物诊疗许可证格式由农业部统一规定。

第十一条　申请人凭动物诊疗许可证到动物诊疗场所所在地工商行政管理部门办理登记注册手续。

第十二条　动物诊疗机构设立分支机构的,应当按照本办法的规定另行办理动物诊疗许可证。

第十三条　动物诊疗机构变更名称或者法定代表人(负责人)的,应当在办理工商变更登记手续后15个工作日内,向原发证机关申请办理变更手续。

动物诊疗机构变更从业地点、诊疗活动范围的,应当按照本办法规定重新办理动物诊疗许可手续,申请换发动物诊疗许可证,并依法办理工商变更登记手续。

第十四条　动物诊疗许可证不得伪造、变造、转让、出租、出借。

动物诊疗许可证遗失的,应当及时向原发证机关申请补发。

第十五条　发证机关办理动物诊疗许可证,不得向申请人收取费用。

## 第三章　诊疗活动管理

第十六条　动物诊疗机构应当依法从事动物诊疗活动,建立健全内部管理制度,在诊疗场所的显著位置悬挂动物诊疗许可证和公示从业人员基本情况。

第十七条　动物诊疗机构应当按照国家兽药管理的规定使用兽药,不得使用假劣兽药和农业部规定禁止使用的药品及其他化合物。

第十八条　动物诊疗机构兼营宠物用品、宠物食品、宠物美容等项目的,兼营区域与动物诊疗区域应当分别独立设置。

第十九条　动物诊疗机构应当使用规范的病历、处方笺,病历、处方笺应当印有动物诊疗机构名称。病历档案应当保存3年以上。

第二十条　动物诊疗机构安装、使用具有放射性的诊疗设备的,应当依法经环境保护部门批准。

第二十一条　动物诊疗机构发现动物染疫或者疑似染疫的,应当按照国家规定立即向当地兽医主管部门、动物卫生监督机构或者动物疫病预防控制机构报告,并采取隔离等控制措施,防止动物疫情扩散。

动物诊疗机构发现动物患有或者疑似患有国家规定应当扑杀的疫病时,不得擅自进行治疗。

第二十二条　动物诊疗机构应当按照农业部规定处理病死动物和动物病理组织。

动物诊疗机构应当参照《医疗废弃物管理条例》的有关规定处理医疗废弃物。

第二十三条　动物诊疗机构的执业兽医应当按照当地人民政府或者兽医主管部门的要求,参加预防、控制和扑灭动物疫病活动。

第二十四条 动物诊疗机构应当配合兽医主管部门、动物卫生监督机构、动物疫病预防控制机构进行有关法律法规宣传、流行病学调查和监测工作。

第二十五条 动物诊疗机构不得随意抛弃病死动物、动物病理组织和医疗废弃物,不得排放未经无害化处理或者处理不达标的诊疗废水。

第二十六条 动物诊疗机构应当定期对本单位工作人员进行专业知识和相关政策、法规培训。

第二十七条 动物诊疗机构应当于每年3月底前将上年度动物诊疗活动情况向发证机关报告。

第二十八条 动物卫生监督机构应当建立健全日常监管制度,对辖区内动物诊疗机构和人员执行法律、法规、规章的情况进行监督检查。

兽医主管部门应当设立动物诊疗违法行为举报电话,并向社会公示。

## 第四章 罚 则

第二十九条 违反本办法规定,动物诊疗机构有下列情形之一的,由动物卫生监督机构按照《中华人民共和国动物防疫法》第八十一条第一款的规定予以处罚;情节严重的,并报原发证机关收回、注销其动物诊疗许可证:

(一)超出动物诊疗许可证核定的诊疗活动范围从事动物诊疗活动的;

(二)变更从业地点、诊疗活动范围未重新办理动物诊疗许可证的。

第三十条 使用伪造、变造、受让、租用、借用的动物诊疗许可证的,动物卫生监督机构应当依法收缴,并按照《中华人民共和国动物防疫法》第八十一条第一款的规定予以处罚。

出让、出租、出借动物诊疗许可证的,原发证机关应当收回、注销其动物诊疗许可证。

第三十一条 动物诊疗场所不再具备本办法第五条、第六条规定条件的,由动物卫生监督机构给予警告,责令限期改正;逾期仍达不到规定条件的,由原发证机关收回、注销其动物诊疗许可证。

第三十二条 动物诊疗机构连续停业两年以上的,或者连续两年未向发证机关报告动物诊疗活动情况,拒不改正的,由原发证机关收回、注销其动物诊疗许可证。

第三十三条 违反本办法规定,动物诊疗机构有下列情形之一的,由动物卫生监督机构给予警告,责令限期改正;拒不改正或者再次出现同类违法行为的,处以一千元以下罚款。

(一)变更机构名称或者法定代表人未办理变更手续的;

(二)未在诊疗场所悬挂动物诊疗许可证或者公示从业人员基本情况的;

（三）不使用病历，或者应当开具处方未开具处方的；

（四）使用不规范的病历、处方笺的。

第三十四条 动物诊疗机构在动物诊疗活动中，违法使用兽药的，或者违法处理医疗废弃物的，依照有关法律、行政法规的规定予以处罚。

第三十五条 动物诊疗机构违反本办法第二十五条规定的，由动物卫生监督机构按照《中华人民共和国动物防疫法》第七十五条的规定予以处罚。

第三十六条 兽医主管部门依法吊销、注销动物诊疗许可证的，应当及时通报工商行政管理部门。

第三十七条 发证机关及其动物卫生监督机构不依法履行审查和监督管理职责，玩忽职守、滥用职权或者徇私舞弊的，依照有关规定给予处分；构成犯罪的，依法追究刑事责任。

## 第五章 附 则

第三十八条 乡村兽医在乡村从事动物诊疗活动的具体管理办法由农业部另行规定。

第三十九条 本办法所称发证机关，是指县（市辖区）级人民政府兽医主管部门；市辖区未设立兽医主管部门的，发证机关为上一级兽医主管部门。

第四十条 本办法自 2009 年 1 月 1 日起施行。

本办法施行前已开办的动物诊疗机构，应当自本办法施行之日起 12 个月内，依照本办法的规定，办理动物诊疗许可证。

# 主要参考文献

[1] 杨廷桂,陈桂先.动物防疫与检疫技术[M].北京:中国农业出版社,2011.

[2] 陆桂平,胡新岗.动物防疫技术[M].北京:中国农业出版社,2010.

[3] 徐百万.动物疫病监测技术手册[M].北京:中国农业出版社,2010.

[4] 乔松林.村级动物防疫员实用技术[M].北京:中国农业科学技术出版社,2010.

[5] 张彦明.动物防疫与检疫技术[M].北京:高等教育出版社,2002.

[6] 刘耀兴.村级动物防疫员手册[M].南京:江苏科学技术出版社,2009.

[7] 中国动物疫病预防控制中心.村级动物防疫员技能培训教材[M].北京:中国农业出版社,2008.

[8] 毕玉霞.动物防疫与检疫技术[M].北京:化学工业出版社,2009.

[9] 林伯全.动物防疫与检疫技术[M].北京:中国农业大学出版社,2008.

[10] 潘洁.动物防疫与检疫技术[M].第2版.北京:中国农业出版社,2008.

[11] 黄宝续.兽医流行病学[M].北京:中国农业出版社,2009.

[12] 张振兴,姜平.兽医消毒学[M].北京:中国农业出版社,2009.

[13] 陈傅言.兽医传染病学[M].第5版.北京:中国农业出版社,2006.

[14] 孙俊.消毒技术与应用[M].北京:化学工业出版社,2003.

[15] 赵化民.畜禽养殖场消毒指南[M].北京:金盾出版社,2004.

[16] 李一经.猪传染性疾病快速检测技术[M].北京:化学工业出版社,2008.

[17] 王志亮.现代动物检验检疫方法与技术[M].北京:化学工业出版社,2007.

[18] 王子轼.动物防疫与检疫技术[M].北京:中国农业出版社,2006.

[19] 马兴树.禽传染病实验诊断技术[M].北京:化学工业出版社,2006.

[20] 刘译文.实用禽病诊疗新技术[M].北京:中国农业出版社,2006.

[21] 梁勤.蜜蜂病害与敌害防治[M].北京:金盾出版社,2006.

[22] 李凯年等.透视动物疫病对肉类产品国际贸易的影响[J].中国动物保健,2006(4):15-17.

[23] 葛兆宏.动物传染病[M].北京:中国农业出版社,2005.

[24] 黄琪淡.淡水鱼病防治实用技术大全[M].北京:中国农业出版社,2005.

[25] 陈向前,康京丽.尽快确立 SPS 贸易争端国内政策审议机制——美国成功经验对我们的启示[J].中国动物检疫,2005,22(3):4-6.

[26] 农业职业技能培训教材编审委员会.动物检疫检验工[M].北京:中国农业出版社,2008.

[27] 李克荣.动物防检疫技术与管理[M].兰州:甘肃科学技术出版社,2004.

[28] 薰彝.实用禽病临床类症鉴别[M].北京:中国农业出版社,2004.

[29] 刘金才,康京丽,陈向前.试论解决国际贸易争端中决定胜负的关键性因素[J].中国动物检疫,2004.21(3):1-3.

[30] 张彦明.兽医公共卫生[M].北京:中国农业出版社,2003.

[31] 姜平.兽医生物制品学[M].第2版.北京:中国农业出版社,2003.

[32] 陈向前,汪明.动物卫生法学[M].北京:中国农业大学出版社,2002.

[33] 戴诗琼.检验检疫学[M].北京:对外经济贸易大学出版社,2002.

[34] 吴清民.兽医传染病学[M].北京:中国农业大学出版社,2002.

[35] 刘键.动物防疫与检疫技术[M].北京:中国农业出版社,2001.

[36] 陈杖榴.兽医药理学[M].第2版.北京:中国农业出版社,2001.

[37] 蔡宝祥.家畜传染病学[M].第4版.北京:中国农业出版社,2001.

[38] 杨廷桂.动物防疫与检疫[M].北京:国农业出版社,2001.

[39] 张宏伟.动物疫病[M].北京:中国农业出版社,2001.

[40] 许伟琦.检疫检验手册[M].上海:上海科学技术出版社,2000.

[41] 王桂枝.兽医防疫与检疫[M].北京:中国农业出版社,1998.